混凝土结构设计原理

曹启坤　主编

中国建材工业出版社

图书在版编目(CIP)数据

混凝土结构设计原理/曹启坤主编. —北京：中
国建材工业出版社，2016.8
ISBN 978-7-5160-1571-1

Ⅰ.①混… Ⅱ.①曹… Ⅲ.①混凝土结构-结构设计
-高等学校-教材 Ⅳ.①TU370.4

中国版本图书馆 CIP 数据核字（2016）第 166422 号

内 容 提 要

本书以现行国家标准、行业规范为依据，详细介绍了绪论、钢筋和混凝土材料的基本性能、钢筋和混凝土受弯构件正截面承载力计算、钢筋和混凝土受弯构件斜截面承载力计算、钢筋和混凝土受扭构件扭曲截面承载力计算、钢筋和混凝土受压构件的截面承载力计算、钢筋和混凝土受拉构件的截面承载力计算、构件正常使用阶段验算及结构的耐久性、预应力构件的计算方法等内容。

本书可供高等院校作为教材使用，也可供从事混凝土结构设计有关的设计、施工和科研人员参考使用。

混凝土结构设计原理

曹启坤　主编

出版发行：中国建材工业出版社

地　　址：北京市海淀区三里河路 1 号

邮　　编：100044

经　　销：全国各地新华书店

印　　刷：北京雁林吉兆印刷有限公司

开　　本：787mm×1092mm　1/16

印　　张：15.25

字　　数：370 千字

版　　次：2016 年 8 月第 1 版

印　　次：2016 年 8 月第 1 次

定　　价：38.00 元

本社网址：www. jccbs. com　　微信公众号：zgjcgycbs
本书如出现印装质量问题，由我社市场营销部负责调换。联系电话：(010) 88386906

前　　言

　　混凝土是土木结构施工工程的重要结构材料。混凝土结构在建筑结构工程中占有重要份额，按其用途几乎覆盖建筑的所有领域。混凝土结构的施工量大面广，施工产品大多呈现出单一性、特殊性、不重复性，技术比较复杂，施工周期长。而随着我国社会经济的快速发展、建设规模和建设领域投资的不断扩大，建筑工程施工技术日新月异，施工技术的种类和工艺也不断显示出多样性，为此我们编写了本书。

　　本书重点突出混凝土结构构件的受力性能分析，主要介绍建筑工程的设计原理有关内容。格局简约，要点明了，便于高等院校师生及施工技术人员快速了解、掌握混凝土结构技术的核心，本书易懂、易学、方便应用。读者在掌握了基本构件的受力性能和建筑工程混凝土结构的设计原理之后，通过自学不难掌握其他工程的混凝土结构设计原理。

　　本书以现行国家标准、行业规范为依据，详细介绍了钢筋和混凝土材料的基本性能、钢筋和混凝土受弯构件正截面承载力计算、钢筋和混凝土受弯构件斜截面承载力计算、钢筋和混凝土受扭构件扭曲截面承载力计算、钢筋和混凝土受压构件的截面承载力计算、钢筋和混凝土受拉构件的截面承载力计算、构件正常使用阶段验算及结构的耐久性、预应力构件的计算方法等内容。

　　本书可供高等院校作为本科教学使用，也可供从事混凝土结构设计有关的设计、施工和科研人员参考使用。

　　由于编者的经验和学识有限，尽管尽心尽力编写，但内容难免有疏漏、错误之处，敬请广大专家、学者批评指正。

编者

2016 年 8 月

目　　录

China Building Materials Press

第一章　绪　　论

本章要点

　　本章主要讲述混凝土结构的一般概念，重点阐述混凝土结构的定义和分类，性质不同的两种材料（钢筋和混凝土）共同工作的基础；分析混凝土结构的优缺点；简要介绍混凝土结构的发展与应用概况、结构的功能和极限状态、混凝土结构的环境类别以及学习本课程需要注意的问题。

1.1　混凝土的一般概念

1.1.1　混凝土结构的定义和分类

　　以混凝土为主要材料，并根据需要配置钢筋、预应力钢筋、型钢、钢管以及纤维等制成的结构称为混凝土结构，包括素混凝土结构、钢筋混凝土结构、预应力混凝土结构、钢骨（型钢）混凝土结构、钢管混凝土结构以及纤维混凝土结构等（图 1-1）。

　　素混凝土结构指的是无筋或不配置受力钢筋的混凝土结构，主要应用于以受压为主的路

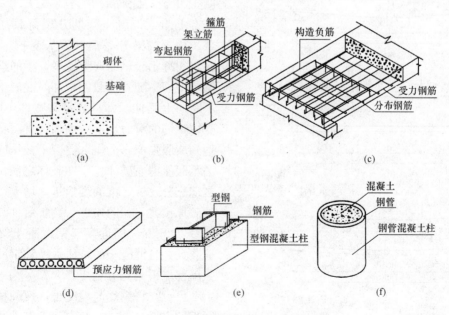

图 1-1　常见混凝土结构构件

(a) 素混凝土基础；(b) 钢筋混凝土梁；(c) 钢筋混凝土板；
(d) 预应力混凝土空心板；(e) 钢骨混凝土柱；(f) 钢管混凝土柱

1

面、基础、柱墩以及一些非承重结构。钢筋混凝土结构指的是配置受力钢筋、钢筋网或钢筋骨架的混凝土结构，是目前应用最广泛的结构形式。预应力混凝土结构指的是配置受力预应力筋，通过张拉或其他方法建立预加应力的混凝土结构。钢骨混凝土结构指的是配置轧制型钢或焊接型钢和钢筋的结构，具有承载力大、延性好以及刚度大等特点，主要应用于多、高层建筑结构的各种体系中。钢管混凝土结构是指钢管中充填混凝土形成的结构构件，具有承载力高、延性好以及抗震性能优越等特点，主要用于以轴心受压和小偏心受压构件为主的高层建筑工程、地铁车站工程以及大跨度桥梁工程中。纤维混凝土结构指的是以纤维混凝土为主制作的结构，包括无筋纤维混凝土结构、钢纤维混凝土结构以及预应力纤维混凝土结构，具有抗拉强度高、抗裂性能好、抗渗性能强、抗磨损和抗冲击等性能，主要应用于建筑楼面、高速公路路面、机场跑道、停车场以及贮液池等结构构件中。

目前，混凝土结构广泛应用于工业与民用建筑、桥梁、隧道、矿井以及水利、海港、核电等工程建设中。

1.1.2 钢筋和混凝土共同工作的基础

如图 1-2 所示的两根除了配筋不同、其他条件完全相同的简支梁。图 1-2（a）所示为素混凝土所制成的梁，在较小的荷载作用下，梁下部受拉区边缘的混凝土就出现裂缝，受拉区混凝土一旦开裂，裂缝将迅速发展，梁瞬间断裂而破坏。破坏时梁的承载力很低，开裂荷载 F_{cr} 与破坏荷载 F_u 基本相等（$F_{cr}=F_u=4.8kN$），此时受压区混凝土的抗压强度还远远没有得到充分利用。

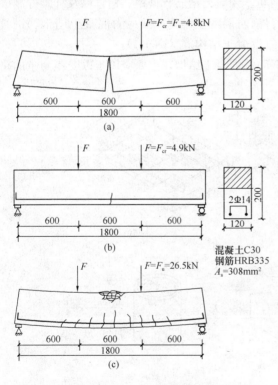

若在梁的底部受拉区配置适量的受拉钢筋，如图 1-2（b）所示，形成钢筋混凝土梁，当荷载增加至一定值时，梁的受拉区混凝土开裂，此时的开裂荷载 $F_{cr}=4.9kN$，基本上与素混凝土梁的开裂荷载（破坏荷载）相等。梁开裂后，因为受拉钢筋的存在，裂缝不会迅速向上发展，梁的承载能力继续提高。随着荷载的增加，混凝土的裂缝不断向上延伸，并且数量和宽度不断增加，受拉钢筋的应力也不断增加，直至受拉钢筋达到屈服强度，受压区混凝土被压碎，梁失去承载能力而破坏。梁在破坏之前，混凝土裂缝充分发展，梁的变形迅速增大，有明显的破坏预兆，如图 1-2（c）所示。破坏荷载 $F_u=26.5kN$，远远高于素混凝土梁的破坏荷载，并且混凝土的抗压强度和钢筋的抗拉强度都能得到充分利用。

可见，将钢筋与混凝土这两种材料按照合理的方式结合在一起，使钢筋主要承受拉力，混凝土主要承受压力，可以取长补短，充分发挥两种材料的性能。钢筋与混凝土是

图 1-2 素混凝土梁和钢筋混凝土梁的受力情况
（a）素混凝土梁；（b）钢筋混凝土梁的开裂荷载；
（c）钢筋混凝土梁的破坏荷载

两种物理力学性能截然不同的材料，为什么能够有效地结合在一起共同工作，共同变形，有效地抵抗外荷载呢？其主要原因是：

（1）钢筋与混凝土之间存在良好的粘结力，在外荷载作用下，两者之间可以有效地进行力和变形的传递。

（2）钢筋与混凝土的线膨胀系数接近。钢筋的线膨胀系数为 $1.2 \times 10^{-5}/℃$，混凝土的线膨胀系数为 $(1.0 \sim 1.5) \times 10^{-5}/℃$，所以当温度变化时，钢筋和混凝土的粘结力不会由于两者之间产生较大的相对变形而破坏。

此外，钢筋埋在混凝土中，边缘混凝土作为钢筋的保护层，使钢筋不易锈蚀，并且能提高钢筋的耐火性能。

1.2 钢筋混凝土结构的优缺点

1.2.1 钢筋混凝土结构的优点

易于就地取材：混凝土结构中所用的砂、石等材料，属于地方材料，可就地供应。近年来利用建筑垃圾及工业固体废渣制造再生骨料配置混凝土，利用粉煤灰作为水泥或者混凝土的外加成分来改善混凝土的性能，既可以变废为宝，又有利于保护环境，实现建筑业的可持续发展。

材料利用合理：充分利用钢筋的抗拉和抗压性能以及混凝土的抗压性能，使两种材料的强度均可得到充分发挥；与钢结构相比，钢筋混凝土结构可使造价降低。

耐久性和耐火性好：钢筋有混凝土作为保护层，在一般环境情况下不会发生锈蚀，当发生火灾时，也不会像钢结构那样很快升温达到屈服点而丧失承载能力。混凝土的强度随着时间的增长还会有所增长，后期维护费用低。

可模性与整体性好：钢筋混凝土能够根据需要浇筑成各种形状和尺寸的构件或结构，如空间结构及箱形结构等。采用高性能混凝土浇筑的清水混凝土具有很好的建筑效果。现浇式或者装配整体式的钢筋混凝土结构整体性好，对抗震及抗爆有利。

1.2.2 钢筋混凝土结构的缺点

自重大：普通混凝土的密度通常为 $2400kg/m^3$，钢筋混凝土的密度通常为 $2500kg/m^3$，与钢结构相比其自重大，对建造大跨、高层结构不利。所以需要研究和发展轻质混凝土、高强混凝土和预应力混凝土来克服混凝土自重大的缺点。

抗裂性差：因为混凝土的抗拉强度小，钢筋混凝土受拉、受弯和大偏心受压构件受力后易开裂，在正常使用阶段常常是带裂缝工作的，如果裂缝宽度符合规范要求，不会影响混凝土结构的正常使用，但是裂缝的存在会影响混凝土结构的耐久性，限制了混凝土在防渗、防漏要求较高结构中的应用。采用预应力能够有效地解决混凝土的开裂问题；在混凝土中掺入适量纤维，也能够提高混凝土的抗拉强度，增强混凝土的抗裂能力。

施工复杂：混凝土的施工具有工序多、工期长，受季节及天气影响大等缺点。利用预制混凝土构件，采用装配式或者装配整体式混凝土结构，施工采用大模板、滑模、飞模、爬模等先进模板技术，混凝土采用泵送混凝土、自密实混凝土等高性能混凝土，能够大大提高混凝土工程的施工效率。

补强修复困难：混凝土一旦被破坏，其修复、加固以及补强较困难。采用植筋、粘贴钢板、粘贴碳纤维布、外包钢等加固技术，能够较好地对发生损坏的混凝土结构或构件进行修复。

1.3　混凝土结构的发展与应用

1.3.1　混凝土结构的发展阶段

混凝土结构是在 19 世纪中期开始得到应用的，和砌体结构、木结构、钢结构相比，它是一种出现较晚的结构形式。但是，因为混凝土结构具有很多明显的优点，使其在各方面的应用发展很快，现已成为世界各国占主导地位的结构。

混凝土结构的发展，大体上可以分为三个阶段。

第一阶段是从钢筋混凝土发明至 20 世纪初。这一阶段所采用的钢筋及混凝土的强度都比较低，混凝土结构主要用来建造中小型楼板、梁、拱以及基础等构件。其计算理论套用弹性理论，设计方法采用允许应力法。

第二阶段是从 20 世纪初到第二次世界大战前后。这一阶段混凝土及钢筋的强度有所提高，预应力混凝土结构的发展及应用，使钢筋混凝土被用于建造大跨度的空间结构。同时，开始进行混凝土结构的试验研究，在计算理论上开始考虑材料的塑性，已开始按照破损阶段计算结构的破坏承载力。

第三阶段是从第二次世界大战以后至今。在这一阶段，随着建设速度加快，对材料性能及施工技术提出更高要求，出现装配式钢筋混凝土结构、高效预应力混凝土结构以及泵送商品混凝土等工业化生产技术。高强混凝土和高强钢筋的发展及先进施工机械设备的发明，建造了一大批超高层建筑、大跨度桥梁、特长跨海隧道以及高耸结构等大型工程，成为现代土木工程的标志。在计算理论上已过渡到充分考虑混凝土及钢筋塑性的极限状态设计原理，在设计方法上已过渡到以概率理论为基础的多系数表达的设计公式。混凝土本构模型的研究以及计算机技术的发展，使人们可以借助非线性分析方法对各种复杂混凝土结构进行全过程受力模拟；而新型钢筋与混凝土材料以及复合结构的出现，又不断提出新的课题，并且不断促进混凝土结构的发展。

1.3.2　混凝土结构的工程应用

房屋建筑工程方面，厂房、住宅以及办公楼等多高层建筑广泛采用混凝土结构。世界最高的混凝土建筑是阿拉伯联合酋长国的哈利法塔，高 828m，为钢筋混凝土和钢结构组合结构。我国内地目前最高的钢筋混凝土建筑是上海环球金融中心（492m，地上 101 层），其主体结构是钢筋混凝土结构。

在大跨度建筑方面，预应力混凝土屋架、薄腹梁、钢筋混凝土拱以及薄壳等已得到广泛应用。法国巴黎国家工业与发展技术展览中心大厅的平面为三角形，屋盖结构采用拱身为钢筋混凝土装配整体式薄壁结构的落地拱，跨度是 206m；意大利都灵展览馆拱顶由装配式混凝土构件组成，跨度达 95m；澳大利亚悉尼歌剧院的主体结构由三组巨大的壳片组成，壳片曲率半径是 76m，建筑涂白色，状如帆船，已成为世界著名的风光建筑。

在桥梁建设方面，很大一部分中小跨度桥梁采用钢筋混凝土建造，结构形式有梁、拱以及桁架等。一些大跨度桥虽已采用钢悬索或者钢斜拉索，但是其桥面结构也有混凝土结构。我国跨度最大的拱桥为重庆的朝天门长江大桥，为钢桁架结构，主跨达 552m。我国最大的铁路拱桥为广深港高铁，广深段的骝岗涌大桥，160m 的主跨采用预应力混凝土连续梁与钢管拱组合结构。目前世界上跨度最大的混凝土拱桥为四川万县长江大桥，是劲性骨架钢管混凝土上承式拱桥，净跨达 420m。

在特种结构与高耸结构方面，许多电视塔、储水池、储仓构筑物、电线杆以及上下水管道等均可见到混凝土结构的应用。因为滑模施工技术的发展，许多高耸建筑可以采用混凝土结构。例如，加拿大多伦多电视塔（高 549m），我国最高的电视塔是上海电视塔（高 415.2m），它们的主体均为混凝土结构。

在水利工程中，由于混凝土自重大，砂石比例大，易于就地取材，所以常用来修建大坝。瑞士大狄克桑斯坝，坝高 285m，坝顶宽 15m，坝底宽 225m，坝长 695m，库容量 4 亿 m^3，为目前世界上最高的重力坝。我国龙羊峡水电站拦河大坝是混凝土重力坝，坝高 178m，坝顶宽 15m，坝底宽 80m，坝长 393.34m。长江三峡水利枢纽工程，大坝高 186m，坝体混凝土用量达 1527 万 m^3，为世界上最大的水利工程。

混凝土结构在其他特殊的工程结构中也有广泛应用，比如地下铁道的支护和站台工程、核电站的安全壳、飞机场的跑道、海上采油平台以及填海造地工程等。

1.4 结构的功能和极限状态简述

1.4.1 结构的功能

为了保证设计的结构是安全可靠的，建筑结构应符合对其功能的要求。建筑结构的功能包括安全性、适用性以及耐久性三个方面，简称"三性"。安全性是指建筑结构承载能力的可靠性，即建筑结构应能承受正常施工和使用时的各种荷载和变形，在地震、爆炸等发生时和发生后能够保持结构的整体稳定性；适用性要求结构在正常使用过程中不产生影响使用的过大变形及不发生过宽的裂缝和振动等；耐久性要求在正常维护条件下结构性能不发生严重劣化、脱落、腐蚀、碳化，钢筋不发生锈蚀等，达到设计预期的使用年限。

1.4.2 结构的极限状态

整个结构或结构的一部分超过某一特定状态就不能符合设计规定的某一功能要求，则此状态称为该功能的极限状态。因此极限状态就是区分结构可靠与失效的界限状态。

结构的极限状态可分为承载能力极限状态与正常使用极限状态两类。

1. 承载能力极限状态

结构或构件达到最大承载能力或变形达到不适于继续承载的状态，称为承载能力极限状态。当结构或构件因为材料强度不足而破坏，或由于疲劳而破坏，或产生过大的塑性变形而不能继续承载，或丧失稳定，或结构转变为机动体系时，就认为结构或者构件超过了承载能力极限状态。超过承载能力极限状态后，结构或构件就不能符合安全性的要求。

2. 正常使用极限状态

结构或构件达到正常使用或耐久性能中某项规定限度的状态叫做正常使用极限状态。例如，当结构或者构件出现影响正常使用的过大变形、过宽裂缝、局部损坏和振动时，可认为结构或构件超过了正常使用极限状态。超过了正常使用极限状态，结构或构件就不能保证适用性及耐久性的功能要求。

进行结构设计时，结构或构件按承载能力极限状态进行计算之后，还应该按正常使用极限状态进行验算。也就是说，设计的结构或构件在满足承载能力极限状态的同时也要符合正常使用极限状态。

1.4.3 荷载和材料强度

荷载值基本上不随时间而变化的荷载，叫做永久荷载或恒荷载（用 G 或 g 表示），例如结构的自重。荷载值随时间而变化的荷载，叫做可变荷载或活荷载（用 Q 或 q 表示），例如楼面活荷载。

荷载的标准值是荷载的基本代表值，用下标 k 表示，在验算变形与裂缝宽度时要用荷载的标准值。在计算截面承载力时，为了符合安全性的可靠度要求，应采用比其标准值大的荷载设计值。荷载设计值等于荷载标准值乘以荷载分项系数。恒荷载的荷载分项系数 γ_g 通常取为 1.2；活荷载的荷载分项系数 γ_Q 通常取为 1.4。

按荷载标准值计算得到的内力，叫做内力的标准值，例如弯矩标准值 M_k、轴向力标准值 N_k 等。按荷载设计值计算得到的内力，叫做内力的设计值，例如弯矩设计值 M、轴向力设计值 N 等。

验算变形、裂缝宽度时，应当采用材料强度的标准值；计算截面承载力时，要用比材料强度标准值小的材料强度设计值。材料强度设计值等于材料强度标准值除以材料强度的分项系数。比如，混凝土轴心抗拉强度设计值 $f_t = f_{tk}/\gamma_c$。在这里，t 表示抗拉强度（tensile strength），k 表示标准值，c 表示混凝土，γ_c 则表示混凝土强度的分项系数，$\gamma_c = 1.4$。

1.5 混凝土结构的环境类别

混凝土结构的耐久性设计、混凝土保护层厚度、裂缝控制等级以及最大裂缝宽度限值等都与混凝土结构所处的环境有关。《混凝土结构设计规范》（GB 50010—2010）规定，混凝土结构的环境类别按表 1-1 划分。

表 1-1 混凝土结构的环境类别

环境类别		条　件
一		室内干燥环境； 永久的无侵蚀性静水浸没环境
二	a	室内潮湿环境； 非严寒和非寒冷地区的露天环境； 非严寒和非寒冷地区与无侵蚀性的水或土直接接触的环境； 严寒和寒冷地区的冰冻线以下与无侵蚀性的水或土直接接触的环境

续表

环境类别		条 件
二	b	干湿交替环境； 水位频繁变动区环境； 严寒和寒冷地区的露天环境； 严寒和寒冷地区冰冻线以上与无侵蚀性的水或土壤直接接触的环境
三	a	严寒和寒冷地区冬季水位变动区环境； 受除冰盐影响环境； 海风环境
	b	盐渍土环境； 受除冰盐作用环境； 海岸环境
四		海水环境
五		受人为或自然的侵蚀性物质影响的环境

注：1. 室内潮湿环境是指构件表面经常处于结露或湿润状态的环境；

2. 严寒和寒冷地区的划分应符合国家现行标准《民用建筑热工设计规程》GB 50176 的有关规定；

3. 海岸环境和海风环境宜根据当地情况，考虑主导风向及结构处迎风、背风部位等因素的影响，由调查研究和工程经验确定；

4. 受除冰盐影响环境为受到除冰盐盐雾影响的环境；受除冰盐作用环境指被除冰盐溶液溅射的环境以及使用除冰盐地区的洗车房、停车楼等建筑；

5. 暴露的环境是指混凝土结构表面所处的环境。

环境类别是指混凝土结构暴露表面所处的环境条件，在设计时可根据实际情况确定适当的环境类别。

由表 1-1 可知，一类环境指是室内正常环境条件；二类环境主要是指处于露天或室内潮湿环境；三类环境主要指严寒、近海海风、盐渍土及使用除冰盐的环境条件；四类和五类环境分别指海水环境和侵蚀性环境。

1.6 学习本课程需要注意的问题

混凝土结构课程一般按内容的性质可分为"混凝土结构设计原理"和"混凝土结构设计"两部分。前者主要讲述各种混凝土基本构件的受力性能、截面计算以及构造等基本理论，属于专业基础课内容。后者主要讲述梁板结构、单层厂房、多层和高层房屋以及公路桥梁等的结构设计，属于专业课内容。通过本课程的学习，并通过课程设计及毕业设计等实践性教学环节，使学生初步具有运用这些理论知识正确进行混凝土结构设计及解决实际工程技术问题的能力。

学习本课程时，建议注意以下一些问题：

1. 加强实验、实践性教学环节并注意扩大知识面

混凝土结构的基本理论相当于钢筋混凝土和预应力混凝土的材料力学，它是以实验为基础的，所以除课堂学习以外，应注意到现场参观，了解实际工程，还要加强实验的教学环节，积累感性认识，以进一步理解学习内容及训练实验的基本技能。当有条件时，可以进行简支梁正截面受弯承载力、简支梁斜截面受剪承载力、偏心受压短柱正截面受压承载力的实验。

混凝土结构课程的实践性很强，所以要加强课程作业、课程设计以及毕业设计等实践性教学环节的学习，并在学习过程中逐步熟悉及正确运用我国颁布的一些设计规范和设计规程，诸如，《混凝土结构设计规范》(GB 50010—2010)、《建筑结构可靠度设计统一标准》(GB 50068—2001)、《建筑结构荷载规范》(GB 50009—2006)、《建筑抗震设计规范》(GB 50011—2010)、《高层建筑混凝土结构技术规程》(JGJ 3—2010)和《公路钢筋混凝土及预应力混凝土桥涵设计规范》(JTG D62—2004)等。以下简称《混凝土结构设计规范》(GB 50010—2010)为《混凝土结构设计规范》，《公路钢筋混凝土及预应力混凝土桥涵设计规范》(JTG D62—2004)为《公路桥规》。

混凝土结构是一门发展很快的学科，在学习时要多注意它的新动向及新成就，以扩大知识面。

2. 突出重点，并注意难点的学习

本课程的内容多、符号多、计算公式多以及构造规定也多，学习时要遵循教学大纲的要求，贯彻"少而精"的原则，突出重点内容的学习。例如，第 3 章是本书中的重点内容，把它学好了，就为后面各章的学习打下了好的基础。对学习中的难点要找出它的根源，以利于化解。比如，第 4 章中弯起、截断梁内纵向受力钢筋，常是难点，如果知道了斜截面承受的弯矩设计值就是斜截面末端剪压区正截面的弯矩设计值，以及截断负钢筋的两个控制条件，难点也就基本上化解了。

3. 深刻理解重要的概念，熟练掌握设计计算的基本功，切忌死记硬背

教学大纲中对要求深刻理解的一些重要概念作了具体的规定。注意，深刻理解常常不是一步到位的，而是随着学习内容的展开和深入，逐步加深的。比如，学习第 8 章后就要回过头来复习第 3 章，以加深对受弯构件正截面受弯承载力的理解。

要求熟练掌握的内容已在教学大纲中有明确的规定，它们为本课程的基本功，熟练掌握是正确、快捷。为此，本教材各章后面给出的习题是要求认真完成的。应该是先复习教学内容，弄懂例题后再做习题，切忌边做题边看例题。习题的正确答案往往不是唯一的，这也是本课程与一般的数学、力学课程所不同的地方。

对构造规定，也要着眼于理解，切忌死记硬背。事实上，不理解的东西也是难以记住的。当然，对常识性的构造规定是应该知道的。

思考题

1-1　什么是混凝土结构？它是如何分类的？

1-2　钢筋和混凝土这两种材料可以很好地结合在一起并共同工作的主要原因是什么？

1-3　钢筋混凝土结构有什么优缺点？如何克服混凝土结构的缺点，扩大混凝土结构的应用范围？

1-4　混凝土结构的发展经历了哪几个阶段？每一阶段的主要代表性学术成就有哪些？

1-5　结合实际工程，简述混凝土结构的应用范围。

第二章 钢筋和混凝土材料的基本性能

本章要点

本章主要讨论钢筋和混凝土材料的强度和变形的变化规律，钢筋的疲劳，混凝土结构对钢筋性能的要求以及这两种材料之间的粘结，这些内容将为建立有关计算理论并进行钢筋混凝土构件的设计提供重要的依据。

2.1 混　凝　土

混凝土是由水、水泥、细骨料、粗骨料、外加剂以及矿物掺合料等材料按一定比例拌和、硬化而成的人造石材，有时简写为"砼"。

混凝土的物理力学性能为进行混凝土结构设计、施工必须掌握的内容。

混凝土的物理性能主要有表观密度与重度。表观密度指混凝土质量与表观体积之比，单位为 kg/m^3；重度指单位体积混凝土的重力，单位是 kN/m^3。混凝土的表观密度在 $1.4 \times 10^3 \sim 2.6 \times 10^3 kg/m^3$ 之间，其中，普通混凝土的表观密度在 $1.95 \times 10^3 \sim 2.5 \times 10^3 kg/m^3$ 之间。

混凝土的力学性能主要包括强度与变形性能。

2.1.1 混凝土的强度

1. 混凝土立方体抗压强度

我国《普通混凝土力学性能试验方法标准》（GB/T 50081—2002）规定，以边长为 150mm 的立方体试件为标准试件，在 (20 ± 2)℃ 的温度和相对湿度在 95% 以上的潮湿空气中养护 28d，测得的抗压强度值叫混凝土立方体抗压强度，用符号 f_{cu} 表示。

依照标准试验方法测得的具有 90% 保证率的抗压强度值称为混凝土立方体抗压强度标准值，用符号 $f_{cu,k}$ 表示。

我国混凝土按立方体抗压强度标准值通常分成 14 个强度等级：C15、C20、C25、C30、C35、C40、C45、C50、C55、C60、C65、C70、C75、C80，其中 C 代表混凝土，C 后的 20、25 等数值表示混凝土立方体抗压强度标准值，单位为 MPa（$1MPa = 1N/mm^2$）。

混凝土立方体抗压强度同多种因素有关。

（1）混凝土立方体抗压强度与试验方法有着密切的关系。一般情况下，试件在试验机上受压时，试件的上下表面和试验机承压板之间产生的摩擦力会约束混凝土试件的横向变形，从而提高了试件的抗压强度。破坏时，形成两个对顶的角锥形破坏面 [图 2-1 （a）]；若在承压板和试件上下表面之间涂些润滑剂，试件受压时摩擦力大大减小，所测抗压强度比较低，

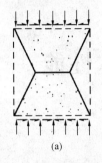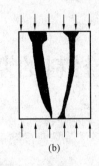

图 2-1 混凝土立方体试件的破坏特征

(a) 不涂润滑剂；(b) 涂润滑剂

试件将沿着与作用力平行方向产生几条裂缝而破坏，如图 2-1（b）所示。我国规定采用不加润滑剂的试验方法。

（2）试件尺寸对混凝土的立方体抗压强度有影响。试验证实，立方体试件尺寸越小，测得的抗压强度越高，这个现象叫做尺寸效应。如果采用边长为 200mm 和边长为 100mm 的混凝土立方体试件来测定混凝土的强度，所测强度和用边长 150mm 立方体标准试件测得的强度有一定差距，采用边长 200mm 或者边长 100mm 的立方体试件所测得的立方体强度应分别乘以换算系数 1.05 和 0.95。

（3）加载速度对混凝土的立方体抗压强度有影响。加载速度越快，测得的强度越高。一般对加载速度的规定为：混凝土的强度等级低于 30N/mm² 时，取每秒 0.3～0.5N/mm²；混凝土的强度等级高于或等于 30N/mm² 时，取每秒 0.5～0.8N/mm²。

（4）混凝土的立方体抗压强度随混凝土龄期的增长而增强，开始时强度增长速度比较快，以后增长速度逐渐减缓。

2. 混凝土轴心抗压强度（棱柱体抗压强度）

我国《普通混凝土力学性能试验方法标准》（GB/T 50081—2002）规定，以 150mm×150mm×300mm 的棱柱体试件为标准试件，用标准制作方法、试验方法测得的抗压强度值，叫做混凝土轴心抗压强度或棱柱体抗压强度，用符号 f_c 表示。

试验表明，棱柱体试件的抗压强度比立方体试件的抗压强度低。由于棱柱体试件的高度越大，试验机承压板与试件之间摩擦力对试件高度中部的横向变形的约束影响越小，所以棱柱体试件的高宽比越大，轴心抗压强度值越低。在确定棱柱体试件尺寸时，既要试件的高宽比足够大，从而使试验机承压板与试件承压面间摩擦力的影响消除；同时，又要避免附加偏心距对抗压强度的影响，因此，试件的高宽比不宜过大。依据试验资料，棱柱体试件高宽比通常选择 2～3。

图 2-2 是根据我国所做的混凝土棱柱体同立方体抗压强度对比试验的结果。由图可以看到，试验值 f_{ck}^0 和 $f_{cu,k}^0$ 的统计平均值大致呈一条直线，它们的比值大致在 0.70～0.92 的范围之内变化，强度大的比值大些，这里的上标 0 表示的是试验值。

考虑到实际结构构件制作、养护以及受力情况等方面与试件的差别，实际构件强度与试件强度之间将存在差异，《混凝土结构设计规范》（GB 50010—2010）基于安全取偏低值，轴心抗压强度标准值与立方体抗压强度标准值的关系通过下式确定：

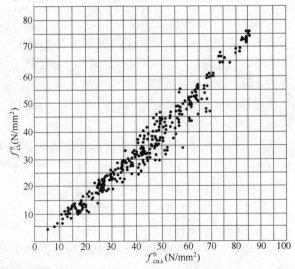

图 2-2 混凝土轴心抗压强度与立方体抗压强度的关系

$$f_{cc} = f'_c + k\sigma_2 \tag{2-4}$$

式中　f_{cc}——三向受压圆柱体的混凝土轴心抗压强度（MPa）；

　　　f'_c——无侧向约束时混凝土圆柱体的抗压强度（MPa）；

　　　σ_2——侧向约束压应力（Pa）；

　　　k——侧压效应系数。

2.1.2　混凝土的变形

混凝土的变形可分为两类：一类是在荷载作用下的受力变形，比如一次短期加载的变形、荷载长期作用下的变形以及多次重复加载的变形；另一类与受力无关，叫做体积变形，比如混凝土收缩以及温度变化引起的变形。

1. 混凝土的受力变形

（1）混凝土的应力-应变曲线

混凝土的应力-应变关系为混凝土力学性能的一个重要方面，我国采用棱柱体试件来测定混凝土的应力-应变曲线。如图 2-8 所示为实测的混凝土棱柱体受压应力-应变曲线，能够看到，这条曲线包括上升段和下降段两部分。上升段又分为三段。上升段的第一阶段，从开始加载至 A 点，应力比较小，混凝土的变形主要是骨料和水泥结晶体受力产生的弹性变形，混凝土的应力-应变关系接近直线，A 点叫做比例极限。A 点后，随着压应力的增大，应力-应变关系偏离直线，这一阶段为裂缝稳定扩展阶段，到临界点 B，临界点 B 对应的应力可以作为长期抗压强度的依据，这一阶段为第二阶段。

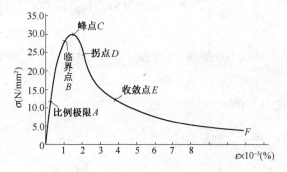

图 2-8　混凝土受压应力-应变曲线

此后，试件中所积蓄的弹性应变能够保持大于裂缝发展所需要的能量，从而形成裂缝快速发展的不稳定状态直至峰点 C，这一阶段为第三阶段，这时的峰值应力一般作为混凝土棱柱体的抗压强度 f_c，相应的应变叫做峰值应变 ε_0，其值在 0.0015～0.0025 之间波动，一般取为 0.002。C 点后为下降段，下降段又分为三段。在 C 点后裂缝迅速发展，内部结构整体受到愈来愈严重的破坏，赖以传递荷载的传力路线不断减少，试件的平均应力强度下降，因此应力-应变曲线向下弯曲，出现"拐点" D，这一阶段为第四阶段。超过"拐点"之后，曲线逐渐凸向应变轴，拐点 D 之后曲率最大的点 E 叫做"收敛点"，这一阶段为第五阶段。收敛点 E 以后的曲线称为收敛段，这时主裂缝已经很宽，对于没有侧向约束的混凝土已失去结构意义，这一阶段为第六阶段。

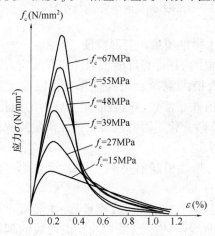

图 2-9　不同强度等级的混凝土受压应力-应变曲线

不同强度混凝土的应力-应变曲线有着相似的形状，但是也有实质性的区别。图 2-9 所示的试验曲线表明，随着混凝土强度的提高，尽管上升段与峰值应变的变化不很显著，但是下降段的形状有较大的差异，混凝土强度越高，下降段的坡度越陡，也就是应力下降相同幅度时变形越小、延性越差。

（2）混凝土单轴向受压应力-应变本构关系曲线

常见的描述混凝土单轴向受压应力-应变本构关系曲线的数学模型有以下两种：

1）美国 E. Hognestad 建议的模型

如图 2-10 所示，模型的上升段为二次抛物线，下降段是斜直线。

上升段：
$$\varepsilon \leqslant \varepsilon_0, \quad \sigma = f_c\left[2\frac{\varepsilon}{\varepsilon_0} - \left(\frac{\varepsilon}{\varepsilon_0}\right)^2\right] \tag{2-5}$$

下降段：
$$\varepsilon_0 \leqslant \varepsilon \leqslant \varepsilon_{cu}, \quad \sigma = f_c\left[1 - 0.15\frac{\varepsilon - \varepsilon_0}{\varepsilon_{cu} - \varepsilon_0}\right] \tag{2-6}$$

式中　f_c——峰值应力（棱柱体极限抗压强度）；

ε_0——相应于峰值应力时的应变，取 $\varepsilon_0 = 0.002$；

ε_{cu}——极限压应变，取 $\varepsilon_{cu} = 0.0038$。

2）德国 Rusch 建议的模型

如图 2-11 所示，该模型形式较为简单，上升段也采用二次抛物线，下降段则采用水平直线。

当 $\varepsilon \leqslant \varepsilon_0$ 时，
$$\sigma = f_c\left[2\frac{\varepsilon}{\varepsilon_0} - \left(\frac{\varepsilon}{\varepsilon_0}\right)^2\right] \tag{2-7}$$

当 $\varepsilon_0 \leqslant \varepsilon \leqslant \varepsilon_{cu}$ 时，
$$\sigma = f_c \tag{2-8}$$

式中，取 $\varepsilon_0 = 0.002$；$\varepsilon_{cu} = 0.0035$。

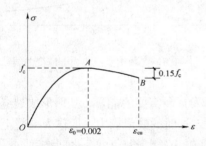

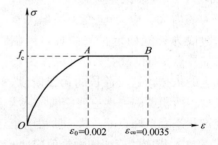

图 2-10　Hognestad 建议的应力-应变曲线　　图 2-11　Rusch 建议的应力-应变曲线

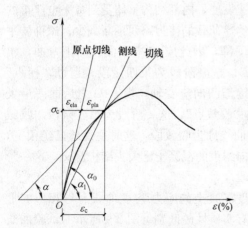

图 2-12　混凝土弹性模量表示方法

2. 混凝土弹性模量、变形模量

实际工程中，在计算混凝土构件的截面应力及变形时，需要借助混凝土的弹性模量。混凝土应力-应变的比值并非常数，随着混凝土应力的变化，其弹性模量不断变化，因此混凝土弹性模量的取值比钢筋复杂得多。

混凝土的弹性模量有下列三种表示方法（图 2-12）。

（1）弹性模量（原点切线模量）。在混凝土受压应力-应变曲线图的原点做切线，该切线的斜率就是原点弹性模量，即：

$$E_c = \tan\alpha_0 \tag{2-9}$$

测定混凝土的弹性模量时，一般用尺寸为 150mm×150mm×300mm 的棱柱体标准试件，先将应力加载至 $\sigma = 0.5f_c$，然后卸载至零，再重复加载、卸载 5～10 次。因为混凝土不是弹性材料，每次卸载至应力为零时，存在残余变形，随着加载次数增加，应力-应变曲线渐趋稳定并且基本上趋于直线。该直线的斜率就为混凝土的弹性模量。

(2) 割线模量。图 2-12 中应力-应变曲线上任一点处割线的斜率叫做任意点割线模量或变形模量，表达式为：

$$E'_c = \tan\alpha_1 \tag{2-10}$$

在弹塑性阶段，总变形包括弹性变形与塑性变形，弹性变形与总变形的比值称为弹性系数 υ，即 $\upsilon = \varepsilon_c/\varepsilon_0$，所以有：

$$E'_c = \frac{\sigma}{\varepsilon} = \frac{E_c\varepsilon_c}{\varepsilon} = \upsilon E_c \tag{2-11}$$

弹性系数随应力增大而减小，其值在 1～0.5 之间变化。

(3) 切线模量。应力-应变曲线上任一点处切线的斜率，叫做该点的切线模量，即：

$$E''_c = \mathrm{d}\sigma/\mathrm{d}\varepsilon \tag{2-12}$$

不同于弹性材料，混凝土属于非弹性材料，混凝土的应力不能用已知的混凝土应变乘以规范给定的弹性模量去求。只有当混凝土的应力很低时，这一关系才成立。混凝土弹性模量可通过以下经验公式进行计算：

$$E_c = \frac{10^5}{2.2 + (34.74/f_{cu,k})} \tag{2-13}$$

式中　$f_{cu,k}$——混凝土立方体抗压强度标准值。

(4) 混凝土在长期荷载作用下的变形——徐变

结构或构件承受的应力不变，而应变随时间而增长的现象叫做徐变。混凝土徐变变形是指在持久荷载作用下混凝土结构随时间推移而增加的应变。徐变对混凝土结构的变形和强度、预应力混凝土的钢筋应力均将产生重要的影响。

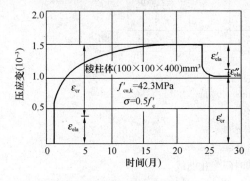

图 2-13　混凝土的徐变曲线

混凝土的典型徐变曲线如图 2-13 所示。从图中可以看出，对棱柱体试件加载，当加荷应力达到 $0.5f_c$ 时，其加载瞬间产生的应变为瞬时应变 ε_{ela}，如果保持荷载不变，随着加载时间的增加，应变也将继续增长，这就是混凝土的徐变 ε_{cr} 一般，徐变开始半年内增长比较快，以后逐渐减慢，经过较长时间后逐渐趋于稳定。徐变应变值为瞬时应变值的 1～4 倍。两年之后卸载，试件瞬时恢复的一部分应变叫做瞬时恢复应变 ε'_{ela}，其值略小于瞬时应变 ε_{ela} 长期荷载完全卸除之后混凝土需要经历一个徐变的恢复过程，卸载之后的徐变恢复变形称为弹性后效 ε''_{ela}，其值约是徐变应变的 1/12。试件中最后剩下的绝大部分不可恢复的应变，叫做残余应变 ε'_{cr}。

影响混凝土徐变的因素主要有下列几个方面。

1) 混凝土的徐变与混凝土的应力大小密切相关，应力越大徐变也越大。如图 2-14 所

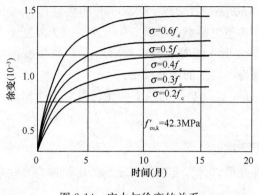

图 2-14 应力与徐变的关系

示，当混凝土应力较小时（$\sigma < 0.5 f_c$），徐变和应力成正比，曲线接近等间距分布，这种情况叫做线性徐变。当混凝土应力较大时（$\sigma = 0.5 f_c \sim 0.8 f_c$），徐变和应力不成正比，徐变比应力增长要快，这种情况叫做非线性徐变。当应力 $\sigma > 0.8 f_c$，徐变的发展是非收敛的，最终造成混凝土的破坏。由于在高应力的作用下可能会造成混凝土的破坏，因此，一般取混凝土应力等于 $0.75 f_c \sim 0.8 f_c$ 作为混凝土的长期极限强度。混凝土构件在使用期间，应避免经常处于不变的高应力状态。

2）加载时混凝土的龄期越小，徐变越大。

3）混凝土的组成和配合比对混凝土的徐变影响也较大。水泥用量越多、水灰比越大，徐变越大；骨料越坚硬、弹性模量越高，徐变越小。

4）养护及使用条件下的温湿度对于混凝土的徐变也有影响。混凝土养护时温度越高、湿度越大，水泥水化作用越充分，徐变就越小；混凝土的使用环境温度越高，徐变越大；环境的相对湿度越低，徐变越大。所以高温干燥环境将使混凝土徐变显著增大。

3. 混凝土的非受力变形

（1）混凝土的收缩

混凝土凝结和硬化的过程中，体积随时间推移而减小的现象叫做收缩。图 2-15 所示是中国铁道科学研究院所做的混凝土自由收缩的试验结果。由图中可以看到，混凝土的收缩随着时间推移而增长，初期收缩较快，通常两年后趋于稳定。

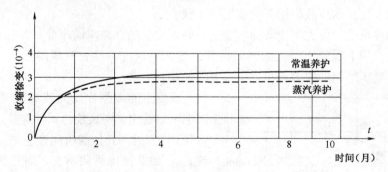

试件尺寸 $100\text{mm} \times 100\text{mm} \times 400\text{mm}$

$f_{cu,k} = 42.3\text{MPa}$

水灰比 0.45，42.5 级硅酸盐水泥

恒温 (20 ± 1)℃，恒湿 65%+5%

图 2-15 混凝土的收缩随时间变化曲线

蒸汽养护下混凝土的收缩值要小于常温养护下的收缩值。这是因为混凝土在蒸汽养护过程中，高温高湿加速了水泥的水化作用，减少了混凝土的自由水分，加速了混凝土凝结和硬化时间，所以其收缩应变相应减小。

影响混凝土收缩的因素主要有下列几个方面。

1）水泥的品种：水泥强度等级越高，混凝土收缩越大。

2）水泥的用量：水泥越多，收缩越大；水灰比越大，收缩也越大。

3）骨料的性质：骨料的弹性模量越大，收缩越小。

4）养护条件：在硬化过程中环境温湿度越大，收缩越小。

5）混凝土制作方法：混凝土越密实，收缩越小。

6）使用环境：使用环境温度、湿度越大，收缩越小。

7）构件的体积与表面积比值：其比值越大，收缩越小。

混凝土构件不受约束时，钢筋和混凝土协调变形；在受到外部约束时，将会产生混凝土拉应力，甚至使混凝土开裂。

（2）混凝土的温度变形

当温度变化时，混凝土的体积会热胀冷缩。混凝土的温度线膨胀系数通常为 $1.2 \times 10^{-5}℃ \sim 2.5 \times 10^{-5}/℃$。当混凝土的温度变形受到外界的约束而不能自由发生时，构件内部会产生温度应力。在大体积混凝土中，因为水泥水化热使得混凝土的内部与表面的温差较高，所以内部混凝土对表面混凝土形成约束，在混凝土表面形成拉应力，若内外变形差异较大，则将会造成表层混凝土开裂。

2.1.3　混凝土的疲劳

混凝土的疲劳是在荷载重复作用下产生的。疲劳现象大量存在于工程结构中，钢筋混凝土吊车梁、钢筋混凝土桥以及港口海岸的混凝土结构等均要受到吊车荷载、车辆荷载以及波浪冲击等几百万次的作用。混凝土在重复荷载作用下的破坏叫做疲劳破坏。

如图 2-16 所示为混凝土棱柱体在多次重复荷载作用下的受压应力-应变曲线。从图中可以看出，一次加载压应力 σ_1 比混凝土疲劳抗压强度 f_c^f 小时，其加载、卸载应力-应变曲线 OAB 形成了一个环状。而在多次加载、卸载作用下，应力-应变环会越来越密合，经过多次重复，这个曲线即密合成一条直线。若再选择一个较高的加载压应力 σ_2，但 σ_2 仍小于混凝土疲劳强度 f_c^f 时，其如载、卸载的规律同前，多次重复后密合成直线。若选择一个高于混凝土疲劳强度 f_c^f 的加载压应力 σ_3，开始，混凝土应力-应变曲线凸向应力轴，在重复荷载过程中逐渐变成直线，再经过多次重复加载、卸载之后，其应力-应变曲线由凸向应力轴而逐渐凸向应变轴，以导致加载、卸载不能形成封闭环，这标志着混凝土内部微裂缝的发展加剧，趋近破坏。随着重复荷载次数的增加，应力-应变曲线倾角不断减小，直到荷载重复到某一定次数时，混凝土试件会由于严重开裂或变形过大而导致破坏。

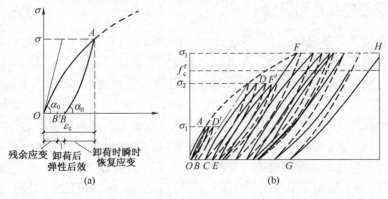

图 2-16　混凝土在重复荷载作用下的受压应力-应变曲线

混凝土的疲劳强度通过疲劳试验测定。疲劳试验采用 $100mm \times 100mm \times 300mm$ 或 $150mm \times 150mm \times 450mm$ 的棱柱体，将能使棱柱体试件承受 200 万次或其以上循环荷载而发生破坏的压应力值叫做混凝土的疲劳抗压强度。

混凝土的疲劳强度同重复作用时应力变化的幅度有关。在相同的重复次数下，疲劳强度随着疲劳应力比值的减小而增大。疲劳应力比值 ρ_c^f 通过下式计算：

$$\rho_c^f = \frac{\sigma_{c,min}^f}{\sigma_{c,max}^f} \tag{2-14}$$

式中　$\sigma_{c,min}^f$、$\sigma_{c,max}^f$ ——截面同一纤维上的混凝土最小应力及最大应力。

《混凝土结构设计规范》（GB 50010—2010）规定，混凝土轴心受压、轴心受拉疲劳强度设计值 f_c^f、f_t^f 应按其混凝土轴心受压强度设计值 f_c、轴心受拉强度设计值 f_t 分别乘以相应的疲劳强度修正系数 γ_ρ 确定。修正系数 γ_ρ 应根据不同的疲劳应力比值 ρ_c^f 按表 2-1、表 2-2 确定。混凝土的疲劳变形模量见表 2-3。

表 2-1　混凝土受压疲劳强度修正系数 γ_ρ

ρ_c^f	$0 \leqslant \rho_c^f < 0.1$	$0.1 \leqslant \rho_c^f < 0.2$	$0.2 \leqslant \rho_c^f < 0.3$	$0.3 \leqslant \rho_c^f < 0.4$	$0.4 \leqslant \rho_c^f < 0.5$	$\rho_c^f \geqslant 0.5$
γ_ρ	0.68	0.74	0.80	0.86	0.93	1.00

表 2-2　混凝土受拉疲劳强度修正系数 γ_ρ

ρ_c^f	$0 < \rho_c^f < 0.1$	$0.1 \leqslant \rho_c^f < 0.2$	$0.2 \leqslant \rho_c^f < 0.3$	$0.3 \leqslant \rho_c^f < 0.4$	$0.4 \leqslant \rho_c^f < 0.5$
γ_ρ	0.63	0.66	0.69	0.72	0.74
ρ_c^f	$0.5 < \rho_c^f < 0.6$	$0.6 \leqslant \rho_c^f < 0.7$	$0.7 \leqslant \rho_c^f < 0.8$	$\rho_c^f \geqslant 0.8$	
γ_ρ	0.76	0.80	0.90	1.00	

表 2-3　混凝土的疲劳变形模量 （$\times 10^4 N/mm^2$）

强度等级	C30	C35	C40	C45	C50	C55	C60	C65	C70	C75	C80
E_c^f	1.30	1.40	1.50	1.55	1.60	1.65	1.70	1.75	1.80	1.85	1.90

2.2　钢　筋

2.2.1　钢筋的品种和级别

钢筋一般根据其化学成分、生产工艺、力学性能以及外形特征分类。钢筋按化学成分可分为碳素钢与普通低合金钢两大类。碳素钢除含有铁元素外，还含有少量的碳、硅、锰、硫以及磷等元素。根据含碳量的多少，碳素钢又可以分为低碳钢（含碳量小于 0.25%）、中碳钢（含碳量为 0.25%～0.6%）以及高碳钢（含碳量为 0.6%～1.4%）。含碳量越高，钢筋的强度越高，但塑性及焊接性越低。普通低合金钢除含有碳素钢已有的成分之外，还加入了一定量的硅、锰、钒、钛、铬等合金元素，这样既可以有效地提高钢筋的强度，又能够使钢筋保持较好的塑性。目前我国普通低合金钢按加入元素种类分以下几种体系：锰系（20MnSi、25MnSi）、硅钒系（40Si2MnV、45SiMnV）、硅钛系（45Si2MnTi）、硅锰系（40Si2Mn、48Si2Mn）、硅铬系（45Si2Cr）。

根据钢筋的生产加工工艺和力学性能的不同，《混凝土结构设计规范》（GB 50010—2010)规定，用于钢筋混凝土结构及预应力混凝土结构中的钢筋或钢丝可分为普通钢筋（热轧钢筋）、中强度预应力钢丝、消除应力钢丝、钢绞线以及预应力螺纹钢筋等。

热轧钢筋是由低碳钢、普通低合金钢或者细晶粒钢在高温状态下轧制而成，有明显的屈服强度及流幅，在断裂时有"缩颈"现象，伸长率较大。热轧钢筋根据其强度的高低可分为HPB300 级（符号Φ）、HRB335 级（符号Φ）、HRBF335 级（符号Φ^F）、HRB400 级（符号Φ）、HRBF400 级（符号Φ^F）、RRB400 级（符号Φ^R）、HRB500 级（符号Φ）、HRBF500 级（符号Φ^F）。其中 HPB300 级为光面钢筋；HRB335 级、HRB400 级以及 HRB500 级为普通低合金热轧月牙纹变形钢筋；HRBF335 级、HRBF400 级、HRBF500 级是细晶粒热轧月牙纹变形钢筋；RRB400 级为余热处理月牙纹变形钢筋。余热处理钢筋是通过轧制的钢筋经高温淬水、余热回温处理后得到的，其强度较高，价格相对较低，但焊接性、机械连接性及施工适应性稍差，可以在对延性及加工性要求不高的构件中使用，比如基础、大体积混凝土以及跨度及荷载不大的楼板、墙体。

中强度预应力钢丝、消除应力钢丝、钢绞线以及预应力螺纹钢筋是用于预应力混凝土结构的预应力筋。其中，中强度预应力钢丝的极限强度标准值是 $800\sim1270\text{N/mm}^2$，外形有光面（符号Φ^{PM}）与螺旋筋（符号Φ^{HM}）两种；消除应力钢丝的极限强度标准值是 $1470\sim1860\text{N/mm}^2$，外形也有光面（符号$\Phi^P$）与螺旋筋（符号$\Phi^H$）两种；钢绞线（符号$\Phi^S$）极限强度标准值是 $1570\sim1960\text{N/mm}^2$，是由多根高强钢丝扭结而成，比较常用的有 1×7（七股）和 1×3（三股）等；预应力螺纹钢筋（符号Φ^T）又称精轧螺纹粗钢筋，极限强度标准值是 $980\sim1230\text{N/mm}^2$，是用于预应力混凝土结构的大直径高强度钢筋，这种钢筋在轧制时沿钢筋的纵向全部轧有规律性的螺纹肋条，可以用螺纹套筒连接和螺母锚固，不需要再加工螺纹，也不需要焊接。

根据外形特征分类，图 2-17 所示为常用钢筋、钢丝和钢绞线的外形。冷加工钢筋在混凝土结构中也有一定应用。冷加工钢筋是将某些热轧光面钢筋（叫做母材）经冷拉、冷拔或冷轧、冷扭等工艺进行再加工而得到的直径较细的光面钢筋及冷轧扭钢筋等。热轧钢筋经冷加工后强度提高，但塑性（伸长率）明显降低。所以，冷加工钢筋主要用于对延性要求不高的板类构件，或作为非受力构造钢筋。因为冷加工钢筋的性能受母材和冷加工工艺影响较大，《混凝土结构设计规范》（GB50010—2010）中未把其列入，工程应用时可按相关的技术标准执行。

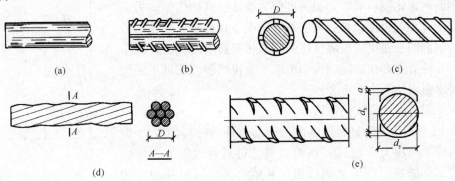

图 2-17 常用钢筋、钢丝和钢绞线的外形

(a) 光圆钢筋；(b) 人字纹钢筋；(c) 螺纹钢筋；(d) 预应力钢绞线；(e) 月牙纹钢筋

2.2.2 钢筋强度和变形

1. 钢筋的应力-应变关系

根据钢筋单向受拉时应力、应变关系特点的不同，分为有明显屈服强度钢筋和无明显屈

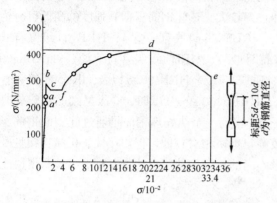

图 2-18　有明显屈服强度的钢筋拉伸时的
应力-应变关系曲线

服强度钢筋两种，习惯上也分别称为软钢与硬钢。一般热轧钢筋属于有明显屈服强度的钢筋，而高强钢筋等大多属于无明显屈服强度的钢筋。

（1）有明显屈服强度的钢筋

图 2-18 所示为有明显屈服强度的钢筋拉伸时的典型应力-应变关系曲线。图中 a' 点所对应的应力称为比例极限，a 点所对应的应力称为弹性极限，通常 a' 点和 a 点很接近。b 点所对应的应力叫做屈服上限，当应力超过 b 点后，钢筋即进入塑性阶段，随后应力下降到 c 点（所对应的应力叫做

屈服下限），c 点以后钢筋开始塑性流动，应力不变而应变增加很快，曲线为一水平段，叫做屈服台阶。屈服上限受加载速度、钢筋截面形式以及表面粗糙度的影响而波动，不太稳定，但屈服下限比较稳定，一般取屈服下限 c 点的应力作为屈服强度。当钢筋的屈服流塑性流动达到，点以后，随着应变的增加，应力又继续增大，到 d 点时应力达到最大值。d 点的应力叫做钢筋的极限抗拉强度，fd 段叫做强化段。d 点以后，在试件的薄弱位置处出现缩颈现象，变形增加迅速，断面缩小，应力降低，直到 e 点被拉断。

钢筋受压时的应力、应变规律，在达到屈服强度前，和受拉时相同，其屈服强度值与受拉时也基本相同。当应力达到屈服强度后，因为试件发生明显的横向塑性变形，截面面积增大，不会发生材料破坏，所以难以明显地得出极限抗压强度。

有明显屈服强度的钢筋有两个强度指标：一个是对应于 c 点的屈服强度，它为混凝土构件计算的强度限值，由于当构件某一截面的钢筋应力达到屈服强度后，将在荷载基本不变的情况下产生持续的塑性变形，使构件的变形和裂缝宽度显著增大以至无法使用，所以一般结构计算中不考虑钢筋的强化段，而取屈服强度作为设计强度的依据；另一个是对应于 d 点的极限抗拉强度，通常情况下用作材料的实际破坏强度。钢筋的强屈比（极限抗拉强度和屈服强度的比值）表示结构的可靠性潜力，在抗震结构中考虑到受拉钢筋可能进入强化阶段，要求强屈比不小于 1.25。

（2）无明显屈服强度的钢筋

图 2-19 所示为无明显屈服强度的钢筋拉伸时的典型应力-应变关系曲线。当应力未超过 a 点时，钢筋仍具有理想的弹性性质，因此 a 点的应力称为比例极限，其值约为极限抗拉强度的 65%。超过 a 点的应力-应变关系呈非线性，无明显的屈服强度。达到极限抗拉强度后钢筋很快被拉断，破坏时呈脆性断裂。因此

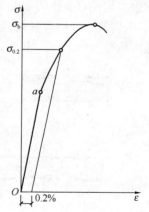

图 2-19　无明显屈服强度的
钢筋拉伸时典型的
应力-应变曲线

对无明显屈服强度的钢筋，在工程设计中通常采用残余应变为 0.2% 时所对应的应力 $\sigma_{0.2}$ 为钢筋强度设计指标，称为条件屈服强度，也称为名义屈服强度。

2. 钢筋本构关系

《混凝土结构设计规范》（GB 50010—2010）建议的钢筋单调加载的应力-应变本构关系曲线有下列三种：

（1）描述完全弹塑性的双直线模型

双直线模型适用于流幅较长的低强度钢材。模型把钢筋的应力-应变曲线简化为图 2-20（a）所示的两段直线，不计屈服强度的上限和因为应变硬化而增加的应力。图中 OB 段为完全弹性阶段，B 点为屈服下限，相应的应力和应变为 f_y 和 ε_y，OB 段的斜率就是弹性模量 E_s。BC 为完全塑性阶段，C 点为应力强化的起点，对应的应变为 $\varepsilon_{s,h}$，过 C 点后，就认为钢筋变形过大不能正常使用。双直线模型的数学表达式如下：

当 $\varepsilon_s \leqslant \varepsilon_y$ 时，$\qquad\qquad \sigma_s = E_s \varepsilon_s \qquad \left(E_s = \dfrac{f_y}{\varepsilon_y} \right)$ （2-15）

当 $\varepsilon_y \leqslant \varepsilon_s \leqslant \varepsilon_{s,h}$ 时，$\qquad\qquad a = f_y$ （2-16）

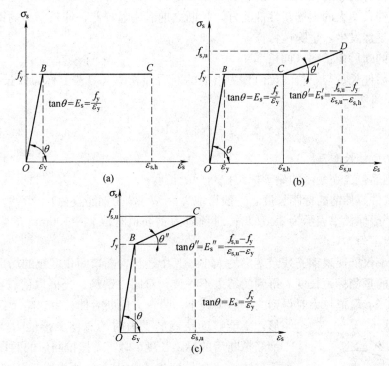

图 2-20　钢筋应力-应变曲线的数学模型

(a) 双直线；(b) 三折线；(c) 双斜线

（2）描述完全弹塑性加硬化的三折线模型

三折线模型适用于流幅较短的软钢，要求它能够描述屈服后发生应变硬化（应力强化），并能正确地估计高出屈服应变后的应力。如图 2-20（b）所示，图中 OB 及 BC 直线段分别是完全弹性和塑性阶段。C 点是硬化的起点，CD 为硬化阶段。到达 D 点时即认为钢筋破坏，受拉应达到极限值 $f_{s,u}$，相应的应变为 $\varepsilon_{s,u}$。三折线模型的数学表达形式如下：

当 $\varepsilon_s \leqslant \varepsilon_y$、$\varepsilon_y \leqslant \varepsilon_s \leqslant \varepsilon_{s,h}$ 时，表达式同式（2-15）和式（2-16）；

当 $\varepsilon_{s,h} \leqslant \varepsilon_s \leqslant \varepsilon_{s,u}$ 时，$\qquad\qquad \sigma_s = f_y + (\varepsilon_s - \varepsilon_{s,h})\tan\theta'$ $\qquad\qquad$ (2-17)

可取

$$\tan\theta' = E'_s = 0.01E_s \qquad\qquad (2\text{-}18)$$

（3）描述弹塑性的双斜线模型

双斜线模型能够描述没有明显流幅的高强钢筋或者钢丝的应力-应变曲线。如图 2-20（c）所示，B 点为条件屈服点，C 点的应力达到极限值 $f_{s,u}$，相应的应变为 $\varepsilon_{s,u}$，如下为双斜线模型数学表达式：

当 $\varepsilon_s \leqslant \varepsilon_y$ 时，$\qquad\qquad \sigma_s = E_s \varepsilon_s \qquad \left(E_s = \dfrac{f_y}{\varepsilon_y} \right)$ $\qquad\qquad$ (2-19)

当 $\varepsilon_{s,h} \leqslant \varepsilon_s \leqslant \varepsilon_{s,u}$ 时，$\qquad\qquad \sigma_s = f_y + (\varepsilon_s - \varepsilon_y)\tan\theta''$ $\qquad\qquad$ (2-20)

式中

$$\tan\theta'' = E'' = \frac{f_{s,u} - f_y}{\varepsilon_{s,u} - \varepsilon_y} \qquad\qquad (2\text{-}21)$$

3. 钢筋的伸长率

钢筋除了要有足够的强度外，还应当具有一定的塑性变形能力。伸长率是反映钢筋塑性性能的指标。伸长率大的钢筋塑性性能好，拉断之前有明显预兆；伸长率小的钢筋塑性性能较差，其破坏突然发生，呈脆性特征。

（1）钢筋的断后伸长率（伸长率）

钢筋的断后伸长量与原长的比值称为钢筋的断后伸长率（习惯上称为伸长率）。通过式（2-22）计算，即

$$\delta = \left(\frac{l - l_0}{l_0} \right) \times 100\% \qquad\qquad (2\text{-}22)$$

式中 δ——断后伸长率（%）；

$\quad\ l$——钢筋包含缩颈区的量测标距拉断后的长度；

$\quad\ l_0$——试件拉伸前的标距长度，一般可取 $l_0 = 5d$（d 为钢筋直径）或 $l_0 = 10d$，相应的断后伸长率表示为 δ_5 或 δ_{10}；对预应力钢筋也有取 $l_0 = 100\text{mm}$ 的，断后伸长率表示为 δ_{100}。

断后伸长率仅能反映钢筋残余变形的大小，其中还包含断口缩颈区域的局部变形。这一方面使得不同的量测标距长度 l_0 得到的结果不一致，对同一钢筋，当 l_0 取值较小时得到的 δ 值比较大，而当 l_0 取值较大时得到的 δ 值则较小；另一方面断后伸长率忽略了钢筋的弹性变形，不能够反映钢筋受力时的总体变形能力。此外，量测钢筋拉断后的标距长度 l 时，需把拉断后的两段钢筋对合后再量测，也容易产生人为误差。所以，近年来国际上已采用钢筋最大力下的总伸长率（均匀伸长率）δ_{gt} 表示钢筋的变形能力。

（2）钢筋最大力下的总伸长率（均匀伸长率）

如图 2-21 所示，钢筋在达到最大应力 σ_b 时的变形包括塑性残余变形 ε_r 与弹性变形 ε_e 两部分，最大力下的总伸长率（均匀伸长率）δ_{gt} 可表示为

$$\delta_{gt} = \left(\frac{L - L_0}{L_0} + \frac{\sigma_b}{E_s} \right) \times 100\% \qquad\qquad (2\text{-}23)$$

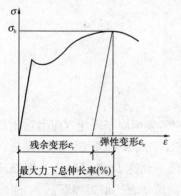

图 2-21　钢筋最大力下的总伸长率

式中 L_0——试验前的原始标距（不包含缩颈区）；

L——试验后量测标记之间的距离；

σ_b——钢筋的最大拉应力（即极限抗拉强度）；

E_s——钢筋的弹性模量。

式（2-23）括号中的第一项反映了钢筋的塑性残余变形，第二项反映了钢筋在最大拉应力下的弹性变形。

图 2-22 所示为 δ_{gt} 的量测方法。在离断裂点较远的一侧选择 Y 和 V 两个标记，两个标记之间的原始标距（L_0）存试验前至少应为 100mm；标记 Y 或者 V 与夹具的距离不应小于 20mm 和钢筋公称直径 d 两者中的较大值，标记 Y 或 V 同断裂点之间的距离不应小于 50mm 和 2 倍钢筋公称直径（$2d$）两者中的较大者。钢筋拉断后量测标记间的距离 L，并求出钢筋拉断时的最大拉应力 σ_b，然后按照式（2-23）计算 δ_{gt}。

4. 钢筋的冷弯性能

钢筋的冷弯性能是检验钢筋韧性、内部质量以及可加工性的有效方法。把直径为 d 的钢筋绕直径为 D 的弯芯进行弯折（如图 2-23 所示），在达到规定冷弯角度 α 时，钢筋不发生裂纹、断裂或起层现象。冷弯性能为评价钢筋塑性的指标，弯芯的直径 D 越小，弯折角 α 越大，则说明钢筋的塑性越好。

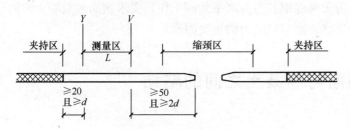

图 2-22 最大力下的总伸长率的量测方法

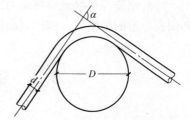

图 2-23 钢筋的冷弯性能测试

对有明显屈服强度的钢筋，其检验指标为屈服强度、极限抗拉强度、伸长率以及冷弯性能四项。对无明显屈服强度的钢筋，其检验指标则为屈服强度、极限抗拉强度、伸长率和冷弯性能四项。

2.2.3 钢筋的疲劳

钢筋的疲劳指的是钢筋在重复、周期性荷载作用下，经过一定次数后，从塑性破坏变为脆性破坏的现象。工程中如起重机梁、桥面板以及轨枕等承受重复荷载的混凝土构件，在正常使用期间会因为疲劳而发生破坏。钢筋的疲劳强度与一次循环应力中最大应力 σ_{max}^f 和最小应力 σ_{min}^f 的差值 $\Delta\sigma^f$ 有关，$\Delta\sigma^f = \sigma_{max}^f - \sigma_{min}^f$。叫做疲劳应力幅。钢筋的疲劳强度是指在某一规定的应力幅内，经过一定次数（我国规定为 200 万次）循环荷载后发生疲劳破坏的最大应力值。

一般认为，在外力作用下钢筋发生疲劳断裂是由于钢筋内部和外表面的缺陷引起应力集中，钢筋中晶粒发生滑移，产生疲劳裂纹，最后断裂。影响钢筋疲劳强度的因素很多，如疲劳应力幅、最小应力值的大小、钢筋外表面几何形状、钢筋直径、钢筋强度和试验方法等。《混凝土结构设计规范》规定了不同等级钢筋的疲劳应力幅度限值，并规定该值与截面同一层钢筋最小应力与最大应力的比值 ρ^f 有关，ρ^f 称为疲劳应力比值。对预应力钢筋，当 $\rho^f \geq$

0.9 时可不进行疲劳强度验算。

2.2.4　混凝土结构对钢筋性能的要求

（1）钢筋的强度。钢筋的强度指的是钢筋的屈服强度和极限抗拉强度，钢筋的屈服强度（对无明显流幅的钢筋取条件屈服强度）是设计计算时的主要依据。采用高强度钢筋能够节约钢材，从而收到良好的经济效益。在钢筋混凝土结构中推广应用屈服强度标准值为 500N/mm² 或者 400N/mm² 的热轧钢筋，此类钢筋强度高、延性好；在预应力混凝土结构中推广应用高强预应力钢筋、钢绞线以及预应力螺纹钢筋。

（2）钢筋的塑性。要求钢材要有一定的塑性，以便于使钢筋断裂前有足够的变形，在钢筋混凝土结构中，能给出构件即将破坏的预警信号，同时要确保钢筋冷弯性能的要求，通过试验检验钢材承受弯曲变形的能力，以间接反映钢筋的塑性性能。钢筋的伸长率与冷弯性能是施工单位验收钢筋是否合格的重要指标。

（3）钢筋的焊接性。焊接性为评定钢筋焊接后接头性能的指标：要求在一定的工艺条件下，钢筋焊接后不产生裂纹及过大的变形，确保焊接后的接头性能良好。

（4）钢筋的耐火性。热轧钢筋的耐火性能最好，冷轧钢筋其次，预应力钢筋最差。结构设计时应注意钢筋混凝土保护层厚度符合对构件耐火极限的要求。

（5）钢筋与混凝土的粘结力。为了确保钢筋与混凝土共同工作，要求钢筋和混凝土之间必须有足够的粘结力。钢筋表面的形状为影响粘结力的重要因素。

2.3　钢筋与混凝土之间的粘结

2.3.1　基本概念

粘结是钢筋与外围混凝土之间一种复杂的相互作用，可通过这种作用来传递两者间的应力，协调变形，确保共同工作。这种作用实质上是钢筋与混凝土接触面上所产生的沿钢筋纵向的剪应力，称为粘结应力或者粘结力。

钢筋与混凝土这两种材料能够结合在一起共同工作，除了二者具有相近的线膨胀系数外，更主要的是由于混凝土硬化后，沿着钢筋长度在钢筋和混凝土之间产生了良好的粘结。钢筋端部和混凝土的粘结称为锚固。为了确保钢筋不从混凝土中拔出或压出，还要求钢筋有良好的锚固性。粘结和锚固是钢筋和混凝土形成整体、共同工作的基础。

粘结作用可以通过图 2-24 所示的钢筋和其周围混凝土之间产生的粘结应力来说明。根据受力性质的不同，钢筋和混凝土之间的粘结应力可分为钢筋端部的锚固粘结应力（锚固粘结）与裂缝间的局部粘结应力（局部粘结）两种。

钢筋端部的锚固粘结应力（锚固粘结）。钢筋伸进支座或者在连续梁承担负弯矩的上部钢筋在跨中截断时需要延伸一段长度，也

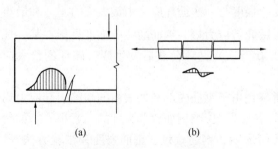

图 2-24　锚固粘结应力和局部粘结应力
（a）锚固粘结应力；（b）局部粘结应力

就是锚固长度。要使钢筋承受所需的拉力，就要求受拉钢筋有足够的锚固长度以积累足够的粘结力，否则，将会发生锚固破坏。

裂缝间的局部粘结应力（局部粘结）是在相邻两个开裂截面间产生的，钢筋应力的变化受到粘结应力的影响，粘结应力使得相邻两个裂缝之间混凝土参与受拉。局部粘结应力的丧失会影响构件刚度的降低及裂缝的开展。

2.3.2 粘结力的组成及其影响因素

1. 粘结力的组成

光圆钢筋与混凝土的粘结作用主要由下列三部分组成。

（1）钢筋和混凝土接触面上的化学吸附作用力（胶结力）。这种吸附作用力来自浇筑时水泥浆体对钢筋表面氧化层的渗透以及水化过程中水泥晶体的生长和硬化。这种吸附作用力通常很小，仅在受力阶段的局部无滑移区域起作用。在接触面发生相对滑移时，该力消失。

（2）混凝土收缩、握裹钢筋而产生摩阻力。摩阻力是因为混凝土凝固时收缩，对钢筋产生垂直于摩擦面的压应力。接触面的粗糙程度越大，这种压应力越大，摩阻力就会越大。

（3）钢筋表面凹凸不平和混凝土之间产生的机械咬合作用力（咬合力）。对于光圆钢筋，这种咬合力来自于表面的粗糙不平。

变形钢筋与混凝土之间有机械咬合作用，改变了钢筋和混凝土间相互作用的方式，显著提高了粘结强度。对于变形钢筋，咬合力是因为变形钢筋肋间嵌入混凝土而产生的。虽然也存在胶结力和摩擦力，但是变形钢筋的粘结主要来自钢筋表面凸出的肋与混凝土的机械咬合作用。变形钢筋的横肋对混凝土的挤压如同一个楔，会产生很大的机械咬合力，从而使变形钢筋的粘结能力提高（图 2-25）。

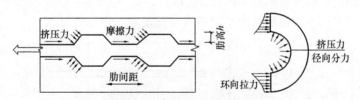

图 2-25 变形钢筋和混凝土之间的机械咬合作用

光圆钢筋和变形钢筋的粘结机理的主要差别，是光面钢筋粘结力主要来自胶结力与摩阻作用，而变形钢筋的粘结力主要来自于机械咬合力作用。

2. 影响粘结力的因素

影响粘结力的因素有很多，主要包括钢筋表面形状、混凝土强度、浇筑位置、保护层厚度、钢筋净间距、横向钢筋以及横向压力等。

变形钢筋的粘结力比光圆钢筋大。试验证实，变形钢筋的粘结力比光圆钢筋高出 2～3 倍。因而变形钢筋所需的锚固长度比光圆钢筋短。试验还表明，月牙纹钢筋的粘结力要比螺纹钢筋的粘结力低 10%～15%。

粘结力同浇筑混凝土时钢筋所处的位置有明显的关系。对于混凝土浇筑深度超过 300mm 以上的顶部水平钢筋，其底面的混凝土因为水分、气泡的逸出和泌水下沉，与钢筋之间形成了空隙层，从而削弱了钢筋和混凝土之间的粘结作用。

混凝土保护层和钢筋间距对于粘结力也有很重要的影响。对于高强度的变形钢筋，当混凝土保护层太薄时，外围混凝土可能发生径向劈裂而降低粘结力；当钢筋净距太小时，可能出现水平劈裂而使整个保护层崩落，从而使粘结力显著降低。

横向钢筋（如梁中箍筋）能够延缓径向劈裂裂缝的发展，限制劈裂裂缝的宽度，从而提高粘结力。所以，在较大直径钢筋的锚固或搭接长度范围内，以及当一层并列的钢筋根数较多时，均应设置一定数量的附加箍筋，以避免混凝土保护层的劈裂崩落。

当钢筋的锚固区作用有侧向压应力时，将会使粘结力提高。

2.3.3 钢筋的锚固

1. 基本锚固长度 l_{ab}

《混凝土结构设计规范》（GB 50010—2010）规定的受拉钢筋锚固长度 l_{ab} 是钢筋的基本锚固长度。

在图 2-26 给出的钢筋受拉锚固长度的示意图中，取钢筋为截离体，直径是 d 的钢筋，当其应力达到抗拉强度设计值 f_y 时，拔出拉力为 $f_y \pi d^2/4$，设锚固长度 l_{ab} 内粘结应力的平均值是 τ，则由混凝土对钢筋提供的总粘结力为 $\tau \pi d l_{ab}$。假设 $\tau = f_t/(4a)$，则通过力的平衡条件得

$$l_{ab} = \alpha \frac{f_y}{f_t} d \tag{2-24}$$

式中　l_{ab}——受拉钢筋的基本锚固长度；

　　　f_y——钢筋抗拉强度设计值；

　　　f_t——混凝土抗拉强度设计值；

　　　d——钢筋直径；

　　　α——锚固钢筋的外形系数，按表 2-4 取值。

可见，受拉钢筋的基本锚固长度是钢筋直径的倍数，例如 $30d$。

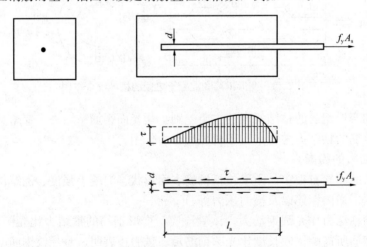

图 2-26　钢筋的受拉锚固长度计算简图

表 2-4　锚固钢筋的外形系数

钢筋类型	光圆钢筋	带肋钢筋	螺旋肋钢丝	三股钢绞丝	七股钢绞丝
外形系数 α	0.16	0.14	0.13	0.16	0.17

注：光圆钢筋末端应做 180° 弯钩，弯后平直段长度不应小于 $3d$，但用作受压钢筋时可不做弯钩。

2. 受拉钢筋的锚固

（1）受拉钢筋的锚固长度 l_a

实际结构中的受拉钢筋锚固长度还应根据锚固条件的不同通过下式计算，并不小于 200mm。

$$l_a = \zeta_a l_{ab} \tag{2-25}$$

式中　l_a——受拉钢筋的锚固长度；

　　　ζ_a——锚固长度修正系数：

1）当带肋钢筋的公称直径大于 25mm 时，取 1.10；

2）环氧树脂涂层带肋钢筋取 1.25；

3）施工过程中易扰动的钢筋取 1.10；

4）当纵向受力钢筋的实际面积大于其设计计算面积时，修正系数取设计计算面积与实际配筋面积的比值，但对有抗震设防要求及直接承受动力荷载的结构构件，不应考虑此项修正；

5）锚固钢筋的保护层厚度为 $3d$ 时修正系数可取 0.80，保护层厚度为 $5d$ 时修正系数可取 0.70，中间按内插取值，此处 d 为锚固钢筋直径；

6）当多于上述一项时，可按连乘计算，但不应小于 0.6；对预应力筋，可取 1.0。

（2）锚固区的横向构造钢筋

当锚固钢筋的保护层厚度不大于 $5d$ 时，锚固长度范围内应配置直径不小于 $d/4$ 的横向构造钢筋。

（3）锚固措施

当纵向受拉普通钢筋末端采用弯钩或机械锚固措施时，包括弯钩或锚固端头在内的锚固长度（投影长度）可取为基本锚固长度 l_{ab} 的 60%。弯钩和机械锚固的形式和技术要求见图 2-27。

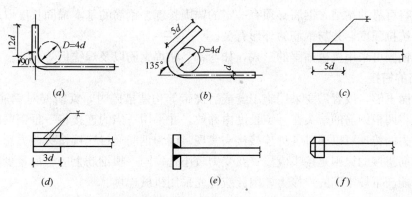

图 2-27　弯钩和机械锚固的形式和技术要求

（a）90°弯钩；（b）135°弯钩；（c）一侧贴焊锚筋；

（d）两侧贴焊锚筋；（e）穿孔塞焊锚板；（f）螺栓锚头

3. 受压钢筋的锚固

混凝土结构中的纵向受压钢筋，当计算中充分利用其抗压强度时，锚固长度不应小于相应受拉锚固长度的 70%。

受压钢筋不应采用末端弯钩和一侧贴焊锚筋的锚固措施。

受压钢筋锚固长度范围内的横向构造钢筋与受拉钢筋的相同。

承受动力荷载的预制构件，应将纵向受力普通钢筋末端焊接在钢板或角钢上，钢板或角钢应可靠地锚固在混凝土中。钢板或角钢的尺寸应按计算确定，其厚度不宜小于 10mm。

其他构件中受力普通钢筋的末端也可通过焊接钢板或型钢实现锚固。

2.3.4 保证可靠粘结的构造措施

1. 保证粘结的构造措施

因为粘结破坏机理复杂，影响粘结力的因素多，工程结构中粘结受力的多样性等，所以目前尚无比较完整的粘结力计算理论。《混凝土结构设计规范》（GB 50010—2010）采用不进行粘结计算，通过构造措施来确保混凝土与钢筋粘结的方法。

保证粘结的构造措施有下列几个方面。

（1）对不同等级的混凝土和钢筋，要确保最小搭接长度和锚固长度；

（2）为了保证混凝土与钢筋之间有足够的粘结，必须符合钢筋最小间距和混凝土保护层最小厚度的要求；

（3）在钢筋搭接接头范围内应当加密箍筋；

（4）为了确保足够的粘结，在钢筋端部应设置弯钩。

此外，在浇筑大深度混凝土时，为避免在钢筋底面出现沉淀收缩和泌水，形成疏松空隙层，削弱粘结，对高度较大的混凝土构件应分层浇筑或者二次浇捣。

钢筋表面粗糙程度会影响到摩擦阻力，从而影响粘结强度。轻度锈蚀的钢筋，其粘结强度比新轧制的无锈钢筋要高，比除锈处理的钢筋更高。因此，除重度锈蚀钢筋外，可不必对钢筋除锈。

2. 基本锚固长度

钢筋受拉会产生向外的膨胀力，这个膨胀力造成拉力传递到构件表面。为了确保钢筋与混凝土之间有可靠的粘结，钢筋必须有一定的锚固长度。钢筋的基本锚固长度取决于钢筋强度及混凝土抗拉强度，并与钢筋的外形有关。

钢筋的锚固可采用机械锚固的形式，如弯钩、贴焊钢筋以及焊锚板等。

3. 钢筋的搭接

钢筋长度不够，或者需要采用施工缝或后浇带等构造措施时，就需要对钢筋进行搭接。搭接指的是将两根钢筋的端头在一定长度内并放，并采用适当的连接将一根钢筋的力传给另一根钢筋。力的传递可以通过各种连接接头实现。因为钢筋通过连接接头传力总不如整体钢筋，所以钢筋搭接的原则是接头应设置在受力较小处，同一根钢筋上应当尽量少设接头，机械连接接头能产生较牢固的连接力，因此应优先采用机械连接。

受压钢筋的搭接接头及焊接骨架的搭接也应符合相应的构造要求，以保证力的传递。

思考题

2-1 钢筋有哪些品种和级别？简述各种牌号钢筋的用途。

2-2 试说明有明显屈服点钢筋的应力-应变曲线各阶段的特点，并指出比例极限、屈服强度、极限强度的含义？

2-3 混凝土结构对钢筋的性能有哪些要求？

2-4 混凝土的立方体抗压强度、棱柱体抗压强度以及抗拉强度是如何确定的？它们之间有什么关系？说明混凝土试件的尺寸、试验方法以及养护条件对其强度的影响。

2-5 在同一个坐标系内，画出单轴受压和单轴受拉时混凝土的应力-应变全曲线。在曲线上标出主要特征点，并阐述各特征点的主要特征。

2-6 混凝土的变形模量有几种表示方法？它们有什么实际作用？如何确定混凝土的弹性模量？

2-7 何为是混凝土的徐变？影响混凝土徐变的因素有哪些？徐变产生的原因有哪些？徐变对普通混凝土结构和预应力混凝土结构有何影响？

2-8 混凝土的收缩变形有哪些特点？影响混凝土收缩的主要因素有哪些？对混凝土结构有哪些影响？

2-9 钢筋和混凝土之间的粘结力主要由哪几部分组成？影响钢筋与混凝土粘结强度的因素主要有哪些？

2-10 如何确定钢筋的锚固长度？

2-11 钢筋的连接方式有哪几种？

2-12 传统的钢筋伸长率指标（δ_5、δ_{10}、δ_{100}）在实际工程应用中存在的问题有哪些？试说明钢筋总伸长率（均匀伸长率）δ_{gt}的意义和量测方法。

习 题

2-1 已知某项工程采用 HRB400 级带肋钢筋，直径是 28mm，混凝土强度等级是 C30，滑升模板施工。

求：（1）受拉钢筋的锚固长度。

（2）受压钢筋的锚固长度。

2-2 某海工工程采用 HRB400 级钢筋，直径为 20mm，为了防止钢筋锈蚀，钢筋表面涂有环氧涂层，混凝土强度等级为 C35，混凝土保护层厚度是 60mm，取同一搭接区段钢筋的接头百分率是 25%。

求：（1）受拉钢筋的搭接长度。

（2）受压钢筋的搭接长度。

（3）搭接区段的长度。

2-3 如图 2-22 所示，某直径 14mm 的 HRB500 级钢筋拉伸试验的结果见表 2-5，如果钢筋极限抗拉强度 $\sigma_b = 661 \text{N/mm}^2$、弹性模量 $E_s = 2 \times 10^5 \text{N/mm}^2$，试分别求出 δ_5、δ_{10}、δ_{100} 和 δ_{gt} 的值。

表 2-5 HRB500 级钢筋拉伸试验结果（mm）

试验前标距长度	拉断后标距长度
$_0 = 5d = 70.0$	$l_0 = 92.0$
$l_0 = 10d = 140.0$	$l_0 = 169.5$
$l_0 = 100.0$	$l_0 = 125.4$
$l_0 = 140.0$	$L = 162.4$

第三章 钢筋和混凝土受弯构件正截面承载力计算

本章要点

本章阐述了受弯构件正截面受弯的三个工作阶段，分析了适筋、少筋及超筋三种破坏形态，在此基础上，重点阐述了钢筋混凝土矩形及 T 形截面的正截面承载力计算的基本假定、计算简图、计算公式及公式的适用范围，以及典型受弯构件（梁板）的基本构造要求。

3.1 梁、板的一般构造

3.1.1 截面形式与尺寸

1. 截面形式

如图 3-1 所示，梁、板常用矩形、T 形、I 字形、槽形、空心的和倒 L 形的对称和不对称截面形式。

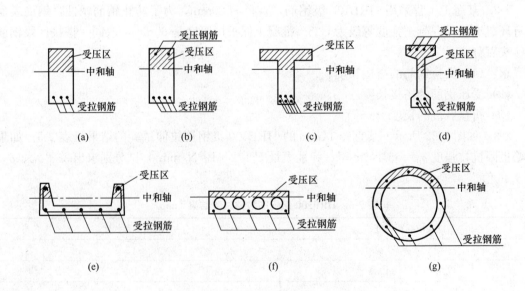

图 3-1 常用梁、板截面形式

（a）单筋矩形梁；（b）双筋矩形梁；（c）T 形梁；（d）I 形梁；（e）槽形板；

（f）空心板；（g）环形截面梁

2. 梁、板的截面尺寸

现浇梁、板的截面尺寸宜按下述采用：

（1）矩形截面梁的高宽比 h/b 一般取 2.0～3.5；T 形截面梁的 h/b 一般取 2.5～4.0（此处 b 为梁肋宽）。矩形截面的宽度或 T 形截面的肋宽 b 一般取为 100mm、120mm、150mm、（180mm）、200mm、（220mm）、250mm 和 300mm，300mm 以上的级差为 50mm；括号中的数值仅用于木模。

（2）采用梁高 $h=250$mm、300mm、350mm、750mm、800mm、900mm、1000mm 等尺寸。800mm 以下的级差为 50mm，以上的为 100mm。

（3）现浇板的宽度一般较大，设计时可取单位宽度（$b=1000$mm）进行计算。现浇钢筋混凝土板的厚度除应满足各项功能要求外，尚应满足表 3-1 的要求。

表 3-1 现浇钢筋混凝土板的最小厚度（mm）

板 的 类 别		最小厚度
单向板	屋面板	60
	民用建筑楼板	60
	工业建筑楼板	70
	行车道下的楼板	80
双向板		80
密肋楼盖	面板	50
	肋高	250
悬臂板（根部）	悬臂长度不大于 500mm	60
	悬臂长度 1200mm	100
无梁楼板		150
现浇空心楼盖		200

3.1.2 材料选择与一般构造

1. 混凝土强度等级

现浇钢筋混凝土梁、板常用的混凝土强度等级是 C25、C30，通常不超过 C40，这是为了防止混凝土收缩过大，同时通过 §3.4 可知，提高混凝土强度等级对增大受弯构件正截面受弯承载力的作用不显著。

2. 钢筋强度等级及常用直径

（1）梁的钢筋强度等级和常用直径

1）梁内纵向受力钢筋。

梁内纵向受力钢筋宜采用 HRB400 级与 HRB500 级，常用直径为 12mm、14mm、16mm、18mm、20mm、22mm 和 25mm。设计中如果采用两种不同直径的钢筋，钢筋直径相差至少 2mm，以便于在施工中能用肉眼识别。

纵向受力钢筋的直径，当梁高大于等于 300mm 时，不应小于 10mm；而当梁高小于 300mm 时，不应小于 8mm。

为了便于浇筑混凝土以保证钢筋周围混凝土的密实性，纵筋的净间距应符合图 3-2 所示的要求：梁上部纵向钢筋水平方向的净间距（钢筋外边缘之间的最小距离）不应小于 30mm

与 1.5d（d 为钢筋的最大直径）；下部纵向钢筋水平方向的净间距不应小于 25mm 与 d。梁下部纵向钢筋配置多于两层时，两层以上钢筋水平方向的中距应比下面两层的中距增大一倍。上部钢筋和下部钢筋中，各层钢筋之间的净间距不应小于 25mm 和 d。上、下层钢筋应对齐，不应错列，以便于混凝土的浇捣。

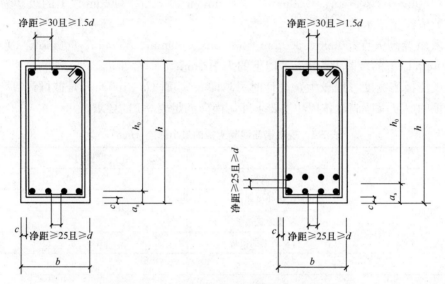

混凝土保护层厚度 $c \geqslant$ 混凝土保护层最小厚度

图 3-2　梁截面内纵向钢筋布置及截面有效高度 h_0

对于单筋矩形截面梁，当梁的跨度小于 4m 时，架立钢筋的直径不宜小于 8mm；当梁的跨度等于 4～6m 时，不应小于 10mm，当梁的跨度大于 6m 时，不宜小于 12mm。

2）梁的箍筋宜采用 HPB400 级、HRB335 级，少量用 HPB300 级钢筋，常用直径为6mm、8mm 和 10mm。

以上的梁内纵向钢筋数量、直径及布置的构造要求是根据长期工程实践经验，为了保证混凝土浇筑质量而提出的，其中有的是属于土木工程常识，比如混凝土保护层厚度，上、下部纵向钢筋间的净距等是应该记住的。

（2）板的钢筋强度等级及常用直径

板内钢筋一般有受拉钢筋与分布钢筋两种。

1）板的受力钢筋

板的受拉钢筋常用 HRB400 级与 HRB500 级钢筋，常用直径为 6mm、8mm、10mm 和12mm，如图 3-3 所示。为了避免施工时钢筋被踩下，现浇板的板面钢筋直径不宜小于 8mm。

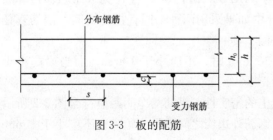

图 3-3　板的配筋

为了便于浇筑混凝土，确保钢筋周围混凝土的密实性，板内钢筋间距不宜太密；为了正常地分担内力，也不宜过稀。钢筋的间距通常为 70～200mm；当板厚 $h \leqslant 150$mm，不宜大于 200mm；当板厚 $h > 150$mm，不宜大于 1.5h，并且不应大于 250mm。

2）板的分布钢筋

如图 3-3 所示，当按单向板设计时，除沿受力方向布置受拉钢筋外，还应在受拉钢筋的内侧布置与其垂直的分布钢筋。分布钢筋宜采用 HRB400 级和 HPB335 级钢筋，常用直径为 6mm 和 8mm。单位宽度上分布钢筋的截面面积不宜小于单位宽度上受力钢筋的 15%，并且配筋率不宜小于 0.15%；分布钢筋的间距不宜大于 250mm，直径不宜小于 6mm。当集中荷载较大时，分布钢筋的配筋面积尚应增加，并且间距不宜大于 200mm。

（3）纵向受拉钢筋的配筋率

设正截面上所有下部纵向受拉钢筋的合力点至截面受拉边缘的竖向距离是 a_s，则合力点至截面受压区边缘的竖向距离 $h_0 = h - a_s$，如图 3-2 所示。这里，h 是截面高度，下面将讲到对正截面受弯承载力起作用的是 h_0，而不是 h，因此称 h_0 为截面的有效高度，称 bh_0 为截面的有效面积，b 是截面宽度。

纵向受拉钢筋的总截面面积通过 A_s 表示，单位为"mm²"。纵向受拉钢筋总截面面积 A_s 与正截面的有效面积 bh_0 的比值，叫做纵向受拉钢筋的配筋率，用 ρ 表示，用百分数来计量，即

$$\rho = \frac{A_s}{bh_0}（\%）$$

纵向受拉钢筋的配筋率 ρ 在一定程度上标志了正截面上纵向受拉钢筋和混凝土之间的面积比率，它是对梁的受力性能有很大影响的一个重要指标。

3. 混凝土保护层厚度

从最外层钢筋的外表面到截面边缘的垂直距离，叫做混凝土保护层厚度，用 c 表示，最外层钢筋包括箍筋、构造筋、分布筋等。

混凝土保护层有三个作用：①预防纵向钢筋锈蚀；②在火灾等情况下，使钢筋的温度上升缓慢；③使纵向钢筋和混凝土有较好的粘结。

梁、板、柱的混凝土保护层厚度同环境类别和混凝土强度等级有关，设计使用年限为 50 年的混凝土结构，其混凝土保护层最小厚度，见表 3-2。由该表知，当环境类别为一类，也就是在正常的室内环境下，梁的最小混凝土保护层厚度为 20mm，板的最小混凝土保护层厚度为 15mm。

此外，纵向受力钢筋的混凝土保护层最小厚度尚不应小于钢筋的公称直径。

混凝土结构的环境类别，见表 1-1。

表 3-2　混凝土保护层的最小厚度 c（mm）

环境类别	板、墙、壳	梁、柱、杆
一	15	20
二 a	20	25
二 b	25	35
三 a	30	40
三 b	40	50

注：1. 混凝土强度等级不大于 C25 时，表中保护层厚度数值应增加 5mm；
　　2. 钢筋混凝土基础宜设置混凝土垫层，基础中钢筋的混凝土保护层厚度应从垫层顶面算起，且不应小于 40mm。

3.2 受弯构件正截面的受力特性

3.2.1 适筋梁正截面受弯承载力试验

通过简支梁的加载试验来研究钢筋混凝土受弯构件的受力性能。一般采用两点加荷方式试验梁的布置（如图 3-4 所示）。在两个对称集中荷载间的区段，能够基本上排除剪力的影响，形成纯弯段。在纯弯段内，沿梁高两侧布置测点，以测量梁的侧向应变。此外，在跨中支座处分别安装位移计，以量测跨中的挠度 f。

荷载从零开始逐级加载，直到梁破坏。在整个试验过程中，应注意观察梁上裂缝的出现、发展和分布情况，同时还应当对各级荷载作用下所测得的仪表读数进行分析，最终得出梁在各个不同加载阶段的受力和变形情况。由试验得到的弯矩与跨中挠度之间的关系曲线如图 3-5 所示，在关系曲线上有两个明显的转折点，将梁正截面的受力和变形过程划分为如图 3-6 所示的三个阶段。

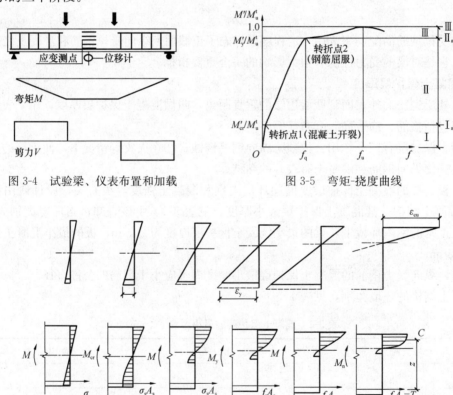

图 3-4 试验梁、仪表布置和加载　　　　　图 3-5 弯矩-挠度曲线

图 3-6 适筋梁受力的三个阶段

3.2.2 适筋受弯构件正截面受力的三个阶段

试验表明，对于配筋量适中的受弯构件，由开始加载到正截面完全破坏，截面的受力状

态可以分为以下三个阶段。

1. 第Ⅰ阶段——截面开裂前的阶段

当荷载很小时，截面上的内力比较小，应力与应变成正比，截面处于弹性工作阶段，截面上的应变变化规律符合平截面假定，截面应力分布为直线，如图 3-6（a）所示，此受力阶段叫做第Ⅰ阶段。

当荷载不断增大时，截面上的内力也不断增大。弯矩增加至试验弯矩 M_{cr} 时，受拉区混凝土边缘纤维应变恰好到达混凝土的极限拉应变 ε_{tu}，而梁处于将裂而未裂的极限状态。如图 3-6（b）所示，称为第Ⅰ阶段末，用Ⅰa 表示。这时受压区应力图形接近三角形，但是受拉区应力图形则呈曲线分布。因为受拉区混凝土塑性的发展，所以第Ⅰ阶段末中和轴的位置较第Ⅰ阶段的初期略有上升。

Ⅰa 阶段可以作为受弯构件抗裂度的计算依据。

2. 第Ⅱ阶段——正常使用阶段

截面受力达到Ⅰa 阶段后，如果荷载继续增加，截面立即开裂，在开裂截面处混凝土退出工作，拉力全部通过纵向钢筋承担。随着荷载的增加，中和轴上移，受压区混凝土的塑性性质表现得越来越明显，其压应力图形将呈现出曲线变化。受压区混凝土的压应变与受拉钢筋的拉应变实测值都有所增加，但是其平均应变（标距较大时的量测值）的变化规律仍符合平截面假定。这一阶段为第Ⅱ阶段。

第Ⅱ阶段相当于梁在正常使用时的应力状态，可以作为正常使用阶段的变形与裂缝宽度计算时的依据。

3. 第Ⅲ阶段——破坏阶段

在图 3-5 中"$M'/M_u'-f$"曲线的第二个明显转折点Ⅱa 后，受拉区纵向受力钢筋屈服，梁进入第Ⅲ阶段受力。在荷载稍有增加时，则钢筋应变骤增，裂缝宽度随之扩展并沿梁高向上延伸，中和轴继续上移，受压区高度进一步减小。此时量测的受压区边缘纤维应变也将迅速增长，受压区混凝土的塑性特征将表现得更为充分，所以受压区应力图形将更加丰满。

当弯矩增加到梁所能承受的极限弯矩 M_u' 时，受压区边缘混凝土即达到极限压应变，混凝土被压碎，则梁达到极限状态，宣告破坏，这种特定的受力状态叫做第Ⅲ阶段末，以Ⅲa 表示。此时，梁截面所承受的弯矩为极限弯矩 M_u'，即梁的正截面受弯承载力。所以，第Ⅲ阶段末可作为梁极限状态承载力计算时的依据。

3.2.3　受弯构件正截面破坏特征

试验表明：受弯构件正截面的破坏形态主要同配筋率 ρ、钢筋与混凝土的强度等级、截面形式等因素有关。其中配筋率 ρ 对破坏形态的影响最为显著。依据配筋率的不同，受弯构件正截面破坏形态可分为适筋破坏、超筋破坏以及少筋破坏三种，如图 3-7 所示。

（1）适筋破坏

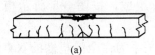 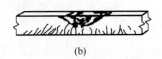 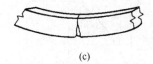

图 3-7　受弯构件正截面破坏形态

（a）适筋梁；（b）超筋梁；（c）少筋梁

当梁配筋适中，即 $\rho_{min} \leqslant \rho \leqslant \rho_{max}$ 时（ρ_{min}、ρ_{max} 分别为纵向受拉钢筋的最小配筋率与最大配筋率），发生适筋破坏，其破坏特征为纵向受拉钢筋先屈服，然后受压区边缘混凝土压碎。破坏时两种材料的强度均得到充分利用。适筋梁完全破坏以前，因为屈服后的钢筋要经历较大的塑性伸长，随之引起梁的裂缝加宽，挠度增大，有明显的破坏预兆。所以，适筋梁的破坏性质是"延性破坏"。

（2）少筋破坏

当梁配筋过少，也就是 $\rho < \rho_{min}$ 时，发生少筋破坏。其破坏特征是一旦受拉区混凝土开裂，纵向受拉钢筋立即屈服或者强化或被拉断，梁迅速破坏。破坏时混凝土的抗压强度没有得到充分利用，破坏后的梁通常只有一条长而宽的裂缝。因为少筋梁破坏前，梁上无裂缝，挠度很小，无破坏预兆。所以，少筋梁的破坏性质是"脆性破坏"，设计中不得使用少筋梁。

（3）超筋破坏

当梁配筋过多，也就是 $\rho > \rho_{max}$ 时，发生超筋破坏。其破坏特征是受压区边缘混凝土先压碎，纵向受拉钢筋不屈服。破坏时钢筋的抗拉强度没有得到充分利用。因为超筋梁破坏时，钢筋没有屈服，所以破坏时梁的裂缝细而密，挠度不大，无明显的破坏预兆。因此，超筋梁的破坏性质为"脆性破坏"，设计中不得使用超筋梁。

3.3 正截面受弯承载力计算原理

3.3.1 基本假定

受弯构件正截面受弯承载力计算以适筋破坏第三阶段末的受力状态为依据，为了简化计算，《混凝土结构设计规范》（GB 50010—2010）规定，进行受弯构件正截面受弯承载力计算时，引入下列四个基本假定：

（1）平均应变沿截面高度线性分布（平截面假定）。平截面假定为一种简化计算的手段，表示构件正截面弯曲变形之后，其截面内任意点的应变同该点至中和轴的距离成正比，钢筋与其外围混凝土的应变相同。严格来讲，在破坏截面的局部范围内，此假定是不成立的。但试验证实，由于构件的破坏总是发生在一定长度区段以内，实测破坏区段内的混凝土及钢筋的平均应变基本满足平截面假定。

（2）忽略受拉区混凝土的抗拉强度。不考虑混凝土的抗拉强度，也就是认为拉力全部由受拉钢筋承担。

在裂缝截面处，受拉混凝土已大部分退出工作，虽然在中和轴附近还有部分混凝土承担拉力，但因为混凝土的抗拉强度很小，并且其合力点离中和轴很近，内力臂很小，所以其承担的弯矩可忽略。

（3）混凝土受压时的应力-应变关系曲线，由抛物线上升段与水平段两部分组成，按图 3-8 所示模型采用。

（4）钢筋的应力-应变关系为完全弹塑性的双直线形，按图 3-9（a）采用。在此假定下，钢筋应力等于钢筋应变与其弹性模量的乘积，但是不大于其屈服强

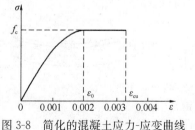

图 3-8 简化的混凝土应力-应变曲线

度设计值；受拉钢筋的极限拉应变为 0.01。

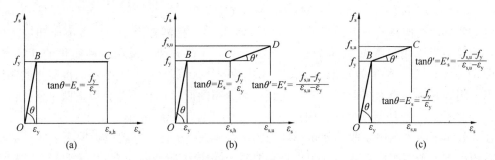

图 3-9　钢筋应力-应变曲线的数学模型

（a）双直线；（b）三折线；（c）双斜线

3.3.2　等效矩形应力图形

以单筋矩形截面为例，根据以上基本假定可得出截面在承载能力极限状态下，受压边缘达到混凝土的极限压应变 ε_{cu}，假定这时截面受压区高度是 x_c，如图 3-10（b）所示。根据平截面假定，受压区任一高度 y 处混凝土的压应变 ε_c 与钢筋的拉应变 ε_s 满足下式：

$$\varepsilon_c = \frac{y}{x_c}\varepsilon_{cu} \tag{3-1}$$

$$\varepsilon_s = \frac{h_0 - x_c}{x_c}\varepsilon_{cu} \tag{3-2}$$

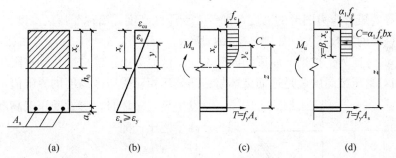

图 3-10　矩形应力图形等效示意

图 3-10（c）所示为极限状态下截面应力分布图形，设 C 为受压区混凝土压应力合力，y_c 是合力 C 的作用点至中和轴的距离，则

$$C = \int_0^{x_c} \sigma_c(\varepsilon) b \mathrm{d}y \tag{3-3}$$

$$y_c = \frac{\int_0^{x_c} \sigma_c(\varepsilon) b y \mathrm{d}y}{C} \tag{3-4}$$

对于适筋构件，此时受拉钢筋应力能够达到屈服强度 f_y，则钢筋的总拉力 T 及其到中和轴的距离 y_s 为

$$T = f_y A_s \tag{3-5}$$

$$y_s = h_0 - x_c \tag{3-6}$$

依据截面的平衡条件有

$$\sum X = 0，C = T \tag{3-7}$$

$$\sum M = 0，M_u = Cy_c + Ty_s \tag{3-8}$$

由此可见，在构件正截面受弯承载力 M_u 的计算中，只需知道受压区混凝土压应力的合力 C 的大小及其作用位置 y_c 就可以了。所以，为了计算方便，采用一种简化的计算方法，通过图 3-10（d）所示的等效矩形应力图形来代替图 3-10（c）所示的受压区混凝土的曲线应力图形。用等效矩形应力图形代替实际曲线应力分布图形时，必须符合以下两个条件：①保持受压区混凝土压应力合力 C 的作用点不变；②保持合力 C 的大小不变。

在等效矩形应力图中，取等效矩形应力图形高度 $x = \beta_1 x_c$，等效应力取为 $\alpha_1 f_c$，α_1 与 β_1 为等效矩形应力图的图形系数，其大小只和混凝土的应力-应变曲线有关。《混凝土结构设计规范》（GB 50010—2010）建议采用的应力图形系数 α_1 与 β_1 见表 3-3。

表 3-3　系数 α_1 和 β_1 的取值

混凝土强度等级	≤C50	C55	C60	C65	C70	C75	C80
α_1	1.00	0.99	0.98	0.97	0.96	0.95	0.94
β_1	0.80	0.79	0.78	0.77	0.76	0.75	0.74

3.3.3　适筋破坏和超筋破坏的界限条件

相对受压区高度 ξ 指的是等效矩形应力图形的高度与截面有效高度的比值，即

$$\xi = \frac{x}{h_0} \tag{3-9}$$

式中　x——等效矩形应力图形的高度，即等效受压区高度，简称受压区高度；

h_0——截面的有效高度，如图 3-3（a）所示。

界限破坏的特征为受拉钢筋屈服的同时，受压区混凝土边缘应变达到极限压应变，构件破坏。界限相对受压区高度 ξ_b 是适筋破坏与超筋破坏相对受压区高度的界限值，指的是在梁发生界限破坏时，等效受压区高度和截面有效高度之比，即

$$\xi_b = \frac{x_b}{h_0} \tag{3-10}$$

式中　x_b——发生界限破坏时等效矩形应力图形的高度，简称界限受压区高度。

适筋梁、超筋梁、界限配筋梁破坏时的正截面平均应变图如图 3-11 所示。

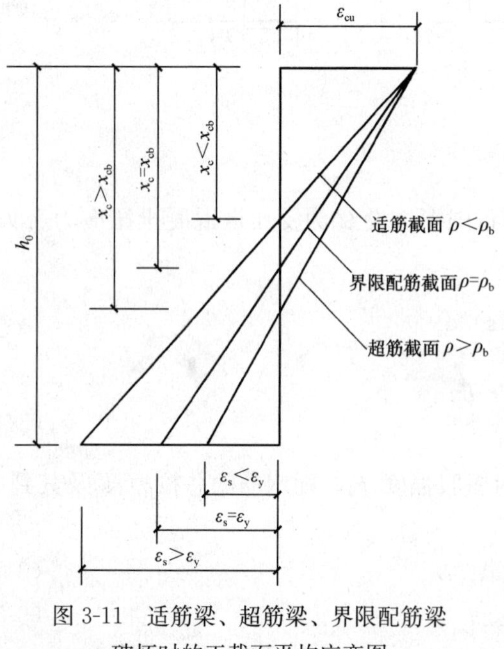

界限相对受压区高度 ξ_b 需要通过平截面假定求出。

1. 有明显屈服点钢筋对应的界限相对受压区高度 ξ_b

受弯构件破坏时，受拉钢筋的应变等于钢筋的抗拉强度设计值 f_y 和钢筋弹性模量 E_s 之比值，即 $\varepsilon_s = f_y / E_s$，通过受压区边缘混凝土

图 3-11　适筋梁、超筋梁、界限配筋梁破坏时的正截面平均应变图

的应变 ε_{cu} 与受拉钢筋应变 ε_s 的几何关系，可推得其界限相对受压区高度 ξ_b 的计算公式为

$$\xi_b = \frac{x_b}{h_0} = \frac{\beta_1 x_{cb}}{h_0} = \frac{\beta_1 \varepsilon_{cu}}{\varepsilon_{cu} + \varepsilon_s} = \frac{\beta_1}{1 + \dfrac{\varepsilon_s}{\varepsilon_{cu}}} = \frac{\beta_1}{1 + \dfrac{f_y}{\varepsilon_{cu} E_s}} \tag{3-11}$$

为了方便使用，对于比较常用的、有明显屈服点的 HPB300、HRB335、HRBF335、HRB400、HRBF400 和 RRB400 以及 HRB500、HRBF500 级钢筋，将其抗拉强度设计值 f_y 及弹性模量 E_s 代入式（3-11）中，能够算得它们的界限相对受压区高度 ξ_b 如表 3-4 所示，设计时可直接查用。

表 3-4　界限相对受压区高度 ξ_b

钢筋级别	混凝土强度等级						
	≤C50	C55	C60	C65	C70	C75	C80
HPB300	0.576	0.566	0.556	0.547	0.537	0.528	0.518
HRB335 HRBF335	0.550	0.541	0.531	0.522	0.512	0.503	0.493
HRB400 RRB400 HRBF400	0.518	0.508	0.499	0.490	0.481	0.472	0.463
HRB500 HRBF500	0.482	0.473	0.464	0.455	0.447	0.438	0.429

2. 无明显屈服点钢筋对应的界限相对受压区高度 ξ_b

对于碳素钢丝、钢绞线、热处理钢筋以及冷轧带肋钢筋等没有明显屈服点的钢筋，取对应于残余应变为 0.2% 时的应力 $\sigma_{0.2}$ 作为条件屈服点，并且以此作为这类钢筋的抗拉强度设计值。

对应于条件屈服点 $\sigma_{0.2}$ 时的钢筋应变为

$$\varepsilon_s = 0.002 + \varepsilon_y = 0.002 + \frac{f_y}{E_s} \tag{3-12}$$

式中　f_y——无明显屈服点钢筋的抗拉强度设计值；

　　　E_s——无明显屈服点钢筋的弹性模量。

依据平截面假定，可以得无明显屈服点钢筋受弯构件相对界限受压区高度 ξ_b 的计算公式为

$$\xi_b = \frac{x_b}{h_0} = \frac{\beta_1 x_{cb}}{h_0} = \frac{\beta_1 \varepsilon_{cu}}{\varepsilon_{cu} + \varepsilon_s} = \frac{\beta_1}{1 + \dfrac{\varepsilon_s}{\varepsilon_{cu}}} = \frac{\beta_1}{1 + \dfrac{0.002 + \dfrac{f_y}{E_s}}{\varepsilon_{cu}}} = \frac{\beta_1}{1 + \dfrac{0.002}{\varepsilon_{cu}} + \dfrac{f_y}{E_s \varepsilon_{cu}}} \tag{3-13}$$

依据平截面假定，正截面破坏时，相对受压区高度 ξ 越大，钢筋拉应变越小。$\xi < \xi_b$ 时，属于适筋破坏；$\xi > \xi_b$ 时，属于超筋破坏。$\xi = \xi_b$ 时，属于界限破坏，对应的配筋率为特定配筋率，也就是适筋梁的最大配筋率 ρ_{max}。

界限破坏时 $x = x_b$，则

$$A_s = \rho_{max} b h_0 \tag{3-14}$$

由截面上力的平衡 $C = T$ 得

$$\alpha_1 f_c bxb = f_y A_s = f_y \rho_{max} bh_0 \qquad (3-15)$$

故

$$\rho_{max} = \frac{x_b}{h_0} \cdot \frac{\alpha_1 f_c}{f_y} = \xi_b \frac{\alpha_1 f_c}{f_y} \qquad (3-16)$$

式（3-16）就是受弯构件最大配筋率的计算公式。则当 $\rho > \rho_{max}$ 时，发生超筋破坏。

3.3.4 适筋破坏与少筋破坏的界限条件

适筋破坏和少筋破坏的界限是一出现裂缝受拉钢筋即达屈服应力，宣告梁破坏，此时对应的配筋率就是最小配筋率 ρ_{min}。可见，ρ_{min} 的确定是以钢筋混凝土梁按第三阶段末计算的正截面受弯承载力 M_u，和同条件下素混凝土梁按第一阶段末计算的开裂弯矩 M_{cr} 相等的原则来确定，同时还应当考虑混凝土抗拉强度的离散性以及混凝土收缩等因素的影响。《混凝土结构设计规范》（GB 50010—2010）规定：构件一侧受拉钢筋的最小配筋率 ρ_{min} 取 0.2% 和 $0.45 \frac{f_t}{f_y}$ 中的较大值，对于板类受拉构件（不包括悬臂板）的受拉钢筋，当采用强度等级为 400MPa、500MPa 的钢筋时，其最小配筋率 ρ_{min} 应允许采用 0.15% 和 $0.45 \frac{f_t}{f_y}$ 中的较大值。

当 $\rho < \rho_{min}$ 时，发生少筋破坏。

因为素混凝土梁的开裂弯矩 M_{cr} 不仅与混凝土的抗拉强度有关，还与梁的全截面面积有关，所以，对矩形、T 形截面（受压区翼缘挑出部分面积对 M_{cr} 的影响很小，计算 ρ_{min} 时不考虑受压翼缘）梁，其纵向受拉钢筋的最小配筋率是对于全截面面积而言的，即

$$A_{s,min} = \rho_{min} bh \qquad (3-17)$$

如果受弯构件截面为 I 形或倒 T 形时，其纵向受拉钢筋的最小配筋率则要考虑受拉区翼缘挑出部分面积，也就是

$$A_{s,min} = \rho_{min} \left[bh + (b_f - b) h_f \right] \qquad (3-18)$$

式中 b——腹板的宽度；

b_f、h_f——分别为受拉翼缘的宽度和高度。

3.4 单筋矩形截面受弯构件正截面受弯承载力计算

只有截面的受拉区配有纵向受力钢筋的矩形截面叫做单筋矩形截面，如图 3-12 所示。需要说明的是，为了构造上的要求在受压区配有架立筋的截面，仍是单筋截面。架立钢筋与受力钢筋的区别在于架立钢筋是按照构造要求设置的，而受力钢筋则是根据受力要求按计算配置的。

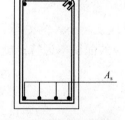

3.4.1 基本计算公式和适用条件

1. 计算简图

如图 3-13 所示为单筋矩形截面受弯承载力的计算简图。

2. 计算公式

由图 3-13，根据平衡条件，可得到受弯构件正截面承载力计算

图 3-12 单筋矩形截面梁

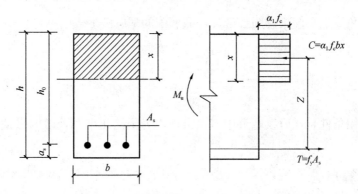

图 3-13　单筋矩形截面受弯承载力计算简图

公式。

由 $\Sigma X=0$，得

$$a_1 f_c b x = f_y A_s \tag{3-19}$$

由 $\Sigma M=0$，得

$$M \leqslant M_u = a_1 f_c b x \left(h_0 - \frac{x}{2} \right) \tag{3-20}$$

或

$$M \leqslant M_u = f_y A_s \left(h_0 - \frac{x}{2} \right) \tag{3-21}$$

式中　M——弯矩设计值，通常取计算截面（最大弯矩截面）的弯矩效应组合；

$\quad\quad M_u$——正截面受弯极限承载力，取决于构件截面尺寸和材料强度及钢筋截面面积；

$\quad\quad f_y$——受拉钢筋强度设计值，见《混凝土结构设计规范》（GB 50010—2010）表 4.2.3-1；

$\quad\quad A_s$——受拉钢筋截面面积；

$\quad\quad b$——截面宽度；

$\quad\quad x$——等效矩形应力图形受压区高度；

$\quad\quad h_0$——截面有效高度，$h_0 = h - a_s$；

$\quad\quad a_1$——系数，可查表 3-3。

在截面设计时，钢筋规格未知，a_s 很难确定。在一类环境下，通常可按如下规定取值：

当受拉钢筋放置一排时，梁：$a_s=40$mm；板：$a_s=20$mm。

当受拉钢筋放置两排时，梁：$a_s=65$mm。

若在其他环境类别下，a_s 应随着其最小保护层厚度的增加而相应增加。在截面复核时，因钢筋规格、位置已确定，可根据实际配筋计算 a_s，也可近似取上述数值。

3. 适用条件

（1）为了避免发生超筋梁的脆性破坏，应满足

$$x \leqslant \xi_b h_0 \tag{3-22}$$

或

$$\xi \leqslant \xi_b \tag{3-23}$$

或

$$\rho \leqslant \rho_{max} = \rho_b = a_1 \xi_b \frac{f_c}{f_y} \tag{3-24}$$

（2）为了避免发生少筋梁的脆性破坏，截面配筋率应满足

$$\rho \geqslant \rho_{\min} \frac{h}{h_0} \tag{3-25}$$

或

$$A_s \geqslant \rho_{\min} bh \tag{3-26}$$

以上两个适用条件，在后续章节中多次出现，为了简化书写，常叫做适用条件（1）和适用条件（2）。

3.4.2 计算方法

1. 公式计算法

当截面设计弯矩 M、材料强度以及截面尺寸已确定时，式（3-19）和式（3-20）中只有 x 和 A_s 两个未知数，可联立求解 x 和 A_s。

由式（3-20）得

$$x^2 - 2h_0 x + \frac{2M}{a_1 f_c b} = 0 \tag{3-27}$$

求解上述 x 的二次方程，得

$$x = h_0 - \sqrt{h_0^2 - \frac{2M}{a_1 f_c b}} \tag{3-28}$$

将 x 代入式（3-19）或式（3-20）得

$$A_s = \frac{a_1 f_c bx}{f_y} \text{ 或 } A_s = \frac{M}{f_y \left(h_0 - \frac{x}{2}\right)} \tag{3-29}$$

其中 x 和 A_s 应符合相应的适用条件。

2. 计算系数法

用公式计算法进行配筋设计时需解一个 x 的二次方程，较为麻烦，为了简化计算可采用计算系数法进行计算。

将式（3-20）改写为

$$M = a_1 f_c bx \left(h_0 - \frac{x}{2}\right) = a_1 f_c bh_0^2 \frac{x}{h_0} \left(1 - 0.5 \frac{x}{h}\right) = a_1 f_c bh_0^2 \xi (1 - 0.5\xi) \tag{3-30}$$

或

$$M = f_y A_s h_0 \left(1 - 0.5 \frac{x}{h_0}\right) = f_y A_s h_0 (1 - 0.5\xi) \tag{3-31}$$

其中 $\xi = \dfrac{x}{h_0}$，令

$$a_s = \xi (1 - 0.5\xi) \tag{3-32}$$

$$\gamma_s = 1 - 0.5\xi \tag{3-33}$$

则

$$M = a_1 a_s f_c bh_0^2 \tag{3-34}$$

或

$$M = f_y A_s \gamma_s h_0 \tag{3-35}$$

可得

$$a_s = \frac{M}{a_1 f_c b h_0^2} \tag{3-36}$$

$$A_s = \frac{M}{f_y \gamma_s h_0} \tag{3-37}$$

由式（3-32）和式（3-33）可得

$$\xi = 1 - \sqrt{1 - 2a_s} \tag{3-38}$$

$$\gamma_s = \frac{1 + \sqrt{1 - 2a_s}}{2} \tag{3-39}$$

式中：a_s 称为截面抵抗矩系数，γ_s 叫做内力臂系数，它们都与相对受压区高度 ξ 有关。根据 ξ、a_s 和 γ_s 的关系，可以预先算出，制成表格以便使用。在适筋梁范围内，配筋率 ρ 越大或 ξ 越大，γ_s 越小，而 a_s 越大。具体计算时，也可通过式（3-36）计算 a_s，把 a_s 代入式（3-38）和式（3-39）直接计算 ξ 和 γ_s，不必查表。

当取 $\xi = \xi_b$ 时，可以求得适筋梁正截面承载力的上限值 $M_{u,max}$：

$$M_{u,max} = a_1 f_c b h_0^2 \xi_b (1 - 0.5\xi_b) = a_{s,max} a_1 f_c b h_0^2 \tag{3-40}$$

式中：$a_{s,max} = \xi_b (1 - 0.5\xi_b)$，为截面的最大抵抗矩系数，可查表 3-3。

3.4.3　计算公式的应用

受弯构件正截面承载力的设计计算包括两方面的内容：一为截面设计；二为截面复核。

1. 截面设计

截面设计时，通常遇到以下两种情形：

情形 1：已知弯矩设计值 M、混凝土强度等级和钢筋强度等级、构件截面尺寸 $b \times h$，求出所需的受拉钢筋截面面积 A_s。基本设计步骤如下。

（1）确定基本设计参数

根据环境类别及混凝土强度等级，由查表 3-2 得混凝土保护层最小厚度，再假设 a_s，计算 h_0（$h_0 = h - a_s$）；根据混凝土强度等级确定 a_1、f_c，根据钢筋强度级别确定 f_y 等。

（2）计算 a_s

由式（3-36）计算 a_s，$a_s = \dfrac{M}{a_1 f_c b h_0^2}$

（3）计算受拉钢筋截面面积 A_s

通过式（3-38）和式（3-39）计算 ξ 和 γ_s，并由式（3-37）解得：$A_s = \dfrac{M}{f_y \gamma_s h_0}$，或由式

（3-19）得：$A_s = \xi \dfrac{a_1 f_c}{f_y} b h_0$。

（4）验算适用条件

1）验算适用条件一，即避免发生超筋梁的脆性破坏。

若 $\xi \leqslant \xi_b$（或 $x \leqslant \xi_b h_0$ 或 $a_s \leqslant a_{s,max}$），则符合要求；

若 $\xi > \xi_b$（或 $x > \xi_b h_0$ 或 $a_s > a_{s,max}$），则不符合要求，需加大截面尺寸或提高混凝土强度等级或改用双筋矩形截面重新计算。

2）验算适用条件二，即防止发生少筋梁的脆性破坏。

若 $\rho \geqslant \rho_{min} h/h_0$（或 $A_s \geqslant \rho_{min} bh$），则符合要求；若不符合，则纵向受拉钢筋应按照最小配筋率配置，即 $A_s = \rho_{min} bh$。

（5）选配钢筋，按构造要求布置并绘出截面配筋图

注意：求得受拉钢筋截面面积 A_s 后，由表 4-2 中选用钢筋直径和根数，并应符合有关构造要求。实际选用的钢筋截面面积和计算所得 A_s 值两者相差不宜超过 $\pm 5\%$，并检查实际的 a_s 值与假定的 a_s 值是否大致相符，若相差太大，则需重新计算。计算最小配筋率时，应根据实际选用的钢筋截面面积。

情形 2：已知弯矩设计值 M、混凝土强度等级及钢筋级别。确定截面尺寸 b、h 并计算出 A_s。

基本方程（3-19）和方程（3-20）中有四个未知数 b、h、A_s、x，所以没有唯一解答。基本设计步骤如下：

1）确定截面尺寸。

① 配筋率 ρ 通常在经济配筋率范围内选取。按照我国的设计经验，板的经济配筋率约为 $0.6\% \sim 1.5\%$。梁宽 b 按照构造要求确定。

② 确定 ξ，即 $\xi = \rho \dfrac{f_y}{a_1 f_c}$。

② 计算 h_0。由式（3-32）和式（3-33）得 a_s 及 γ_s，然后由式（3-34）计算 h_0，即 $h_0 = \sqrt{\dfrac{M}{a_s a_1 f_c b}}$。

③ 确定 h_0，$h = h_0 + 40$（或 $h = h_0 + 65$），h 取整后并应符合截面尺寸模数要求，同时检查 h/b 合适与否。

2）按情形 1 计算 A_s。

2. 截面复核

已知 M、b、h、A_s 和混凝土强度等级及钢筋强度等级，求 M_u。

截面复核的基本计算步骤如下：

（1）计算受压区高度 x。由式（3-19）计算 x，即 $x = \dfrac{f_y A_s}{a_1 f_c b}$。

（2）计算配筋率 ρ。$\rho = \dfrac{A_s}{b h_0}$。

（3）讨论 x，并计算 M_u。

① 若 $x \leqslant \xi_b h_0$ 且 $\rho \geqslant \rho_{\min} h / h_0$，按式（3-20），即 $M_u = a_1 f_c b x \left(h_0 - \dfrac{x}{2} \right)$ 或 $M_u = f_y A_s \left(h_0 - \dfrac{x}{2} \right)$ 求出极限弯矩 M_u，当 $M_u \geqslant M$ 时，认为截面受弯承载力符合要求，是安全的，否则不安全。

② 若 $\xi > \xi_b$，说明 A_s 配置过多，为超筋梁，直接通过式（3-40）计算超筋梁的极限弯矩 M_u，即 $M_u = a_1 f_c b h_0^2 \xi_b (1 - 0.5 \xi_b)$，然后判别安全与否。

③ 若 $\rho < \rho_{\min} h / h_0$，则说明所给 A_s 太小，属于少筋梁，不安全。

少筋梁在实际工程中是不允许采用的，若出现这种情况，应属于设计工作的严重失误，应进行加固处理。

【例 3-1】已知某钢筋混凝土现浇简支板，板厚 100mm，计算跨度 $l_0 = 2.6$m，跨中正截面弯矩设计值 $M = 16$kN·m，混凝土强度等级是 C30，钢筋采用 HRB335 级，环境类别是一类。

求：板的配筋。

解

（1）基本设计参数。取板宽 $b=1000\text{mm}$ 为计算单元，因此板截面为 $b\times h=1000\text{mm}\times 100\text{mm}$。

环境类别为一类时，板的混凝土保护层最小厚度为 15mm，设 $a_s=20\text{mm}$，故 $h_0=100-20=80\text{mm}$。查《混凝土结构设计规范》（GB 50010—2010）表 4.1.4-1、表 4.1.4-2 以及表 4.2.3-1，得：$f_c=14.3\text{N/mm}^2$，$f_t=1.43\text{N/mm}^2$，$f_y=300\text{N/mm}^2$；由表 3-3 和表 3-4 知：$\alpha_1=1.0$，$\beta_1=0.8$，$\xi_b=0.55$。

（2）求截面抵抗矩系数 a_s

$$a_s=\frac{M}{a_1f_cbh_0^2}=\frac{16\times 10^6}{1.0\times 14.3\times 1000\times 80^2}=0.175$$

（3）计算相对受压区高度 ξ

$$\xi=1-\sqrt{1-2a_s}=0.193<\xi_b=0.55（满足要求）$$

（4）计算钢筋截面面积 A_s

$$\gamma_s=\frac{1+\sqrt{1-2a_s}}{2}=0.903$$

$$A_s=\frac{M}{f_y\gamma_sh_0}=\frac{16\times 10^6}{300\times 0.903\times 80}=738\ \text{mm}^2$$

查表 3-5，选用 Φ 10@100，$A_s=785\text{mm}^2$。α_1

表 3-5　钢筋混凝土板每米宽度的钢筋截面面积（mm²）

钢筋直径 d/mm	钢筋间距/mm															
	75	80	90	100	120	125	140	150	160	180	200	220	250	280	300	320
4	168	157	140	126	105	101	90	84	78	70	63	57	50	45	42	39
5	262	245	218	196	163	157	140	131	123	109	98	89	79	70	65	61
6	377	354	314	283	236	226	202	189	177	157	141	129	113	101	94	88
6/8	524	491	437	393	327	314	281	262	246	218	196	179	157	140	131	123
8	671	629	559	503	419	402	359	335	314	279	251	229	201	180	168	157
8/10	859	805	716	644	537	515	460	429	403	358	322	293	258	230	215	201
10	1047	981	872	785	654	628	561	523	491	436	393	357	314	280	262	245
10/12	1277	1198	1064	958	798	766	684	639	599	532	479	436	383	342	319	299
12	1508	1414	1257	1131	942	905	808	754	707	628	565	514	452	404	377	353
12/14	1780	1669	1483	1335	1113	1068	954	890	834	742	668	607	534	477	445	417
14	2052	1924	1710	1539	1283	1231	1099	1026	962	855	770	700	616	550	513	481
16	2682	2513	2234	2011	1676	1608	1436	1340	1257	1117	1005	914	804	718	670	628

（5）验算适用条件。

① 适用条件（1）已经满足。

② 适用条件（2）。

$$\rho_{min}=\max\left(0.2\%,0.45\frac{f_t}{f_y}\right)=\max\left(0.2\%,0.45\times\frac{1.43}{300}\right)=0.21\%$$

$$\rho = \frac{A_s}{bh_0} \frac{785}{1000 \times 80} = 0.98\% > \rho_{\min} \frac{h}{h_0} = 0.21\% \times \frac{100}{80} = 0.263\%$$

满足要求。

（6）分布钢筋的选取。垂直于纵向受拉钢筋放置Φ6@150 的分布钢筋，其截面面积为 189mm²，大于 $0.15\% \times 1000 \times 100 = 150$mm²，且大于 $15\% A_s = 15\% \times 785 = 117.8$mm²，满足要求。

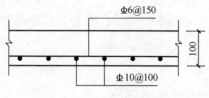

图 3-14　例 3-1 截面配筋图

（7）绘出截面配筋图，如图 3-14 所示。

【例 3-2】已知梁的截面尺寸为 $b \times h = 300$mm$\times$600mm，纵向受拉钢筋为 4 Φ 22 钢筋，$A_s = 1520$mm²，箍筋直径为 8mm，混凝土强度等级为 C40，承受的弯矩设计值为 $M = 270$kN·m。环境类别为二类 a。验算此梁截面是否安全。

解：

（1）基本计算参数。C40 混凝土：$f_c = 19.1$N/mm²，$f_t = 1.71$N/mm²；HRB400 钢筋：$f_y = 360$N/mm²，$a_1 = 1.0$，$\beta_1 = 0.8$，$\xi_b = 0.518$。由表 3-2 知：环境类别为二类 a，梁的最小保护层厚度为 25mm；箍筋直径为 8mm，故 $a_s = 25 + 8 + 22/2 = 44$mm。

（2）验算最小配筋率。

$$h_0 = 600 - 44 = 556\text{mm}$$

$$\rho = \frac{A_s}{bh_0} = \frac{1520}{300 \times 556} = 0.99\%$$

$$\rho_{\min} = \max\left(0.2\%, 0.45\frac{f_t}{f_y}\right) = \max\left(0.2\%, 0.45 \times \frac{1.71}{360}\right) = 0.21\%$$

$$\rho = \frac{A_s}{bh_0} = 0.99\% > \rho_{\min} \frac{h}{h_0} = 0.21\% \times \frac{600}{556} = 0.227\%$$

满足适用条件（2）。

（3）计算受压区高度 x。由式（3-19）得

$$x = \frac{f_y A_s}{a_1 f_c b} = \frac{360 \times 1520}{1.0 \times 19.1 \times 300} = 95.5 \text{ mm} < \xi_b h_0 = 0.518 \times 556 = 288\text{mm}$$

满足适用条件（1）。

（4）计算极限弯矩 M_u 并判断安全性。由式（3-20）得

$$\begin{aligned} M_u &= a_1 f_c b x (h_0 - 0.5x) \\ &= 1.0 \times 19.1 \times 300 \times 95.5 \times (556 - 0.5 \times 95.5) \\ &= 278.1\text{kN·m} > M = 270\text{kN·m} \end{aligned}$$

故截面安全。

3.5　双筋矩形截面受弯构件正截面受弯承载力计算

3.5.1　概述

双筋截面指的是同时在截面受拉区和受压区配置受力钢筋的截面。截面上压力由混凝土

和受压钢筋共同承担，拉力由受拉钢筋承担。双筋截面梁可提高构件截面的延性，并可以减小构件在荷载长期作用下的徐变变形。但通常来说，采用双筋截面即用受压钢筋来承担压力是不经济的，工程上通常在以下情况下采用双筋截面：

（1）当截面所承受的弯矩较大，按单筋截面计算出现了 $\xi > \xi_b$ 的情况，并且截面尺寸受到限制，混凝土强度等级又不能提高时。

（2）在不同荷载组合条件下，构件在同一截面内受变号弯矩作用时。

（3）因为某种原因，在截面受压区已配置一定数量的受力钢筋，如连续梁的某些支座截面。

3.5.2　受压钢筋的应力

受压钢筋的强度能得到充分利用的充分条件为构件达到承载能力极限状态时，受压钢筋应有足够的应变，使其满足屈服强度。

当截面受压区边缘混凝土的极限压应变为 ε_{cu} 时，依据平截面假定，可以求得受压钢筋合力点处的压应变 ε'_s 为

$$\varepsilon'_s = \left(1 - \frac{\beta_1 a'_s}{x}\right)\varepsilon_{cu} \tag{3-41}$$

式中　　a'_s——纵向受压钢筋合力点至截面受压外边缘的距离。

如果取 $x = a'_s$，$\varepsilon_{cu} = 0.0033$，$\beta_1 = 0.8$，则由式（3-41）计算受压钢筋应变 ε'_s 为 0.002。受压钢筋的应力为 $\sigma'_s = \varepsilon'_s E_s = 0.002 \times 2.0 \times 10^5 \, \text{N/mm}^2 = 400 \text{N/mm}^2$。对于常用的 HPB300、HRB335、HRBF335、HRB400 以及 HRBF400 级钢筋，此 σ'_s 值已达到钢筋强度设计值。

由上述分析可知，受压钢筋应力达到屈服强度的充分条件为

$$x \geqslant 2a'_s \tag{3-42}$$

另外，当梁中配有按计算需要的纵向受压钢筋时，因为受压钢筋在纵向压力作用下，易产生压曲而导致钢筋侧向凸出，将受压区保护层崩裂，使构件过早发生破坏。为此，箍筋应做成封闭式。箍筋的间距不应大于 $15d$（d 为纵向受压钢筋的最小直径），同时不应大于 400mm。

3.5.3　基本公式及适用条件

1. 基本公式

图 3-15（a）所示为双筋矩形截面受弯承载力计算简图。

由力的平衡条件可得

$$\alpha_1 f_c bx + A'_s f'_y = A_s f_y \tag{3-43}$$

由力矩平衡条件可得

$$M \leqslant M_u = \alpha_1 f_c bx \left(h_0 - \frac{x}{2}\right) + A'_s f'_y (h_0 - a'_s) \tag{3-44}$$

引入系数 α_s 后，式（3-44）为

$$M \leqslant M_u = \alpha_s \alpha_1 f b h_0^2 + A'_s f'_y (h_0 - a'_s) \tag{3-45}$$

双筋截面受弯承载力可分解为图 3-15（b）和图 3-15（c）两部分之和。图中 $A_s = A_{s1} + A_{s2}$，$M = M_1 + M_2$。

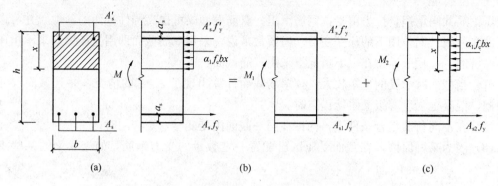

图 3-15 双筋矩形截面受弯承载力计算简图

(a) 双筋矩形截面受弯承载力计算简图；(b) 承载力分解图（1）；(c) 承载力分解图（2）

2. 适用条件

（1）为了保证受拉钢筋在构件破坏时达到屈服，避免发生超筋破坏，应满足

$$\xi \leqslant \xi_b \tag{3-46}$$

或

$$x \leqslant \xi_b h_0 \tag{3-47}$$

（2）为了确保受压钢筋在构件破坏时达到屈服，应满足

$$x \geqslant a'_s \tag{3-48}$$

双筋截面一般不会出现少筋情况，所以，不必验算最小配筋率。

3.5.4 截面设计

设计双筋截面时，通常是已知梁设计弯矩、截面尺寸、材料强度。计算时有以下两种情况：求受拉钢筋 A_s 和受压钢筋 A'_s；已知在受压区配置了受压钢筋 A'_s，求受拉钢筋 A_s。

1. 求受拉钢筋 A_s 和受压钢筋 A'_s

设计步骤如下：

（1）判断是否采用双筋截面

依据单筋矩形截面适筋梁最大承载力 $M_{u,max}$ 公式，当满足 $M > M_{u,max} = \alpha_1 f_c b h_0^2 \xi_b (1 - 0.5\xi_b)$ 时，应采用双筋截面，否则按单筋截面设计。

（2）计算钢筋面积

式（3-43）、式（3-44）有三个未知数：x，A_s，A'_s，有多组解。需补充一个条件，即经济条件——使总用钢量（$A_s + A'_s$）最小。这样，必须充分利用混凝土抗压能力。

设 $x = \xi_b h_0$，由式（3-44）得

$$A'_s = \frac{M - \alpha_1 f_c b h_0^2 \xi_b (1 - 0.5\xi_b)}{f'_y (h_0 - a'_s)} \tag{3-49}$$

由式（3-43）得

$$A_s = \frac{1}{f_y} (\alpha_1 f_c b \xi_b h_0 + A'_s f'_y) \tag{3-50}$$

【例 3-3】 已知梁的截面尺寸是 $b \times h = 210mm \times 500mm$，混凝土强度等级为 C40，钢筋采用 HRB400 级，弯矩设计值 $M = 380kN \cdot m$，环境类别为一类，$a_s = 70mm$，$a'_s = 45mm$，求截面所需配置的纵向受力钢筋。

解： ①确定计算参数

C40 混凝土，$f_c = 19.1 \text{N/mm}^2$；HRB400 级钢筋，$f_y = 360 \text{N/mm}^2$；$\xi_b = 0.518$。

② 判断是否采用双筋截面

$M_{u,max} = \alpha_1 f_c b h_0^2 \xi_b (1 - 0.5\xi_b) = 1.0 \times 19.1 \times 210 \times 430^2 \times 0.518(1 - 0.5 \times 0.518) \text{kN} \cdot \text{m}$
$= 284.7 \text{kN} \cdot \text{m} < M = 380 \text{kN} \cdot \text{m}$

此时，若按单筋矩形截面设计，将会出现 $x > \xi_b h_0$ 的超筋情况。在不加大截面尺寸，不提高混凝土强度等级的情况下，只能按照双筋矩形截面进行设计。

③ 计算钢筋面积

取 $x = \xi_b h_0$，则

$$A_s' = \frac{M - \alpha_s f_c b h_0^2 \xi_b (1 - 0.5\xi_b)}{f_y'(h_0 - a_s')}$$

$$= \frac{380 \times 10^6 - 1.0 \times 19.1 \times 210 \times 430^2 \times 0.518(1 - 0.5 \times 518)}{360 \times (430 - 45)} \text{mm}^2$$

$$= 687.8 \text{mm}^2$$

$$A_s = \frac{1}{f_y}(\alpha_1 f_c b \xi_b h_0 + A_s' f_y)$$

$$= \left(\frac{1.0 \times 19.1 \times 210 \times 430 \times 0.51}{360} + 687.8 \times \frac{360}{360} \right) \text{mm}^2 = 3131.2 \text{mm}^2$$

④ 选筋

受拉钢筋选用 4 Φ 25 + 4 Φ 20 的钢筋，$A_s = 3220 \text{mm}^2$；受压钢筋选用 3 Φ 18
$A_s' = 763 \text{mm}^2$。

2. 已知在受压区配置了受压钢筋 A_s'，求受拉钢筋 A_s

设计步骤如下：

知数有两个：x 与 A_s，可通过式 (3-43)、式 (3-45) 求解。

① 计算受压区高度 x

由式 (3-45) 知

$$\alpha_s = \frac{M - A_s' f_y'(h_0 - a_s')}{\alpha_1 f_c b h_0^2}$$

$$\xi = 1 - \sqrt{1 - 2\alpha_s} \tag{3-51}$$

$$x = \xi h_0$$

② 讨论 x，求受拉钢筋截面面积 A_s

a. 若 $a_s' \leqslant x \leqslant \xi_b h_0$，则满足式 (3-43)、式 (3-44) 的适用条件，通过基本公式求解 A_s。

$$A_s = \frac{\alpha_1 f_c b x + A_s' f_y'}{f_y} \tag{3-52}$$

b. 若 $x < a_s'$，则表明受压钢筋 A_s' 在破坏时不能达到屈服强度，此时不能通过基本公式求解 A_s。

按下列近似方法求：设 $x = 2a_s'$，即近似认为混凝土压应力合力作用点通过受压钢筋合力作用点，这样计算误差小。对于混凝土压应力合力作用点取矩，得

$$M \leqslant M_u = A_s f_y (h_0 - a_s') \tag{3-53}$$

$$A_s = \frac{M}{f_y(h_0 - a_s')} \tag{3-54}$$

c. 若 $x > \xi_b h_0$，则表明给定的受压钢筋 A_s' 不足，仍会出现超筋截面，此时按照 A_s、A_s'

未知的情况进行计算。

【例 3-4】 已知条件同【例 3-3】，但是在受压区已配置 3 Φ 20 钢筋，$A'_s=941mm^2$。求受拉钢筋面积 A_s。

解： ① 求受压区高度算

$$h_0=h-a_s=（500-70）mm=430mm$$

$$\alpha_s=\frac{M-A'_sf'_y(h_0-a'_s)}{a_sf_cbh_c^2}=\frac{380\times10^6-360\times941\times（430-45）}{1\times19.1\times210\times430^2}=0.337$$

$$\xi=1-\sqrt{1-2\alpha_s}=1-\sqrt{1-2\times0.337}=0.429$$

$$x=\xi h_0=0.570\times430mm=184.4mm$$

②求受拉钢筋面积 A_s

$$2a'_2=2\times45mm=90mm<x<\xi_bh_0=0.518\times430mm=222.7mm$$

$$A_s=\frac{1}{f_y}(\alpha_1f_cbx+A'_sf'_s)$$

$$=\frac{1}{360}\times（1.0\times19.1\times210\times184.4+941\times360）mm^2$$

$$=2995.5mm^2$$

选用钢筋 4 Φ 25＋4 Φ 20，$A_s=3220mm^2$。

【例 3-5】 已知梁的截面尺寸是 $b\times h=240mm\times500mm$，混凝土强度等级为 C25，钢筋采用 HRB400 级，$\xi_b=0.518$，弯矩设计值 $M=150kN\cdot m$，环境类别为一类，$a_s=a'_s=40mm$，在截面受压区已配置 2 Φ 20 钢筋，$A'_s=628mm^2$。求受拉钢筋面积 A_s。

解： ① 确定计算参数

C25 混凝土，$f_c=11.9N/mm^2$；HRB400 级钢筋，$f_y=360N/mm^2$。

② 求受压区高度 x

$$\alpha_s=\frac{M-A'_sf'_y(h_0-a'_s)}{a_sf_cbh_0^2}=\frac{150\times10^6-360\times628\times（460-40）}{1\times11.9\times240\times460^2}=0.091$$

$$\xi=1-\sqrt{1-2\alpha_s}=1-\sqrt{1-2\times0.091}=0.095$$

$$x=\xi h_0=0.095\times460mm=43.7mm$$

③求受拉钢筋面积 A_s

$$x=43.7mm<2a'_2=2\times40mm=80mm$$

$$A_s=\frac{M}{f_y(h_0-a'_s)}=\frac{150\times10^6}{360(460-40)}mm^2=992.1mm^2$$

选用 3 Φ 22 的钢筋，$A_s=1140mm^2$。

3.5.5 截面复核

截面复核问题，一般已知截面尺寸 $b\times h$、混凝土强度等级、钢筋级别、设计弯矩 M 以及截面配筋 A_s 和 A'_s。求双筋截面受弯承载力 M_u 或者在给出设计弯矩 M 的情况下验算截面是否安全。

计算步骤如下：

（1）求受压区高度 x

由式（3-43）知

$$x = \frac{f_y A_s - f'_y A'_s}{\alpha_1 f_c b} \tag{3-55}$$

（2）讨论 x，求截面承载力 M_u

1）若 $2a'_s \leqslant x \leqslant \xi_b h_0$，通过式（3-44）求解 M_u

$$M_u = \alpha_s f_c bx \left(h_0 - \frac{x}{2} \right) + A'_s f'_y (h_0 - a'_s) \tag{3-56}$$

2）若 $x < a'_s$，用式（3-53）求解 M_u

$$M_u = A_s f_y (h_0 - a'_s) \tag{3-57}$$

3）若 $x > \xi_b h_0$，则应取 $x = \xi_b h_0$，再用式（3-44）求出 M_u

$$M_s = \alpha_s f_b h_0^2 \xi_b (1 - 0.5\xi_b) + A'_s f'_y (h_0 - a'_s) \tag{3-58}$$

【例3-6】 已知梁截面尺寸 210mm×420mm，纵向受拉钢筋采用 3 ⚎ 22，$A_s = 1140\text{mm}^2$，受压钢筋采用 2 ⚎ 14 的钢筋，$A'_s = 308\text{mm}^2$，混凝土强度等级是 C30，钢筋采用 HRB400 级，箍筋直径为 $\phi 8$，环境类别为一类，要求承受的弯矩设计值 $M = 110\text{kN} \cdot \text{m}$。验算此截面安全与否。

解：①确定计算参数

C30 混凝土，$f_c = 14.3\text{N/mm}^2$；HRB400 级，$f_y = 360\text{N/mm}^2$，$f'_y = 360\text{N/mm}^2$；$\xi_b = 0.518$。

② 确定截面有效高度环境类别为一类的混凝土保护层最小厚度为 20mm，故

$$a_s = \left(20 + 8 + \frac{22}{2} \right)\text{mm} = 39\text{mm}, \quad a'_s = \left(20 + 8 + \frac{14}{2} \right)\text{mm} = 35\text{mm},$$

$$h_0 = (420 - 39)\text{mm} = 381\text{mm}$$

③ 计算受压区高度

$$x = \frac{f_y A_s - f'_y A'_s}{\alpha_1 f_c b} = \frac{360 \times 1140 - 360 \times 308}{1.0 \times 14.3 \times 220}\text{mm} = 95.2\text{mm}$$

④ 求截面承载力

$$x < \xi_b h_0 = 0.518 \times 381\text{mm} = 197.4\text{mm}$$

且 $x > 2a'_s = 2 \times 35\text{mm} = 70\text{mm}$

$$M_u = \alpha_s f_c bx \left(h_0 - \frac{x}{2} \right) + A'_s f'_y (h_0 - a'_s)$$

$$= \left[1.0 \times 14.3 \times 210 \times 95.2 \times \left(381 - \frac{95.2}{2} \right) + 308 \times 360 \times (381 - 35) \right]\text{kN} \cdot \text{m}$$

$$= 133.7\text{kN} \cdot \text{m}$$

$$M_u > M = 110\text{kN} \cdot \text{m} \text{（截面安全）}$$

3.6　T形截面受弯构件正截面受弯承载力计算

3.6.1　概述

当矩形截面受弯构件出现裂缝后，在裂缝截面处，中和轴以下的混凝土将不再承担拉力。所以，在矩形截面中，可以将受拉区的混凝土挖去一部分（图 3-16），将纵向受拉钢筋

集中布置在剩余受拉区混凝土内，形成由梁肋与翼缘组成的 T 形截面。其承载力同原矩形截面相比，不仅不会降低，而且还能节省混凝土，减轻构件自重。所以，钢筋混凝土 T 形截面受弯构件具有更大的跨越能力。

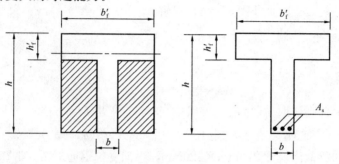

图 3-16　T 形截面示意图

　　T 形截面梁在工程中应用广泛，在预制构件中，有时由于构造要求，可做成独立的 T 形梁，如 T 形檩条和 T 形吊车梁等。空心板 [图 3-17（a）]、槽形板 [图 3-17（b）] 及箱形截面 [图 3-17（c）] 在承载力计算时均可按 T 形截面考虑。若受拉钢筋较多，为了便于布置钢筋，可将截面底部适当扩大，形成如图 3-17（d）所示的工形截面。工形截面承载力的计算同 T 形截面。在现浇肋梁楼盖中，楼板与梁肋浇筑在一起形成了 T 形截面梁，如图 3-18 所示。

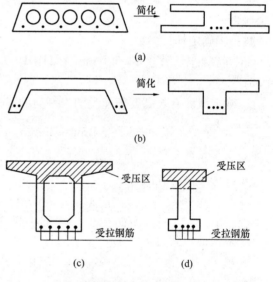

图 3-17　常见 T 形截面
（a）空心板；（b）槽形板；（c）箱形梁；（d）工形梁

3.6.2　T 形截面翼缘的计算宽度

　　如果翼缘在梁的受拉区，如工形梁 [图 3-17（d）]、倒 T 形截面梁和整体式肋梁楼盖连续梁中的支座附近的截面（图 3-18 中的 2-2 截面）等，当受拉区的混凝土开裂之后，翼缘就不再起作用了。对于这种梁应按照肋宽为 b 的矩形截面计算承载力。

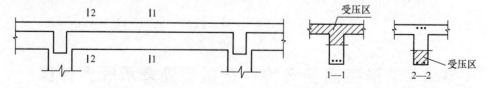

图 3-18　连续梁跨中与支座截面

　　T 形截面的受压翼缘对截面承载能力是有利的，受压翼缘宽度越大，截面的受弯承载力就越高。由于受压翼缘增大可使受压区高度 x 减小，内力臂 $z = \gamma_s h_0$ 增大。但是试验和理论分析表明，T 形截面梁受弯后，翼缘上混凝土的压应力分布是不均匀的，如图 3-19（a）所示，离梁肋越远压应力就越小。在设计时，为了使计算简化，取一定范围内的翼缘宽度作为翼缘计算宽度，用 b'_f 表示，此宽度也称为有效翼缘宽度，并假定在 b'_f 范围内压应力是均匀分布的，如图 3-19（b）所示。表 3-6 给出了《混凝土结构设计规范》(GB 50010—2010) 规定的翼缘计算宽度 b'_f，计算时应取表中有关各项中的最小值。

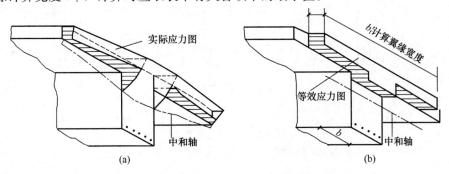

图 3-19　T 形截面的应力分布和计算受压翼缘宽度

(a) 受压区实际应力图；(b) 受压区计算应力图

表 3-6　受弯构件受压区翼缘计算宽度

	情　况	T 形、I 形截面		倒 L 形截面
		肋形梁（板）	独立梁	肋形梁（板）
1	按计算跨度 l_0 考虑	$l_0/3$	$l_0/3$	$l_0/3$
2	按梁（肋）净距 s_n 考虑	$b+s_n$	—	$b+s_n/2$
3	按翼缘高度 h'_f 考虑 $h'_f/h_0 \geqslant 0.1$	—	$b+12h'_f$	—
	$0.1 > h'_f/h_0 \geqslant 0.05$	$b+12h'_f$	$b+6h'_f$	$b+5h'_f$
	$h'_f/h_0 < 0.05$	$b+12h'_f$	b	$b+5h'_f$

注：1. 表中 b 为梁的腹板宽度；

2. 肋形梁在梁跨内设有间距小于纵肋间距的横肋时，可不考虑表中情况 3 的规定；

3. 加腋的 T 形、I 形和倒 L 形截面，当受压区加腋的高度 h_h 不小于 h'_f 且加腋的长度 b_h 不大于 $3h_h$ 时，其翼缘计算宽度可按表中情况 3 的规定分别增加 $2b_h$（T 形、I 形截面）和 b_h 倒 L 形截面）；

4. 独立梁受压区的翼缘板在荷载作用下经验算沿纵肋方向可能产生裂缝时，其计算宽度应取腹板宽度 b。

3.6.3　计算公式及适用条件

1. 两类 T 形截面梁的判别

计算 T 形截面梁时，依据受压区高度不同，可将 T 形截面分为两类。

(1) 第一类 T 形截面，受压区高度在翼缘内（$x \leqslant h'_f$），受压区面积是矩形 [图 3-20 (a)]；

(2) 第二类 T 形截面，受压区进入肋部（$x > h'_f$），受压区是 T 形 [图 3-20 (c)]。

如果中和轴正好与受压翼缘高度重合，即 $x = h'_f$，则为两类 T 形截面的界限情况，如图 3-20 (b) 所示。

由 $\sum X = 0$，得

$$\alpha_1 f_c b'_f h'_f = f_y A_s \tag{3-59}$$

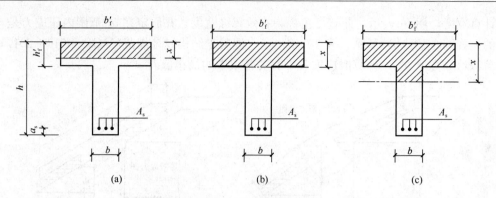

图 3-20 T 形截面判别

(a) 第一类 T 形截面；(b) 界限情况；(c) 第二类 T 形截面

由 $\Sigma M = 0$，得

$$M'_f = \alpha_1 f_c b'_f h'_f \left(h_0 - \frac{h'_f}{2} \right) \tag{3-60}$$

式中　M'_f ——界限情况（$x = h'_f$）截面受弯承载力。

显然，满足以下情况之一时，是第一类 T 形截面

$$x \leqslant h'_f \tag{3-61a}$$

或

$$f_y A_s \leqslant \alpha_1 f_c b'_f h'_f \tag{3-61b}$$

或

$$M \leqslant M'_f = \alpha_1 f_c b'_f h'_f \left(h_0 - \frac{h'_f}{2} \right) \tag{3-61c}$$

反之，若满足以下情况之一时，是第二类 T 形截面

$$x > h'_f \tag{3-62a}$$

或

$$f_y A_s > \alpha_1 f_c b'_f h'_f \tag{3-62b}$$

或

$$M > M'_f = \alpha_1 f_c b'_f h'_f \left(h_0 - \frac{h'_f}{2} \right) \tag{3-62c}$$

式（3-61c）与式（3-62c）适用于截面设计，也就是弯矩设计值 M 为已知时的截面类型判别情况；式（3-61b）与式（3-62b）适用于截面复核，即纵向受拉钢筋截面面积 A_s 为已知时的截面类型判别情况。

2. 第一类 T 形截面

(1) 计算简图。如图 3-21 所示为第一类 T 形截面受弯构件正截面承载力计算简图。

(2) 计算公式。第一类 T 形截面的受弯承载力计算相当于 $b'_f \times h$ 的矩形截面计算，所以，把单筋矩形截面基本公式中的梁宽 b 代换为翼缘宽度 b'_f。

由 $\Sigma X = 0$，得

$$\alpha_1 f_c b'_f x = f_y A_s \tag{3-63}$$

由 $\Sigma M = 0$，得

$$M \leqslant M_u = \alpha_1 f_c b'_f \left(h_0 - \frac{x}{2} \right) \tag{3-64a}$$

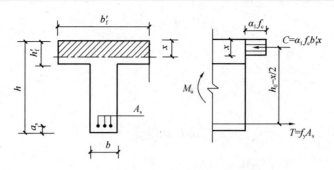

图 3-21　第一类 T 形截面梁计算简图

或

$$M \leqslant M_{\mathrm{u}} = f_{\mathrm{y}} A_{\mathrm{s}} \left(h_0 - \frac{x}{2} \right) \tag{3-64b}$$

（3）适用条件。

① 为了避免发生超筋破坏，相对受压区高度应符合 $\xi \leqslant \xi_{\mathrm{b}}$（或 $x \leqslant \xi_{\mathrm{b}} h_0$）。对于第一类 T 形截面梁，该适用条件一般均能满足，可不必验算。

② 为了避免发生少筋破坏，配筋率应满足 $\rho \geqslant \rho_{\min} h/h_0$，或者受拉钢筋截面面积应满足 $A_{\mathrm{s}} \geqslant \rho_{\min} bh$。

注意：配筋率 $\rho = \dfrac{A_{\mathrm{s}}}{bh_0}$，也就是计算配筋率时用梁肋部宽度 b，而不是受压翼缘宽度 b'_{f}。这是因为受弯构件纵筋的最小配筋率是依据钢筋混凝土梁的受弯承载力等于相同截面、相同混凝土强度等级的素混凝土的承载力这一条件确定的，而素混凝土梁的承载力主要取决于受拉区混凝土面积。T 形截面素混凝土梁的破坏弯矩比高度同为 h，宽度是 b'_{f} 的矩形截面素混凝土梁的破坏弯矩小很多，而接近于高度为 h，宽度为肋宽 b'_{f} 的矩形截面素混凝土梁的破坏弯矩。为使计算简化并考虑以往设计经验，此处 $\rho_{\min}$ 仍按照矩形截面的数值采用。

对工形与倒 T 形等存在着受拉翼缘的截面，需要考虑受拉翼缘的影响，受拉钢筋截面面积应满足

$$A_{\mathrm{s}} \geqslant \rho_{\min} [bh + (b_{\mathrm{f}} - b)h_{\mathrm{f}}] \tag{3-65}$$

3. 第二类 T 形截面

（1）计算简图。如图 3-22（a）所示为第二类 T 形截面受弯构件正截面承载力计算简图。

（2）计算公式。由图 3-22（a）所示，通过平衡条件，可得出计算公式。

$\Sigma X = 0$，得

$$\alpha_1 f_{\mathrm{c}} bx + \alpha_1 f_{\mathrm{c}} (b'_{\mathrm{f}} x - b) h'_{\mathrm{f}} = f_{\mathrm{y}} A_{\mathrm{s}} \tag{3-66}$$

$\Sigma M = 0$，得

$$M \leqslant M_{\mathrm{u}} = \alpha_1 f_{\mathrm{c}} bx \left(h_0 - \frac{x}{2} \right) + \alpha_1 f_{\mathrm{c}} (b'_{\mathrm{f}} - b) h'_{\mathrm{f}} \left(h_0 - \frac{h'_{\mathrm{f}}}{2} \right) \tag{3-67}$$

与双筋矩形截面类似，以上公式也可分解为两部分。第一部分由翼缘 $(b'_{\mathrm{f}} - b)h'_{\mathrm{f}}$ 受压区混凝土和部分受拉钢筋 A_{s1} 组成，其受弯承载力为 M_{u1}，如图 3-22（b）所示；第二部分为 $b \times x$ 的受压区混凝土与其余部分受拉钢筋 A_{s2} 构成的单筋矩形截面梁，其受弯承载力是 M_{u2}，见图 3-22（c），其计算公式为

$$\alpha_1 f_c (b'_f - b) h'_f = f_y A_{s1} \tag{3-68a}$$

$$M_{u1} = \alpha_1 f_c (b'_f - b) h'_f \left(h_0 - \frac{h'_f}{2} \right) \tag{3-68b}$$

$$\alpha_1 f_c bx = f_y A_{s2} \tag{3-69a}$$

$$M_{u2} = \alpha_1 f_c bx \left(h_0 - \frac{x}{2} \right) \tag{3-69b}$$

$$M_u = M_{u1} + M_{u2} \tag{3-70a}$$

$$A_s = A_{s1} + A_{s2} \tag{3-70b}$$

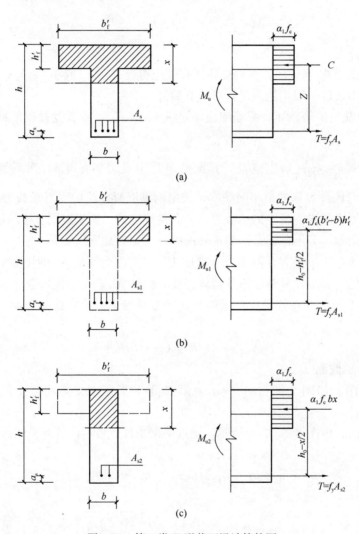

图 3-22　第二类 T 形截面梁计算简图

（3）适用条件。

① 为了避免单筋矩形截面部分发生超筋脆性破坏，相对受压区高度应满足 $\xi \leqslant \xi_b$。这一条件与双筋矩形截面类似，只有同 $b \times x$ 的受压区混凝土平衡的钢筋 A_{s2} 才有超筋破坏问题，

因此本条还可以通过 $M_u \leqslant \alpha_{s,max} f_c b h_0^2$ 和 $A_{s2} \leqslant \rho_{max} b h_0$ 来验算。

② 为了防止发生少筋破坏，配筋率应满足 $\rho \geqslant \rho_{min} h/h_0$，或者受拉钢筋截面面积应满足 $A_s \geqslant \rho_{min} b h$。本条对于第二类 T 形截面一般均能满足，可以不验算。

3.6.4　计算方法

1. 截面设计

（1）第一类 T 形截面。若满足 $M \leqslant \alpha_1 f_c b'_f h'_f \left(h_0 - \dfrac{h'_f}{2} \right)$，则其计算方法与 $b'_f \times h$ 的单筋矩形截面梁相同，参见单筋矩形截面梁。

（2）第二类 T 形截面。若满足 $M > \alpha_1 f_c b'_f h'_f \left(h_0 - \dfrac{h'_f}{2} \right)$，则为第二类 T 形截面。基本设计步骤如下：

① 计算 α_s，并验算适用条件。由式（3-67），并引入 α_s，得到

$$\alpha_s = \frac{M_u - \alpha_1 f_c (b'_f - b) h'_f \left(h_0 - \dfrac{h'_f}{2} \right)}{\alpha_1 f_c b h_0^2}$$

由 $\xi = 1 - \sqrt{1 - 2\alpha_s}$ 求出 ξ，并验算是否满足 $\xi \leqslant \xi_b$。

② 计算钢筋截面面积 A_s。由式（3-66）得

$$A_s = \frac{\alpha_1 f_c b \xi h_0 + \alpha_1 f_c (b'_f - b) h'_f}{f_y}$$

③ 选配钢筋并绘制配筋图。

第二类 T 形截面的截面设计与双筋矩形截面类似，也可以通过分解的两部分进行计算，基本设计步骤如下：

① 计算 A_s 和 M_{u1}。由式（3-68）计算 A_{s1} 和 M_{u1} 即

$$A_{s1} = \frac{\alpha_1 f_c (b'_f - b) h'_f}{f_y}$$

$$M_{u1} = \alpha_1 f_c (b'_f - b) h'_f \left(h_0 - \frac{h'_f}{2} \right)$$

② 计算 M_{u2}。由式（3-70a）计算 M_{u2}，即

$$M_{u2} = M_u - M_{u1}$$

③ 计算 x。由式（3-69b）计算 x，并验算 $x \leqslant \xi_b h_0$，计算方法与单筋矩形截面梁相同。

④ 计算 A_{s2}。由式（3-69a）计算 A_{s2}，即

$$A_{s2} = \frac{\alpha_1 f_c b x}{f_y}$$

⑤ 计算 A_s。由式（3-70b）计算 A_s，即

$$A_s = A_{s1} + A_{s2}$$

注意：当 $x > \xi_b h_0$ 时，为超筋破坏。说明截面弯矩太大，在截面尺寸与混凝土强度受到限制不能增加和提高时，T 形截面也可设计为双筋。具体计算可参考双筋矩形截面与单筋 T 形截面设计。

2. 截面复核

已知截面尺寸和配筋面积 A_s，求所能承担的极限弯矩 M_u 或在已知弯矩 M 作用下安全与否。

(1) 第一类 T 形截面。当满足式 (3-61b) 时为第一类 T 形截面，可按照 $b'_f \times h$ 矩形截面梁的计算方法求 M_u。

(2) 第二类 T 形截面。当满足式 (3-62b) 时是第二类 T 形截面，基本计算步骤如下：

① 计算 A_{s1} 和 M_{u1}。由式 (3-68) 计算 A_{s1} 和 M_{u1}，即

$$A_{s1} = \frac{\alpha_1 f_c (b'_f - b) h'_f}{f_y}$$

$$M_{u1} = \alpha_1 f_c (b'_f - b) h'_f \left(h_0 - \frac{h'_f}{2} \right)$$

② 计算 A_{s2}。通过式 (3-70b) 计算 A_{s1}，即

$$A_{s2} = A_s - A_{s1}$$

③ 计算 x。通过式 (3-69a) 计算 x，并验算适用条件，即

$$x = \frac{f_y A_{s2}}{\alpha_1 f_c b}, \quad x \leqslant \xi_b h_0$$

注意：当 $x > \xi_b h_0$ 时，则说明受拉钢筋 A_{s2} 过多（即 A_s 过多），可取 $x = \xi_b h_0$ 来计算。

④ 计算 M_{u2}。由式 (3-69b) 计算 M_{u2}，即

$$M_{u2} = \alpha_1 f_c b x \left(h_0 - \frac{x}{2} \right)$$

⑤ 计算 M_u。由式 (3-70a) 计算 M_u，即

$$M_u = M_{u1} + M_{u2}$$

⑥ 比较 M_u 与 M 的大小，并判断。

【例 3-7】 已知某 T 形截面独立梁，截面尺寸为 $b \times h = 300\text{mm} \times 600\text{mm}$，$b'_f = 1200\text{mm}$，$h'_f = 120\text{mm}$，计算跨度为 7200mm，承受弯矩设计值 $M = 1000\text{kN} \cdot \text{m}$，混凝土强度等级为 C30，钢筋采用 HRB500 级，环境类别为一类。

求： 纵向受拉钢筋截面面积 A_s。

解： (1) 基本计算参数。C30 混凝土：$f_c = 14.3\text{N/mm}^2$，$f_t = 1.43\text{N/mm}^2$；HRB500 级钢筋：$f_y = 435\text{N/mm}^2$；$\xi_b = 0.482$，$\alpha_1 = 1.0$。由表 3-2 知，环境类别为一类，梁的最小保护层厚度为 20mm，箍筋直径假设为 8mm，预估纵向受拉钢筋布置两层，故取 $\alpha_s = 65\text{mm}$，

则 $h_0 = h - \alpha_s = 600 - 65 = 535\text{mm}$。

(2) 受压翼缘宽度 b'_f 的确定。

按计算跨度 l_0 考虑

$$b'_f = \frac{l_0}{3} = \frac{7200}{3} = 2400\text{mm}$$

按翼缘厚度 h'_f 考虑

$$\frac{h'_f}{h_0} = \frac{120}{535} = 0.224 > 0.1$$

$$b'_f = b + 12h'_f = 300 + 12 \times 120 = 1690\text{mm}$$

故取梁的实际翼缘宽度：$b=1200$mm。

（3）判断 T 形截面类型。

$$\alpha_1 f_c b'_f h'_f \left(h_0 - \frac{h'_f}{2}\right) = 1.0 \times 14.3 \times 1200 \times 120 \times \left(535 - \frac{120}{2}\right)$$

$$= 978.12 \text{kN} \cdot \text{m} < 1000 \text{kN} \cdot \text{m}$$

故属于第二类 T 形截面梁。

（4）计算 A_{s1}、M_{u1} 和 M_{u2}。

$$A_{s1} = \frac{\alpha_1 f_c (b'_f - b) h'_f}{f_y} = \frac{1.0 \times 14.3 \times (1200 - 300) \times 120}{435} = 3550 \text{mm}^2$$

$$M_{u1} = \alpha_1 f_c (b'_f - b) h'_f \left(h_0 - \frac{h'_f}{2}\right) = 1.0 \times 14.3 \times (1200 - 300) \times 120 \times \left(535 - \frac{120}{2}\right)$$

$$= 733.59 \text{kN} \cdot \text{m}$$

$$M_{u2} = M_u - M_{u1} = 1000 \times 10^6 - 733.59 \times 10^6 = 266.41 \text{kN} \cdot \text{m}$$

（5）按单筋矩形截面梁的计算方法，求 A_{s2}。

$$\alpha_s = \frac{M_{u2}}{\alpha_1 f_c b h_0^2} = \frac{266.41 \times 10^6}{1.0 \times 14.3 \times 300 \times 535^2} = 0.217$$

$$\xi = 1 - \sqrt{1 - 2\alpha_s} = 253 < \xi_b = 0.482$$

满足要求。

$$\gamma_s = \frac{1 + \sqrt{1 - \alpha_s}}{2} = 0.874$$

$$A_{s2} = \frac{M_{u2}}{f_y \gamma_s h_0} = \frac{266.41 \times 10^6}{435 \times 0.874 \times 535} = 1309.8 \text{mm}^2$$

（6）计算 A_s。

$$A_s = A_{s1} + A_{s2} = 3550 + 1309.8 = 4859.8 \text{mm}^2$$

（7）选配钢筋并绘制截面配筋图。选用 8Φ28，A_s =4926mm²，验算并符合钢筋净距要求。截面配筋图见图 3-23，由于截面腹板高度大于 450mm，因此需要在腹板两侧面布置 2Φ12 的腰筋。

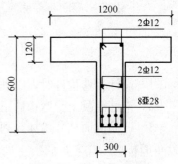

图 3-23　例 3-7 截面配筋图

【例 3-8】已知某肋梁楼盖结构，梁的计算跨度为 6.3m，间距为 2.7m，如图 3-24 所示。混凝土强度等级为 C25，钢筋采用 HRB335 级，环境类别为一类。试计算该梁跨中截面能够承受的最大弯矩设计值。

解：（1）基本计算参数。C25 混凝土：$f_c = 11.9$N/ mm²，$f_t = 1.27$N/mm²；HRB335 级筋：$f_y = 300$N/mm²，3Φ20，$A_s = 942$mm²，$\xi_b = 0.55$，$\alpha_1 = 1.0$。由《混凝土结构设计规范》（GB 50010—2010）知，环境类为一类，混凝土保护层厚度为 20mm，箍筋直径假设为 6mm，故 $a_s = 20 + 6 + \frac{20}{2} = 36$mm，$h_0 = 450 - 36$ =414mm。

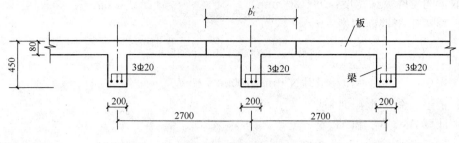

图 3-24 例 3-18 图

(2) 受压翼缘宽度 b'_f 的确定。

按计算跨度 l_0 考虑

$$b'_f = \frac{l_0}{3} = \frac{6300}{3} = 2100$$

按梁肋净距 s_n 考虑

$$b'_f = b + s_n = 200 + 2500 = 2700\text{mm}$$

按翼缘厚度 h'_f 考虑

$$\frac{h'_f}{h_0} = \frac{80}{414} = 0.193 > 0.1，不考虑翼缘厚度 h'_f 的影响。$$

取上述计算结果的最小值

$$b'_f = 2100\text{mm}$$

(3) 判断 T 形截面类型。

$$\alpha_1 f_c b'_f h'_f = 1.0 \times 11.9 \times 2100 \times 80 = 1999.2\text{kN} > f_y A_s = 300 \times 942 = 266.41\text{kN}$$

故属于第一类 T 形截面梁。

(4) 计算 M_u。

$$x = \frac{f_y A_s}{\alpha_1 f_c b'_f} = \frac{300 \times 942}{1.0 \times 11.9 \times 2100} 11.31 < \xi_b h_0 = 0.55 \times 414 = 227.7\text{mm}$$

$$M_u = f_y A_s \left(h_0 - \frac{x}{2} \right) = 300 \times 942 \times (414 - 0.5 \times 11.31) = 115.4\text{kN} \cdot \text{m}$$

习　题

3-1　设计受弯构件时，应进行哪些计算和验算？

3-2　钢筋混凝土受弯构件正截面有哪些破坏形态？各自的破坏特点是什么？

3-3　适筋截面从开始加载到完全破坏的全过程，一般可分为几个阶段？各阶段截面应力分布的特点是什么？

3-4　受弯构件正截面承载力计算采用了哪些基本假定？

3-5　什么是配筋率？配筋率对钢筋混凝土梁正截面破坏有何影响？

3-6　最小配筋率是根据什么原则确定的？界限受压区高度是根据什么情况得出的？

3-7　双筋截面与单筋截面有什么本质区别？各自的应用范围是什么？

3-8　对双筋矩形截面，当 A'_s 为未知时，取 $\xi = \xi_b$，有什么工程意义？当 A'_s 为已知时，为什么要充分利用已有的受压钢筋 A'_s。

3-9 对双筋截面，当 $A_s' = A_s$ 时，如何计算截面的抗弯承载力 M_u？

3-10 T形截面分为哪几类？如何判断？

3-11 T形截面梁为什么要规定翼缘有效宽度？翼缘有效宽度考虑了哪些方面的因素？

3-12 一单筋矩形截面梁，截面尺寸 $b \times h = 200\text{mm} \times 500\text{mm}$，梁使用的材料是：混凝土强度等级C30，钢筋HRB400级，Ⅰ类环境条件，安全等级为二级。试问该截面最大能承受多大的弯矩组合设计值？

3-13 一矩形截面梁，截面尺寸 $b \times h = 300\text{mm} \times 700\text{mm}$，梁使用的材料是：混凝土强度等级C30，纵向钢筋HRB400级，Ⅰ类环境条件，安全等级为二级。

(1) 当受拉区配有 2Φ25 的纵向钢筋时，试求此截面所能承受的弯矩组合设计值。

(2) 当受拉区配有 4Φ25 的纵向钢筋时，试求此截面所能承受的弯矩组合设计值。

(3) 当受拉区配有 8Φ25 的纵向钢筋时（此时，应按受拉纵向钢筋布置成两排考虑），试求此截面所能承受的弯矩组合设计值。

(4) 用基本公式所表达的关系，论证 M_u 是否随钢筋截面面积 A_s 的增加而增大。

3-14 已知一矩形截面简支梁，截面尺寸 $b \times h = 200\text{mm} \times 500\text{mm}$，计算跨度为 $l = 6.0\text{m}$，承受的均布荷载 $q = 18.82\text{kN/m}$（已考虑了荷载分项系数和梁自重）。混凝土强度等级选用C30，钢筋采用HRB400级。Ⅰ类环境条件，安全等级是二级。试计算受拉钢筋截面面积，选配钢筋并绘制截面配筋图。

3-15 已知一矩形截面简支梁，计算跨度为 $l = 5.0\text{m}$，承受的均布荷载组合设计值 $q = 75\text{kN} \cdot \text{m}$（已考虑了荷载分项系数和梁自重）。梁的截面高度 h 由于受限制只能取 450mm，$b = 200\text{mm}$，若混凝土强度等级选用C30，纵向钢筋HRB400级。Ⅰ类环境条件，安全等级为二级。

(1) 计算截面所需的受拉钢筋和受压钢筋的截面积；

(2) 如果受压区配置了 3Φ20 的受压钢筋，试计算截面所需的受拉钢筋截面面积。

（提示：预计受拉钢筋布置两排，所以建议取 $h_0 = h - 70\text{mm}$）

3-16 一T形截面梁及配筋见图3-25，弯矩组合设计值 $M = 300\text{kN} \cdot \text{m}$，混凝土C30，纵向钢筋HRB400级。Ⅰ类环境条件，安全等级为二级。试验算梁的正截面承载力是否满足要求。

3-17 已知某翼缘位于受压区的简支T形截面梁，计算跨径 $l = 22\text{m}$，相邻两梁轴线间距离为 1.6m，翼缘板厚度 $h_f' = 110\text{mm}$，梁高 $h = 1350\text{mm}$，梁肋宽 $b = 200\text{mm}$，采用C30混凝土，HRB400级纵向钢筋。截面承受的弯矩组合设计值 $M_d = 1950\text{kN} \cdot \text{m}$。Ⅰ类环境条件，安全等级为二级。试求所需受拉钢筋截面面积。

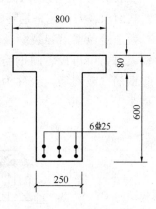

图3-25 习题3-16图
（尺寸单位：mm）

第四章 钢筋和混凝土受弯构件
斜截面承载力计算

本章要点

本章叙述了钢筋混凝土受弯构件斜截面的受力特点、破坏形态和影响斜截面受剪承载力的主要因素，并且介绍了钢筋混凝土无腹筋梁和有腹筋梁斜截面受剪承载力的计算公式和其适用条件，材料抵抗弯矩图的概念和做法，以及规范中对纵向受力钢筋、箍筋、弯起筋、腰筋等构件的要求。

4.1 概   述

钢筋混凝土受弯构件在主要承受弯矩的区段内会产生竖向裂缝，若正截面受弯承载力不够，将沿竖向裂缝发生正截面受弯破坏。而另一方面，钢筋混凝土受弯构件还有可能在剪力和弯矩共同作用的支座附近区段内，沿斜裂缝发生斜截面受剪破坏或斜截面受弯破坏。所以，在保证受弯构件正截面受弯承载力的同时，还要保证斜截面承载力，它包括斜截面受剪承载力与斜截面受弯承载力两方面。工程设计中，斜截面受剪承载力是通过计算和构造来满足的，斜截面受弯承载力则是通过对纵向钢筋和箍筋的构造要求来保证的。

一般情况下，板的跨高比较大，且大多承受分布荷载，因此相对于正截面承载力来讲，其斜截面承载力往往是足够的，所以受弯构件斜截面承载力主要是对梁及厚板而言的。

为了避免梁沿斜裂缝破坏，应使梁具有一个合理的截面尺寸，并配置必要的箍筋。剪力较大时，可再设置斜钢筋。斜钢筋通常由梁内的纵筋弯起而成，称为弯起钢筋。箍筋、弯起钢筋（或斜筋）统称为腹筋，它们与纵筋、架立钢筋等构成梁的钢筋骨架，如图4-1所示。

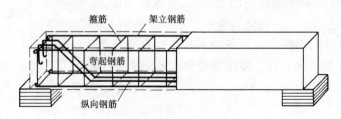

图 4-1 箍筋和弯起钢筋

按理说，箍筋也应像弯起钢筋那样做成斜的，以便同主拉应力方向一致，更有效地抑制斜裂缝的开展，但斜箍筋不便绑扎，与纵向钢筋难以形成牢固的钢筋骨架，所以一般都采用竖向箍筋。

试验研究表明，箍筋对抑制斜裂缝开展的效果比弯起钢筋要好，因此工程设计中，应优先选用箍筋，然后再考虑采用弯起钢筋。因为弯起钢筋承受的拉力比较大，且集中，有可能引起弯起处混凝土的劈裂裂缝，见图 4-2。所以放置在梁侧边缘的钢筋不宜弯起，梁底层钢筋中的角部钢筋不应弯起，顶层钢筋中的角部钢筋不应弯下。弯起钢筋的弯起角宜取 45°或者 60°。

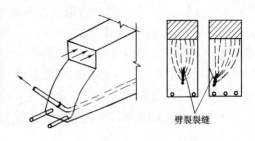

图 4-2 钢筋弯起处劈裂裂缝

4.2 受弯构件斜截面的受力特点和破坏形态

4.2.1 斜截面开裂前后受力分析

如图 4-3 所示，矩形截面简支梁在对称集中荷载作用下，当将梁的自重忽略时，在纯弯区段 BC 段仅有弯矩作用，在支座附近的 AB 区段与 CD 区段内有弯矩和剪力共同作用，也叫做弯剪段。在跨中正截面抗弯承载力有保证的情况下，构件弯剪段有可能由于剪力和弯矩的共同作用而发生斜截面破坏。

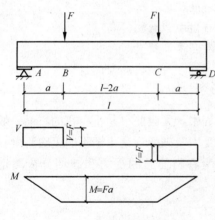

图 4-3 对称加载试验梁

在未裂阶段，可把钢筋混凝土梁视为均质弹性体，按照材料力学的方法，绘出该梁在图 4-3 所示荷载作用下的主应力迹线，如图 4-4(a) 所示，通过材料力学公式有

主拉应力 $\qquad \sigma_{tp} = \dfrac{\sigma}{2} + \sqrt{\dfrac{\sigma^2}{4} + \tau^2}$ （4-1）

主压应力 $\qquad \sigma_{cp} = \dfrac{\sigma}{2} - \sqrt{\dfrac{\sigma^2}{4} + \tau^2}$ （4-2）

$$\tan 2\alpha = -\frac{2\tau}{\sigma} \qquad (4-3)$$

式中 $\quad \alpha$——主拉应力的作用方向与梁轴线的夹角。

截面 1-1 上的微元体 1、2、3 分别处于不同的受力状态。如图 4-4(b) 所示，在中和轴处的微元体 1，其正应力为零，剪应力最大，主拉应力 σ_{tp} 和主压应力 σ_{cp} 的方向同梁轴线成 45°；位于受压区的微元体 2，因为压应力的存在，主拉应力 σ_{tp} 减少，主压应力 σ_{cp} 增大，主拉应力和梁轴线夹角大于 45°；位于受拉区的微元体 3，因为拉应力的存在，主拉应力 σ_{tp} 增大，主压应力 σ_{cp} 减小，主拉应力和梁轴线夹角小于 45°。对于匀质弹性体的梁来说，当主拉应力或者主压应力达到材料的抗拉或者抗压强度时，将引起构件截面的开裂及破坏。

通过主应力迹线可知，在纯弯区段 BC，主拉应力 σ_{tp} 的方向与梁纵轴线平行，最大主拉应力发生在截面下边缘。由于混凝土的抗拉强度很低，所以，随着荷载的增加，主拉应力 σ_{tp} 超过混凝土的抗拉强度 f_t 时，出现垂直裂缝，将发生正截面破坏。在弯剪区 AB 段与 CD 段，主拉应力 σ_{tp} 的作用方向是倾斜的，当 $\sigma_{tp} > f_t$ 时，将产生斜裂缝，但因为截面下边缘主

拉应力 σ_{tp} 仍为水平方向的，所以，在弯剪区段，首先会出现一些比较短的竖向裂缝，然后斜向延伸，向集中荷载作用点发展，形成弯剪斜裂缝，如图 4-4(c) 所示；当梁的腹板很薄或者集中荷载到支座距离很小时，斜裂缝可能首先在梁腹部出现（此处剪应力较大），然后向梁底与梁顶斜向发展，形成腹剪型斜裂缝，如图 4-4(d) 所示。斜裂缝的出现和发展使梁内应力的分布和数值发生变化，最终造成在剪力较大的弯剪段内不同部位的混凝土被压碎或者拉坏而丧失承载能力，也就是发生斜截面破坏。

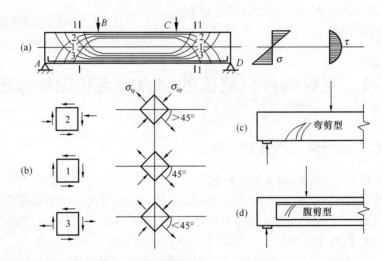

图 4-4 梁的应力状态和斜裂缝形态
（a）主应力迹线；（b）微元体 1、2、3 处于不同的受力状态；
（c）形成弯剪斜裂缝；（d）腹剪型斜裂缝

4.2.2 无腹筋梁斜截面的受力特点和破坏形态

无腹筋梁指的是不配箍筋和弯起钢筋的梁。实际工程中，无腹筋梁是不存在的，梁一般都要配置箍筋，有时还配有弯起钢筋。讨论无腹筋梁的受力及破坏，是由于影响无腹筋梁斜截面破坏的因素相对较少，研究起来比较简单，从而为有腹筋梁的受力和破坏分析奠定基础。

1. 无腹筋梁斜截面受剪分析

图 4-5(a) 所示承受两个集中荷载作用的无腹筋简支梁，试验证实，当荷载较小、裂缝尚未出现时，可将钢筋混凝土梁视为匀质弹性材料的梁，其受力特点可通过材料力学方法分析。

随着荷载增加，梁在剪跨段内出现斜裂缝，这些斜裂缝中有一条发展比较快，形成主要斜裂缝（如 EF 斜裂缝），最后导致梁沿此斜裂缝发生斜截面破坏。这条主要斜裂缝叫做临界斜裂缝。

无腹筋梁出现斜裂缝后，梁的受力状态发生了质的变化，也就是发生了应力重分布，这时已不能再将梁视为匀质弹性体，截面上的应力也不可再用一般材料力学公式计算了。

为了研究无腹筋梁斜裂缝出现之后的应力状态，将出现斜裂缝的梁沿斜裂缝切开，取左支座图 4-5 梁的斜裂缝及隔离体受力图到 EF 斜裂缝之间的一段梁为隔离体来分析其应力状态，如图 4-5(b) 所示。在这个隔离体上作用有由荷载产生的剪力 V、斜裂缝上端混凝土截

面承受的剪力 V_c 及压力 C_c、纵向钢筋的拉力 T_s、纵向钢筋的销栓作用传递的剪力 V_d 以及斜裂缝交界面骨料的咬合及摩擦作用传递的剪力 V_1。在"销栓力"的作用下，纵向钢筋下面的混凝土保护层可能产生沿纵筋的劈裂裂缝，大大降低了销栓作用；又由于斜裂缝交界面上骨料的咬合与摩擦作用将随斜裂缝的开展而逐渐减小，为了便于分析，在极限状态下可不予考虑 V_d 与 V_1。

所以，斜裂缝出现后，梁的抗剪能力主要是未裂截面上混凝土承担的剪力 V_c。

由力的平衡条件有

$$V = V_c + V_d + V_1 \approx V_c \qquad (4\text{-}4)$$

这样在斜裂缝出现前后，梁内的应力状态发生了下列变化：

（1）在斜裂缝出现之前，荷载引起的剪力由梁全截面承受。在斜裂缝出现后，剪力全部由斜裂缝上端的混凝土截面来承受。剪力 V 的作用使斜裂缝上端的混凝土截面既受剪又受压，叫做剪压区。因为剪压区的面积远小于梁的全截面面积，所以与斜裂缝出现之前相比，剪压区的剪应力和压应力均将显著增大，成为薄弱区域。

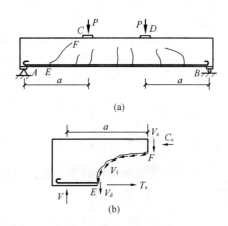

图 4-5　梁的斜裂缝及隔离体受力图
(a) 集中荷载作用的无腹筋简支梁；
(b) 斜裂缝及隔离体受力图到 EF 斜裂缝

（2）在斜裂缝出现之前，在 E 点处纵向钢筋的拉应力由该截面的弯矩 M_E 决定，但是斜裂缝出现后，对剪压区形心取力矩得到（z 是纵向钢筋合力点至剪压区形心距离）：

$$\sigma_s = \frac{V_a}{A_s z} = \frac{M_C}{A_s z} \qquad (4\text{-}5)$$

这表明 E 处纵筋应力 σ_s 通过 C 处弯矩 M_c 决定，由于 $M_c > M_E$，故斜裂缝出现后 E 处纵筋的拉应力突然增加。所以在设计梁的纵筋时，也要使斜裂缝区段的纵筋符合这种钢筋应力重分布的要求，称为斜截面受弯承载力要求。

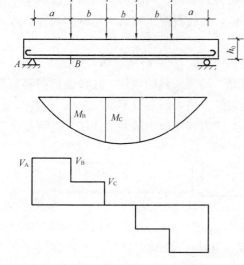

图 4-6　集中荷载作用的简支梁

（3）因为纵筋拉力突然增大，变形增加，使斜裂缝更向上开展，进而使受压区混凝土截面更加缩小。所以，受压区混凝土的压应力值也进一步增加。

（4）由于纵筋拉力的突然增大，纵筋和周围混凝土之间的粘结有可能遭到破坏而出现粘结裂缝。再加上纵筋"销栓力"的作用，可能产生沿纵筋的撕裂裂缝，最后纵筋和混凝土的共同工作主要依靠纵筋在支座处的锚固。

若构件能适应上述应力的变化，就能在斜裂缝出现后重新建立平衡，否则会由于斜截面承载力不足而产生斜截面受剪破坏。

在图 4-6 所示的承受集中荷载的简支梁中，最外侧的集中力到临近支座的距离 a 叫做剪跨，

剪跨 a 与梁截面有效高度 h_0 的比值，叫做计算截面的剪跨比，简称剪跨比，用 λ 表示，$\lambda = \dfrac{a}{h_0}$。

对矩形截面梁，剪跨段内截面上的正应力 σ 与剪应力 τ 可表达为

$$\sigma = a_1 \frac{M}{bh_0^2}; \ \tau = a_2 \frac{V}{bh_0}$$

故
$$\frac{\sigma}{\tau} = \frac{a_1}{a_2} \cdot \frac{M}{Vh_0} = \frac{a_1}{a_2} \cdot \lambda \tag{4-6}$$

式中 a_1，a_2——与梁支座形式、计算截面位置等有关的系数；

$\quad\quad\ \lambda$——广义剪跨比，$\lambda = \dfrac{M}{Vh_0}$，$M$、$V$ 为截面承受的弯矩、剪力设计值。

对于承受集中荷载的简支梁，$\lambda = \dfrac{M}{Vh_0} = \dfrac{a}{h_0}$，即这时的剪跨比和广义剪跨比相同。

对于承受均布荷载的简支梁，设 l 为梁的跨度，βl 是计算截面离支座的距离，则 λ 可表达为跨高比 l/h_0 的函数：

$$\lambda = \frac{M}{Vh_0} = \frac{\beta - \beta^2}{1 - 2\beta} \cdot \frac{l}{h_0} \tag{4-7}$$

可见，剪跨比 λ 反映了截面上正应力 σ 与剪应力 τ 的相对比值，在一定程度上也反映了截面上弯矩与剪力的相对比值。它对于无腹筋梁的斜截面受剪破坏形态有着决定性的影响，对斜截面受剪承载力也有着十分重要的影响。

2. 无腹筋梁的受剪破坏形态

根据试验研究，无腹筋梁沿斜截面的受剪破坏主要有下列三种破坏形式。

（1）斜压破坏

当集中荷载距支座较近，也就是剪跨比 $\lambda < 1$（均布荷载作用下为跨高比 $l/h < 3$）时，发生斜压破坏，如图 4-7（a）所示。这种破坏大多发生于剪力大而弯矩小的区段，以及腹板很薄的 T 形截面梁或 I 形截面梁内。由于剪力起主导作用，因此斜裂缝首先在梁腹部出现，破坏前梁腹部将首先出现一系列大体上互相平行的腹剪斜裂缝，腹剪斜裂缝向支座和集中荷载作用处发展，把梁腹部分割成若干倾斜的受压柱体，最后混凝土被斜向压酥，构件破坏。

（2）剪压破坏

当 $1 \leqslant \lambda \leqslant 3$（均布荷载作用下为跨高比 $3 \leqslant l/h \leqslant 9$）时，发生剪压破坏，如图 4-7（b）所示。梁承受荷载之后，先在剪跨段内出现弯剪斜裂缝，随着荷载的增加，在数条弯剪斜裂缝中出现一条延伸比较长、相对开展比较宽的临界斜裂缝。临界斜裂缝不断向加载点延伸，使混凝土受压区高度不断减小，最后剪压区混凝土在剪应力与压应力的共同作用下达到复合应

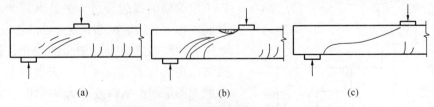

(a) (b) (c)

图 4-7 斜截面破坏的主要形态

（a）斜压破坏；（b）剪压破坏；（c）斜拉破坏

力状态下的极限强度而破坏。

（3）斜拉破坏

如图 4-7(c) 所示，当 $\lambda > 3$（均布荷载作用下为跨高比 $l/h > 9$）时，发生斜拉破坏。其破坏特征为斜裂缝一出现便很快发展，形成临界斜裂缝，并且迅速向加载点延伸，使混凝土截面裂通，梁被斜向拉断成为两部分而破坏。

以上三种主要破坏形态，就它们的斜截面承载力而言，斜拉破坏最低，剪压破坏较高，斜压破坏最高。但就其破坏性质而言，因为它们达到破坏荷载时的跨中挠度都不大，都属于脆性破坏，其中斜拉破坏的脆性更突出。

4.2.3　有腹筋梁斜截面的受力特点和破坏形态

1. 有腹筋梁斜截面的受力性能

在有腹筋梁中，配置腹筋为提高梁斜截面受剪承载力的有效措施。梁在斜裂缝发生之前，因钢筋混凝土变形协调影响，腹筋的应力很低，对阻止斜裂缝的出现几乎不起作用。但当斜裂缝出现之后，与斜裂缝相交的腹筋，即能通过以下几个方面充分发挥其抗剪作用。

（1）和斜裂缝相交的腹筋本身能承担很大一部分剪力。

（2）腹筋能延缓斜裂缝向上沿伸，保留了更大的剪压区高度，从而使该区域混凝土的受剪承载力 V_c 提高了。

（3）腹筋能有效地使斜裂缝的开展宽度减少，提高斜截面上的骨料咬合力 V_1。

（4）箍筋能够限制纵向钢筋的竖向位移，有效地阻止混凝土沿纵筋的撕裂，从而提高纵筋的"销栓力作用" V_d。

2. 有腹筋梁的受剪破坏形态

腹筋虽然不能防止斜裂缝的出现，却能限制斜裂缝的开展和延伸。所以，腹筋的数量对梁斜截面的破坏形态和受剪承载力有很大影响。有腹筋梁沿斜截面的破坏特征同无腹筋梁相似，也有三种破坏形态。

（1）斜压破坏。若腹筋配置的数量过多（箍筋直径较大、间距较小），或者剪跨比很小（$\lambda \leqslant 1$）时，发生斜压破坏。就在箍筋尚未屈服时，斜裂缝间的混凝土因主压应力过大而被斜向压碎。此时梁的受剪承载力取决于构件的截面尺寸与混凝土强度。

（2）剪压破坏。若腹筋配置数量适当，或剪跨比 $1 < \lambda \leqslant 3$ 时，发生剪压破坏。则在斜裂缝出现以后，原来由混凝土承受的拉力转由同斜裂缝相交的腹筋来承受，在腹筋尚未屈服时，因为腹筋限制了斜裂缝的开展和延伸，所以荷载尚能有较大增长。当腹筋屈服后，由于箍筋应力基本不变而应变迅速增加，腹筋不再能够有效地抑制斜裂缝的开展和延伸，最后斜裂缝上端剪压区的混凝土在剪压复合应力作用下满足极限强度，发生破坏。

（3）斜拉破坏。若腹筋配置的数量过少（箍筋直径较小、间距较大），并且剪跨比 $\lambda > 3$ 时，产生斜拉破坏。则斜裂缝一出现，原来由混凝土承受的拉力转由腹筋承受，腹筋很快满足屈服强度，变形迅速增加，不能抑制斜裂缝的发展。此时，梁的受力性能和破坏形态同无腹筋梁相似。

对于有腹筋梁来讲，只要截面尺寸合适，腹筋配置的数量适当，剪压破坏则为斜截面受剪破坏中最常见的一种破坏形态。

4.3 受弯构件斜截面受剪承载力计算

4.3.1 影响斜截面受剪承载力的主要因素

1. 剪跨比

随着剪跨比 λ 的增加，梁的破坏形态按照斜压（$\lambda<1$）、剪压（$1\leqslant\lambda\leqslant3$）和斜拉（$\lambda>3$）的顺序演变，其受剪承载力则逐步减弱。当 $\lambda>3$ 时，剪跨比的影响将会不明显。

2. 混凝土强度

斜截面破坏是由混凝土到达极限强度而发生的，所以混凝土的强度对梁的受剪承载力影响很大。

梁斜压破坏时，受剪承载力决定于混凝土的抗压强度。梁斜拉破坏时，受剪承载力取决于混凝土的抗拉强度，而抗拉强度的增加较抗压强度来得缓慢，所以混凝土强度的影响就略小。剪压破坏时，混凝土强度的影响则居于以上两者之间。

3. 箍筋的配筋率

梁内箍筋的配筋率指的是沿梁长，在箍筋的一个间距范围内，箍筋各肢的全部截面面积与混凝土水平截面面积的比值。所以，梁内箍筋的配筋率

$$\rho_{sv} = \frac{A_{sv}}{bs} = \frac{n \cdot A_{svl}}{bs} \tag{4-8}$$

式中 A_{sv}——配置在同一截面内箍筋各肢的全部截面面积；

       n——同一截面内箍筋的肢数，见图 4-8；

       A_{svl}——单肢箍筋的截面面积；

       s——沿构件长度方向箍筋的间距；

       b——梁的宽度。

在图 4-9 中横坐标是箍筋的配筋率 ρ_{sv}，与箍筋受拉强度实验值 f_{yv}^0 的乘积，纵坐标 V_u^0/bh_0 称为名义剪应力的实验值，也就是作用在正截面有效面积 bh_0 上的平均剪应力实验值。由图可见，梁的斜截面受剪承载力随箍筋的配筋率增大而提高，两者呈线性关系。

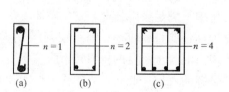

图 4-8 箍筋的肢数

（a）单肢箍；（b）双肢箍；（c）四肢箍

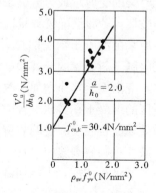

图 4-9 箍筋的配筋率对梁
受剪承载力的影响

4. 纵筋配筋率

纵筋的受剪产生了销栓力，它可以限制斜裂缝的伸展，从而使剪压区的高度增大。所以，纵筋的配筋率越大，梁的受剪承载力也就提高。

5. 斜截面上的骨料咬合力

斜裂缝处的骨料咬合力对无腹筋梁的斜截面受剪承载力影响比较大。

6. 截面尺寸和形状

（1）截面尺寸的影响

截面尺寸对于无腹筋梁的受剪承载力有较大的影响，尺寸大的构件，破坏时的平均剪应力比尺寸小的构件要低。有试验表明，在其他参数（混凝土强度、纵筋配筋率以及剪跨比）保持不变时，梁高扩大 4 倍，破坏时的平均剪应力可下降 25%～30%。

对于有腹筋梁，截面尺寸的影响将减小。

（2）截面形状的影响

这主要指的是 T 形梁，其翼缘大小对受剪承载力有影响。适当增加翼缘宽度，可提高受剪承载力 25%，但是翼缘过大，增大作用就趋于平缓。另外，加大梁宽也可提高受剪承载力。

4.3.2　斜截面受剪承载力的计算公式

1. 基本假设

国内外许多学者曾在分析各种破坏机理的基础上，对于钢筋混凝土梁的斜截面受剪承载力给出过不少类型的计算公式，但终由于问题的复杂性而不能实际应用。我国规范目前采用的是半理论半经验的实用计算公式。

对于梁的三种斜截面受剪破坏形态，在工程设计时都应设法避免，但是采用的方式有所不同。对于斜压破坏，一般用控制截面的最小尺寸来防止；对于斜拉破坏，则用满足箍筋的最小配筋率条件及构造要求来防止；对于剪压破坏，由于其承载力变化幅度较大，必须通过计算，使构件满足一定的斜截面受剪承载力，从而避免剪压破坏。我国《混凝土结构设计规范》（GB 50010—2010）中所规定的计算公式，就是依据剪压破坏形态而建立的。所采用的为理论与试验相结合的方法，其中主要考虑力的平衡条件 $\Sigma y=0$，同时还要引入一些试验参数。其基本假设如下：

（1）梁发生剪压破坏时，斜截面所承受的剪力设计值由三部分组成，见图 4-10，即

$$\Sigma y=0, \quad V_u=V_c+V_s+V_{sb} \tag{4-9}$$

式中　V_u——梁斜截面受剪承载力设计值；

$\quad\quad V_c$——混凝土剪压区受剪承载力设计值；

$\quad\quad V_s$——与斜裂缝相交的箍筋的受剪承载力设计值；

$\quad\quad V_{sb}$——与斜裂缝相交的弯起钢筋的受剪承载力设计值。

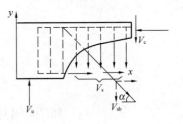

图 4-10　受剪承载力的组成

（2）梁剪压破坏时，与斜裂缝相交的箍筋和弯起钢筋的拉应力均达到其屈服强度，但要考虑拉应力可能不均匀，尤其是靠近剪压区的箍筋有可能达不到屈服强度。

（3）斜裂缝处的骨料咬合力和纵筋的销栓力，在无腹筋梁中的作用还较为显著，两者承受的剪力可达总剪力的 50%～90%，但在有腹筋梁中，因为箍筋的存在，虽然使骨料咬合

力和销栓力都有一定程度的提高，但它们的抗剪作用已大都被箍筋所代替，试验表明，它们所承受的剪力只占总剪力的 20% 左右。另外。研究表明，只有当纵向受拉钢筋的配筋率大于 1.5% 时，骨料咬合力与销栓力才对无腹筋梁的受剪承载力有较明显的影响。因此为了计算简便，将不计入咬合力与销栓力对受剪承载力的贡献。

（4）截面尺寸的影响主要对无腹筋的受弯构件，所以仅在不配箍筋和弯起钢筋的厚板计算时才予以考虑。

（5）剪跨比是影响斜截面承载力的重要因素之一，但是为了计算公式应用简便，仅在计算受集中荷载为主的独立梁时才考虑了 λ 的影响。

2. 无腹筋梁混凝土剪压区的受剪承载力试验结果与取值

试验研究表明，梁中配置箍筋之后，虽然能提高受剪承载力，但其影响规律较难掌握，不像无腹筋梁试验结果那样明确。所以，我国《混凝土结构设计规范》（GB 50010—2010）规定的受弯构件斜截面受剪承载力的计算公式主要是以无腹筋梁的试验结果为基础的。前面刚讲了无腹筋梁的三种破坏形态和其对策，这里再讲述无腹筋梁混凝土剪压区的受剪承载力，也就是 V_c。

试验结果分为两种情况。

第一种是依据搜集到的大量无腹筋简支浅梁、简支短梁、简支深梁以及连续浅梁的试验数据，以支座处的剪力值 V_u 作为混凝土剪压区的受剪承载力进行分析，如图 4-11(a) 所示，图中 l_0、h 分别为梁的跨度与截面高度。

第二种是依据搜集到的大量在集中荷载作用下的独立浅梁、独立短梁和独立深梁的试验结果，如图 4-11(b) 所示，图中剪跨比 $\lambda = a/h_0$，a 是剪跨长，h_0 是截面有效高度。

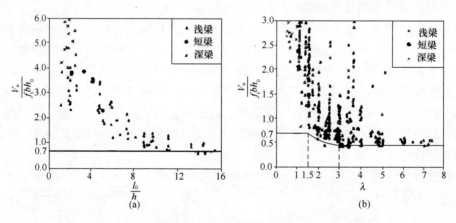

图 4-11 无腹筋梁混凝土剪压区受剪承载力的试验结果
(a) 均布荷载作用下；(b) 集中荷载作用下

通过图 4-11(a) 和(b) 可见，试验结果的点子很分散，呈"满天星"。为了安全，对无腹筋梁受剪承载力的取值采用图中黑线所示的下包线，即取偏下值：

均布荷载时
$$V_c = 0.7 f_t b h_0 \tag{4-10}$$

集中荷载下的独立梁
$$V_c = \frac{1.75}{\lambda + 1} f_t b h_0 \tag{4-11}$$

3. 计算公式

（1）仅配置箍筋的矩形、T 形以及 I 形截面受弯构件的斜截面受剪承载力设计值

$$V_u = V_{cs} \tag{4-12}$$

$$V_{cs} = a_{cv} f_t b h_0 + f_{yv} \frac{A_{sv}}{s} h_0 \tag{4-13}$$

式中　V_{cs}——构件斜截面上混凝土和箍筋的受剪承载力设计值；

a_{cv}——斜截面上受剪承载力系数，对于一般受弯构件取 0.7；对集中荷载作用下（包括作用有多种荷载，其中集中荷载对支座截面或节点边缘所产生的剪力值占总剪力的 75% 以上的情况）的独立梁，取 a_{cv} 为 $\frac{1.75}{\lambda+1}$，λ 为计算截面的剪跨比，可取 λ 等于 a/h_0，当 λ 小于 1.5 时，取 1.5，当 λ 大于 3 时，取 3，a 取集中荷载作用点至支座截面或节点边缘的距离；

A_{sv}——配置在同一截面内箍筋各肢的全部截面面积，取 nA_{sv1}，此处，n 为同一截面内箍筋的肢数，A_{sv1} 为单肢箍筋的截面面积；

s——沿构件长度方向的箍筋间距；

f_{yv}——箍筋的抗拉强度设计值，按《混凝土结构设计规范》（GB 50010—2010）表 4.2.3-1 采用。

（2）当配置箍筋和弯起钢筋时，矩形、T 形以及 I 形截面受弯构件的斜截面承载力设计值

$$V_u = V_{cs} + V_{sb} \tag{4-14}$$

式中　V_{sb}——弯起钢筋承担的剪力设计值，等于弯起钢筋的拉力在垂直于梁轴方向的分力值，见图 4-18，按下式计算：

$$V_{sb} = 0.8 f_y A_{sb} \sin a_s \tag{4-15}$$

故

$$V_u = a_{cs} f_t b h_0 + f_{yv} \frac{A_{sv}}{s} h_0 + 0.8 f_y A_{sb} \sin a_s \tag{4-16}$$

式中　f_y——弯起钢筋的抗拉强度设计值；

A_{sb}——同一平面内弯起钢筋的截面面积；

a_s——斜截面上弯起钢筋与构件纵轴线的夹角，一般为 45°，当梁截面超过 800mm 时，通常为 60°。

公式中的系数 0.8 是对弯起钢筋受剪承载力的折减。这是由于考虑到弯起钢筋与斜裂缝相交时，有可能已接近剪压区，在斜截面受剪破坏时达不到屈服强度的缘故。

（3）不配置箍筋和弯起钢筋的一般板类受弯构件，其斜截面受剪承载力设计值

$$V_u = 0.7 \beta_h f_t b h_0 \tag{4-17}$$

$$\beta_h = \left(\frac{800}{h_0}\right)^{1/4} \tag{4-18}$$

式中　β_h——截面高度影响系数：当 h_0 小于 800mm 时，取 800mm；当 h_0 大于 2000mm 时，取 2000mm。

4. 对计算公式的说明

（1）V_{cs} 由二项组成，前一项 $a_{cv} f_t b h_0$ 是由混凝土剪压区承担的剪力，后一项 $f_{yv} \frac{A_{sv}}{s} h_0$ 中大部分是由箍筋承担的剪力，但是有小部分是属于混凝土的，因为配置箍筋后，箍筋将抑

制斜裂缝的开展，从而提高了混凝土剪压区的受剪承载力，但是究竟提高了多少，很难将它从第二项中分离出来，并且也没有必要。所以，应该把 V_{cs} 理解为混凝土剪压区与箍筋共同承担的剪力。

（2） $f_{yv} \dfrac{A_{sv}}{s} h_0$ 的来历是这样的：假设弯剪斜裂缝的水平投影长度是 h_0，且此范围内的箍筋都达到受拉设计强度，则它承担的剪力即为 $f_{yv} \dfrac{A_{sv}}{s} h_0$。刚说过，其中一小部分是属于混凝土的贡献。

（3）和 $\lambda = 1.5 \sim 3.0$ 相对应的 $a_{cs} = 0.7 \sim 0.44$，这说明当 $\lambda > 1.5$ 时，均布荷载作用下的无腹筋独立梁，它的受剪承载力要比其他梁的低，λ 愈大，降低愈多。

（4）现浇混凝土楼盖和装配整体式混凝土楼盖中的主梁虽然主要承受集中荷载，但是不是独立梁，因此除吊车梁和试验梁以外，建筑工程中的独立梁是很少见的。

（5）试验研究表明，箍筋对受弯构件抗剪性能的提高优于弯起钢筋，所以《混凝土结构设计规范》（GB 50010—2010）规定，"混凝土梁宜采用箍筋作为承受剪力的钢筋"，同时考虑到设计与施工的方便，现今建筑工程中的一般梁（除悬臂梁外）、板都已经基本上不再采用弯起钢筋了，但在桥梁工程中，弯起钢筋还是常用的。

（6）计算公式（4-10）和式（4-13）均适用于矩形、T形和I形截面，并不说明截面形状对受剪承载力没有影响，只是影响不大。

对于厚腹的T形梁，其抗剪性能相似于矩形梁，但受剪承载力略高。这是因为受压翼缘使剪压区混凝土的压应力和剪应力减小，但是翼缘的这一有效作用是有限的，且翼缘超过肋宽两倍时，受剪承载力基本上不再提高。

对于薄腹的T形梁，腹板中有比较大的剪应力，在剪跨区段内常有均匀的腹剪裂缝出现，当裂缝间斜向受压混凝土被压碎时，梁属斜压破坏，受剪承载力比厚腹梁低，此时翼缘不能提高梁的受剪承载力。

5. 计算公式的适用范围

因为梁的斜截面受剪承载力计算公式仅是针对剪压破坏形态确定的，所以具有一定的适用范围，也即公式有其上、下限值。

（1）截面的最小尺寸（上限值）。当梁截面尺寸过小，而剪力较大时，梁常常发生斜压破坏，这时，即使多配箍筋，受剪承载力也不会明显增加。所以，为避免斜压破坏，梁截面尺寸不宜过小，这是主要的原因，其次也为了避免梁在使用阶段斜裂缝过宽（主要是薄腹梁）。《混凝土结构设计规范》（GB 50010—2010）对矩形、T形以及I形截面梁的截面尺寸作如下的规定：

当 $\dfrac{h_w}{b} \leqslant 4$ 时（厚腹梁，也即一般梁），应满足

$$V \leqslant 0.25 \beta_c f_c b h_0 \tag{4-19}$$

当 $\dfrac{h_w}{b} \geqslant 6$ 时（薄腹梁），应满足

$$V \leqslant 0.2 \beta_c f_c b h_0 \tag{4-20}$$

当 $4 < \dfrac{h_w}{b} < 6$ 时，按直线内插法取用。

式中　V——剪力设计值；

β_c——混凝土强度影响系数，当混凝土强度等级不超过 C50 时，取 $\beta_c=1.0$；当混凝土强度等级为 C80 时，取 $\beta_c=0.8$，其间按直线内插法确定；

f_c——混凝土抗压强度设计值；

b——矩形截面的宽度，T 形截面或 I 形截面的腹板宽度；

h_w——截面的腹板高度，矩形截面取有效高度 h_0，T 形截面取有效高度减去翼缘高度，I 形截面取腹板净高。

对于薄腹梁，采用较严格的截面限制条件，是由于腹板在发生斜压破坏时，其抗剪能力要比厚腹梁低，同时也为了避免梁在使用阶段斜裂缝过宽。

（2）箍筋的最小含量（下限值）。箍筋配置过少，一旦斜裂缝出现，箍筋中突然增大的拉应力很可能达到屈服强度，导致裂缝的加速开展，甚至箍筋被拉断，而导致斜拉破坏。为了避免这类破坏，当 $V>0.7f_tbh_0$ 时规定了梁内箍筋配筋率的下限值，也就是箍筋的配筋率 ρ_{sv} 应不小于其最小配筋率 $\rho_{sv,min}$：

4.3.3　斜截面受剪承载力的计算方法

1. 计算截面

（1）支座边缘处的截面，也就是图 4-12(a) 中的截面 1-1。

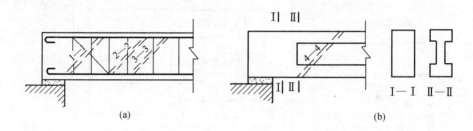

图 4-12　斜截面受剪承载力的计算截面位置

(a) 1-1、2-2、3-3 截面位置；(b) 4-4 截面位置

（2）受拉区弯起钢筋弯起点处的斜截面，也就是图 4-12(a) 中截面 2-2。

（3）箍筋截面面积或间距改变处的斜截面，也就是图 4-12(a) 中的截面 3-3。

（4）腹板宽度改变处的斜截面

例如薄腹梁在支座附近的截面变化处，也就是图 4-12（b）中的截面 4-4，因为腹板宽度变小，必然使梁的受剪承载力受到影响。

2. 计算步骤

钢筋混凝土梁的承载力计算包括正截面受弯承载力计算与斜截面受剪承载力计算两方面。通常后者是在前者的基础上进行的，也即截面尺寸和纵向钢筋等均已初步选定。此时，可先用斜截面受剪承载力计算公式适用范围的上限值来检验构件的截面尺寸是否满足要求，以避免产生斜压破坏。如不满足，则应重新调整截面尺寸。然后就可通过公式进行斜截面受剪承载力计算。根据计算结果，配置合适的箍筋及弯起钢筋。箍筋的配筋率应符合最小配筋率的要求，以防止斜拉破坏。当满足 $0.7f_tbh_0 \geqslant V$ 或 $\dfrac{1.75}{\lambda+1}f_tbh_0 \geqslant V$ 时，则可根据构造要求，按照箍筋的最小配筋率来设置箍筋。

钢筋混凝土梁斜截面受剪承载力计算步骤的框图如图 4-13 所示。

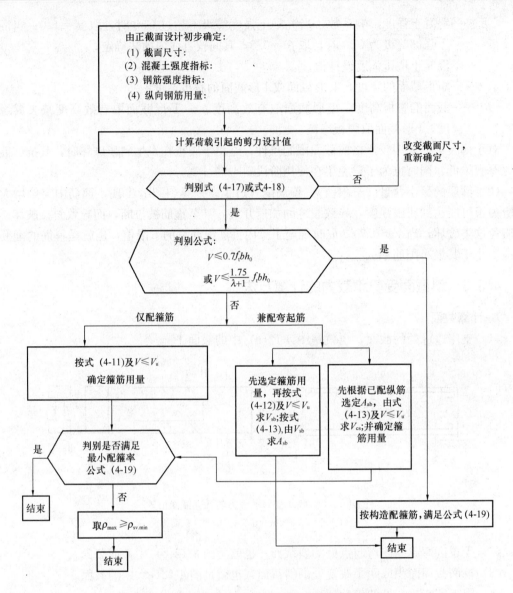

图 4-13 受弯构件截面受剪承载力的设计计算框图

4.4 受弯构件斜截面受弯承载力

4.4.1 受剪计算截面

在计算梁斜截面受剪承载力时，其计算位置包括支座边缘处截面、截面尺寸或者腹板宽度变化处截面、箍筋直径或者间距变化处截面、弯起钢筋弯起点处截面等。如图 4-14 所示，它们是构件中剪力设计值最大的地方或是抗剪的薄弱环节。

（1）支座边缘处截面（截面 1-1）

支座截面承受的剪力最大。在力学方法计算支座反力即支座剪力时，跨度通常是算至支

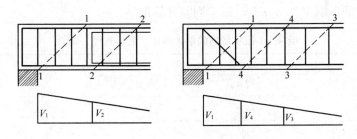

图 4-14 受剪计算截面

座中心。但由于支座与构件连接在一起，可以共同承受剪力，所以受剪控制截面应是支座边缘截面。

（2）截面尺寸或者腹板宽度变化处截面（截面 2-2）

抗剪承载力 V_c 的大小和腹板的宽度 b 有关，所以腹板宽度改变处截面也应进行计算。

（3）箍筋直径或间距变化处截面（截面 3-3）

因为与该截面相交的箍筋数量或间距改变，将影响梁的受剪承载力。

（4）弯起钢筋弯起点处截面（截面 4-4）

截面 4-4 上已没有弯筋相交，受剪承载力会有变化。

如下为计算截面处剪力设计值取法：

1）当计算支座边缘截面时，取支座边缘截面的剪力设计值。

2）当计算第一排（对支座而言）弯起钢筋弯起点处的截面时，取支座边缘截面的剪力设计值；当计算以后每一排弯起钢筋弯起点处的截面时，则取前一排（对支座而言）弯起钢筋弯起点处截面的剪力设计值。

3）计算箍筋截面面积或者间距改变处的截面时，取箍筋截面面积或者间距改变处截面的剪力设计值。

4）计算截面尺寸变化处截面时，取截面尺寸改变处截面的剪力设计值。

4.4.2 仅配箍筋梁的设计

（1）计算控制截面剪力设计值

（2）验算截面限制条件

当 $\dfrac{h_w}{b} \leqslant 4$ 时

$$V \leqslant 0.25\beta_c f_c b h_0 \tag{4-21a}$$

当 $6 \leqslant \dfrac{h_w}{b}$ 时

$$V \leqslant 0.2\beta_c f_c b h_0 \tag{4-21b}$$

当 $4 < \dfrac{h_w}{b} < 6$ 时，按线性插值法计算。

否则，应加大截面尺寸或者提高混凝土强度等级。

（3）验算需要计算配箍筋与否

当 $V \leqslant \alpha_c f_t b h_0$ 时，不需要按计算配箍筋，仅需按表 4-1 中最大箍筋间距和最小箍筋直径的要求配置箍筋。当 $V > \alpha_c f_t b h_0$ 时，则需计算配箍。

表 4-1　梁中箍筋的最大间距、最小直径（mm）

梁高 h	最大间距 S_{max}		最小直径 d_{min}
	$V > 0.7 f_t b h_0$	$V \leqslant 0.7 f_t b h_0$	
$150 < h \leqslant 300$	150	200	6
$300 < h \leqslant 500$	200	300	
$500 < h \leqslant 800$	250	350	
$h > 800$	300	400	8

对于一般受弯构件，有

$$\frac{A_{sv}}{s} = \frac{V - 0.7 f_t b h_0}{f_{yv} h_0} \tag{4-22}$$

对集中荷载作用下的独立梁，有

$$\frac{A_{sv}}{s} = \frac{V - \dfrac{1.75}{\lambda + 1.0} f_t b h_0}{f_{yv} h_0} \tag{4-23}$$

根据 A_{sv}/s 值确定箍筋肢数、直径和间距，并应符合构造要求。

【例 4-1】某均布荷载作用下钢筋混凝土简支梁，截面尺寸 $b \times h = 250\text{mm} \times 500\text{mm}$，$a_s = 35\text{mm}$。混凝土强度等级是 C20，箍筋 HPB300，承受的剪力设计值分别为 $V = 6.2 \times 10^4\text{N}$ 和 $V = 2.8 \times 10^5\text{N}$ 时，求所需要的箍筋。

解： ①当 $V = 6.2 \times 10^4\text{N}$ 时：

a. 查《混凝土结构设计规范》（GB 50010—2010）表 4.2.3-1 和混凝土强度设计值表可得：$f_c = 9.6\text{N/mm}^2$，$f_t = 1.1\text{N/mm}^2$，$f_y = 270\text{N/mm}^2$

b. 验算截面尺寸

$$h_w = h_0 = (500 - 35)\text{mm} = 465\text{mm}$$

混凝土 C20，$f_{cuk} = 20\text{N/mm}^2 < 50\text{N/mm}^2$，故取 $\beta_c = 1$

$h_w/b = 465/250 = 1.86 < 4$，属厚腹梁，应按下式进行验算。

$0.25 \beta_c f_c b h_0 = 0.25 \times 1 \times 9.6 \times 250 \times 465 = 2.79 \times 10^5\text{N} > V = 6.2 \times 10^4\text{N}$

所以截面尺寸符合要求。

c. 验算是否需要计算配箍

$0.7 f_t b h_0 = 0.7 \times 1.1 \times 250 \times 465 = 0.8951 \times 10^5\text{N} > V = 6.2 \times 10^4\text{N}$

故不需要计算配箍，仅按构造要求设置箍筋。

d. 选配箍筋并验算最小配箍率，查钢筋的公称直径、公称截面面积及理论质量表得 $A_{sv1} = 28.3\text{mm}^2$

取 $\Phi6@200$ 双肢箍筋，$\rho_{sv} = \dfrac{n A_{sv1}}{bs} = \dfrac{2 \times 28.3}{250 \times 200} = 0.1132\%$

$\rho_{svmin} = 0.24 \times \dfrac{1.1}{270} = 0.098010 < \rho_{sv}$，满足要求。

表 4-2　钢筋的公称直径、公称截面面积及理论重量

公称直径 (mm)	不同根数钢筋的公称截面面积（mm²）									单根钢筋理论重量 (kg/m)
	1	2	3	4	5	6	7	8	9	
6	28.3	57	85	113	142	170	198	226	255	0.22
8	50.3	101	151	201	252	302	352	402	453	0.395
10	78.5	157	236	314	393	471	550	628	707	0.617
12	113.1	226	339	452	565	678	791	904	1017	0.888
14	153.9	308	461	615	769	923	1077	1231	1385	1.21
16	201.1	402	603	804	1005	1206	1407	1608	1809	1.58
18	254.5	509	763	1017	1272	1527	1781	2036	2290	2.00(2.11)
20	314.2	628	942	1256	1570	1884	2199	2513	2827	2.47
22	380.1	760	1140	1520	1900	2281	2661	3041	3421	2.98
25	490.9	982	1473	1964	2454	2945	3436	3927	4418	3.85(4.10)
28	615.8	1232	1847	2463	3079	3695	4310	4926	5542	4.83
32	804.2	1609	2413	3217	4021	4826	5630	6434	7238	6.31(6.65)
36	1017.9	2036	3054	4072	5089	6107	7125	8143	9161	7.99
40	1256.6	2513	3770	5027	6283	7540	8796	10053	11310	9.87(10.34)
50	1963.5	3928	5892	7856	9820	11784	13748	15712	17676	15.42(16.28)

注：括号内为预应力螺纹钢筋的数值。

② 当 $V=2.8\times10^5$N 时：

a. 查《混凝土结构设计规范》（GB 50010—2010）表 4.2.3-1 和混凝土强度设计值表可得：$f_c=9.6$N/mm²，$f_t=1.1$N/mm²，$f_{yv}=270$N/mm²

b. 验算截面尺寸

$$h_w=h_0=(500-35)\text{mm}=465\text{mm}$$

混凝土 C20，$f_{cuk}=20$N/mm²<50N/mm²，故取 $\beta_c=1$

$h_w/b=465/250=1.86<4$，属厚腹梁，应按下式进行验算。

$0.25\beta_c f_c bh_0=0.25\times1\times9.6\times250\times465=2.79\times10^5N<V=2.8\times10^5$N

故截面尺寸不符合要求，需加大截面尺寸或提高混凝土强度等级。

因此，将混凝土强度等级改为 C30 后重新进行计算。

c. 查混凝土强度设计值表可得，C30 混凝土：$f_c=14.3$N/mm²，$f_t=1.43$N/mm²，

$0.25\beta_c f_c bh_0=0.25\times1\times14.3\times250\times465=4.15594\times10^5N>V=2.8\times10^5$N

d. 验算是否需要计算配箍

$0.7f_t bh_0=0.7\times1.43\times250\times465=1.16366\times10^5N<V=2.8\times10^5$N

故需要计算配箍。

e. 计算受剪箍筋

$$V=V_c+V_s=0.7f_t bh_0+1.25f_{yv}\frac{nA_{sv1}}{s}h_0$$

故　　　　　$2.8\times10^5=116366+1.25\times300\frac{nA_{sv1}}{s}\times465$

即
$$\frac{nA_{sv1}}{s}=0.938\text{mm}^2/\text{mm}$$

钢筋的公称直径、公称截面面积及理论质量表可得用 $\Phi 10@100$ 双肢箍筋 $\left(\dfrac{nA_{sv1}}{s}=1.57\text{mm}^2/\text{mm}\right)$

f. 验算最小配箍率

$$\rho_{sv}=\frac{nA_{sv1}}{bS}=0.785\%$$

$\rho_{svsin}=0.24\times\dfrac{1.43}{300}=0.114\%<\rho_{sv}$，符合要求。

4.4.3 配置箍筋同时又配弯起钢筋的梁的设计

（1）方法一：据经验及构造要求配置箍筋，确定 V_{cs}，对 $V>V_{cs}$ 部分，有

$$\frac{V-V_{cs}}{0.8f_{yv}\sin\alpha} \tag{4-24}$$

式中，剪力设计值 y 应依据弯起钢筋计算斜截面的位置确定。对图 4-15 所示配置多排弯起钢筋的构件：

第一排弯起钢筋面积为

$$A_{sb_1}=\frac{V_1-V_{cs}}{0.8f_{yv}\sin\alpha} \tag{4-25}$$

第二排弯起钢筋面积为

$$A_{sb_2}=\frac{V_2-V_{cs}}{0.8f_{yv}\sin\alpha} \tag{4-26}$$

（2）方法二：依据受弯正截面承载力的计算要求，先根据纵筋确定弯起钢筋面积，再计算所需箍筋。

对一般受弯构件，有

$$\frac{A_{sv}}{s}=\frac{V-0.7f_tbh_0-0.8f_yA_{sb}\sin\alpha}{f_{yv}h_0} \tag{4-27}$$

对集中荷载作用下的独立梁，有

$$\frac{A_{sv}}{s}=\frac{V-\dfrac{1.75}{\lambda+1.0}f_tbh_0-0.8f_yA_{sb}\sin\alpha}{f_{yv}h_0} \tag{4-28}$$

根据 A_{sv}/s 值确定箍筋肢数、直径和间距，并满足构造要求。

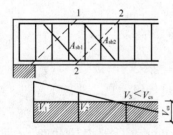

图 4-15　配置多排弯起钢筋的构件

【例 4-2】已知某钢筋混凝土简支梁，截面尺寸 $b\times h=240\text{mm}\times600\text{mm}$，计算跨度 $L=5.76\text{m}$，$a_s=40\text{mm}$，梁下部配有 4 Φ 25 的通长纵向受拉钢筋，纵向受力钢筋为 HRB335，箍筋是 HPB300。承受均布荷载设计值 $q=50\text{kN/m}$（包括自重），混凝土为 C30，环境类别为一类，试求：

（1）不设弯起钢筋时的受剪箍筋。

（2）利用现有纵筋为弯起钢筋，求所需箍筋。

解：（1）不设弯起钢筋时的受剪箍筋。

1）求剪力设计值：支座边缘处截面剪力值最大，为

$$V_{\max} = \frac{1}{2}ql_0 = \left(\frac{1}{2} \times 50 \times 5.76\right)kN = 144kN$$

2）验算截面尺寸。

$$h_w = h_0 = h - a_s = 600 - 40 = 560mm$$

$\frac{h_w}{b} = \frac{560}{240} = 2.33 < 4$，属厚腹梁。应按式（4-19a）进行验算。因混凝土强度等级小于C50，取 $\beta_c = 1.0$。

$0.25\beta_c f_c bh_0 = (0.25 \times 1.0 \times 14.3 \times 240 \times 560)N = 480480N = 480.48kN > V_{\max}$
故截面尺寸符合条件。

3）只有均布荷载作用，验算是否需要按计算配箍筋，即

$$0.7f_t bh_0 = (0.7 \times 1.0 \times 1.43 \times 240 \times 560)N = 134534N < V_{\max}$$

需要进行计算配置箍筋。

4）计算受剪箍筋。根据以下规范公式

$$V \leqslant 0.7f_t bh_0 + 1.25f_{yv}\frac{nA_{sv1}}{s}h_0$$

$$144000N = (0.7 \times 1.43 \times 240 \times 560 + 1.25 \times 270 \times \frac{nA_{sv1}}{s} \times 560)N \Rightarrow \frac{nA_{sv1}}{s}$$

$$= 0.050mm^2/mm$$

按照规范构造要求（对箍筋最大间距）的规定，取箍筋最大间距 $s_{\max} = 200mm$，选 $\phi 8@$
200 双肢箍筋 $\left(\frac{nA_{sv1}}{s} = \frac{2 \times 50.3}{200}mm^2/mm = 0.503mm^2/mm\right)$。

5）最小配箍率验算。

配箍率为

$$\rho_{sv} = \frac{nA_{sv1}}{s} = \frac{2 \times 50.3}{240 \times 200} = 0.2\%$$

$\rho_{sv,\min} = 0.24 \times \frac{1.43}{270} \times = 0.1271\% < \rho_{sv}$，满足要求。

（2）利用现有纵筋为弯起钢筋，求所需箍筋。

1）若弯起一根 $\Phi 25$ 钢筋（取45°），根据以下规范公式，求得弯起钢筋承担的剪力为

$$V_{sb} = 0.8A_{sb}f_y\sin\alpha_s = (0.8 \times 490.9 \times 300 \times \frac{\sqrt{2}}{2}kN = 83.31kN$$

2）混凝土和箍筋承担的剪力

$$V_{cs} = V - V_{sb} = (144 - 83.31)kN = 60.69kN$$

3）选用 $\phi 6@200$，根据式（$V = V_u + V_c + V_{sv} + V_{sb}$）得

$$V = V_c + V_s = 0.7f_t bh_0 + 1.25f_y\frac{nA_{sv1}}{s}h_0$$

$$= 134534kN + 1.25 \times 270 \times \frac{2 \times 28.3}{200} \times 560kN = 188.021kN > 60.69kN$$，满足要求。

验算弯筋弯起点处的斜截面承载能力（略）之后表明满足要求。

4.5 保证斜截面受弯承载力配筋的构造要求

钢筋混凝土受弯构件，在剪力和弯矩的共同作用下产生的斜裂缝，除了会造成斜截面的

受剪破坏，还会导致与其相交的纵向钢筋拉力增加，引起沿斜截面受弯承载力不足和锚固不足的破坏，所以在设计中除应保证梁的正截面受弯承载力和斜截面受剪承载力之外，还应确保梁的斜截面受弯承载力。

通过前面的学习，可知受弯构件的正截面受弯承载力应借助计算来保证；其斜截面受剪承载力则要通过计算和构造要求来共同保证。而斜截面受弯承载力通常不必计算，主要通过满足纵向钢筋的弯起、截断以及锚固等构造措施共同保证。

4.5.1 材料抵抗弯矩图

抵抗弯矩图也称材料图，指的是按实际纵向受力钢筋布置情况画出的各截面能抵抗的弯矩值，即受弯承载力 M_u 沿构件轴线方向的分布图形，简称为 M_u 图。抵抗弯矩图中的竖标表示正截面受弯承载力设计值 M_u，是构件截面的抗力。

由荷载对梁的各个截面产生的弯矩设计值 M 所绘制的图形，叫做弯矩图，即 M 图。

为符合 $M_u \geqslant M$ 的要求，M_u 图必须包在 M 图外侧，才能保证梁的各个正截面受弯承载力满足要求。

按照梁正截面承载力计算的纵向受拉钢筋是以同符号弯矩区段的最大弯矩为依据求得的，该最大弯矩处的截面叫做控制截面。

以单筋矩形截面为例，若在控制截面处实际选配的纵筋截面面积是 A_s，则

$$M_u = f_y A_s \left(h_0 - \frac{x}{2} \right) = f_y A_s \left(h_0 - \frac{0.5 f_y A_s}{\alpha_1 f_c b} \right) \tag{4-29}$$

所以，在控制截面，各钢筋能够近似地按其面积占总钢筋面积的比例分担抵抗弯矩 M_u：

$$M_{ui} = \frac{A_{si}}{A_s} M_u \tag{4-30}$$

如下为具体说明材料图的作法。

（1）纵向受拉钢筋全部伸入支座

显然，各截面 M_u 相同，此时的材料图为一矩形。

如图 4-16 所示，承受均布荷载作用下的简支梁（设计弯矩图是抛物线 oeo'），假定根据跨中截面（控制截面）的弯矩设计值配置纵筋 $3\,\Phi\,25$，并且全部伸入支座，则每根钢筋承担的弯矩值可近似取 $M_{ui} = M_u/3$，M_u 图是图 4-16 中矩形 $oaebo'$。

（2）部分纵向受拉钢筋弯起

根据图 4-16 可知，在跨中截面处，M_u 接近 M，钢筋被充分利用，而临近支座处，M_u 比 M 大很多，也就是正截面受弯承载力富余，可将富余的钢筋弯起另作用途（受剪、受拉或受压），以达到经济的效果。钢筋弯起后，其内力臂逐渐减小，所以其抵抗弯矩变小直至等于零，如图 4-17 所示。假定该钢筋弯起后和梁轴线（取 1/2 梁高位置）的交点 D 处弯矩为

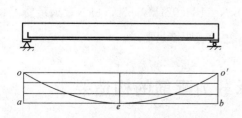

图 4-16 全部纵筋伸入支座的材料图

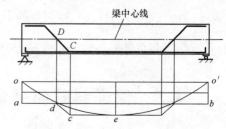

图 4-17 钢筋弯起的材料图

零，过 D 点后不再考虑该钢筋承受的弯矩，则 CD 段的材料图是斜直线 cd，斜线 cd 反映了弯起钢筋抵抗弯矩值的变化。

绘制材料图时，把准备弯起的钢筋画在图的外侧。

（3）部分纵向受拉钢筋截断

如图 4-18 中，假定纵筋①抵抗控制截面 A-A 的部分弯矩（见图中纵坐标 ef），则 A-A 截面为钢筋①的强度充分利用截面，e 点是钢筋①的强度充分利用点；B-B 和 C-C 截面为按计算不需要钢筋①的截面，也叫做钢筋①的不需要截面，b、c 点称作钢筋①的"理论截断点"或"不需要点"，同时是钢筋②的充分利用点。为了确保钢筋的可靠锚固，钢筋应在理论截断点延伸一定长度后再截断。另外，承受正弯矩的梁下部受力钢筋不得在跨内截断。

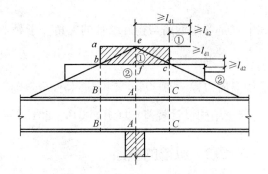

图 4-18　纵筋截断的材料图

由以上可知，通过材料图可以反映材料（钢筋）在各截面的利用情况，同时能够确定钢筋的弯起位置、截断位置及其数量。

4.5.2　纵筋的弯起

纵筋弯起点的位置要考虑以下三方面的因素。

1. 保证正截面的受弯承载力

纵筋弯起后，剩余纵筋数量减少，正截面的受弯承载力降低，为确保正截面的受弯承载力满足要求，必须要使剩余纵筋的抵抗弯矩图包在设计弯矩图的外面。

2. 保证斜截面的受剪承载力

可通过弯起的纵筋抵抗斜截面的剪力，此时弯起钢筋的弯终点到支座边或到前一排弯起钢筋弯起点之间的距离都不应大于箍筋的最大间距。钢筋间距见表 4-1 内 $V > \alpha_{cv} f_t b h_0$ 一栏的规定。这一要求可使每根弯起钢筋均能与斜裂缝相交，以确保斜截面的受剪承载力。

3. 保证斜截面的受弯承载力

纵筋弯起点应离开其充分利用截面一段距离，才可以符合斜截面受弯承载力的要求（保证斜截面的受弯承载力不低于正截面受弯承载力）。《混凝土结构设计规范》（GB 50010—2010）规定：在确定弯起钢筋的弯起位置时，弯起钢筋的弯起点距该钢筋的充分利用点至少有 $0.5h_0$ 的距离。同时，弯起钢筋与梁中心线交点应位于按计算不需要该钢筋的截面以外，以保证其截面抗弯。

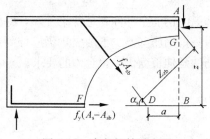

图 4-19　弯起钢筋受力图

图 4-19 是弯起钢筋受力图示。在截面 A-B 承受的弯矩为 M_A，按正截面受弯承载力计算需要纵筋的截面面积是 A_s，B 处为钢筋 A_s 的充分利用截面。在 D 处弯起一根（或一排）纵筋，其截面面积为 A_{sb}，则剩下的纵筋截面面积是 $A_s - A_{sb}$，截面 A-B 的受弯承载力为

$$M_A = f_y A_s z \tag{4-31}$$

若出现斜裂缝 FG，设斜截面所能承受的弯矩为

M_uA，则图 4-19 弯起钢筋受力图

$$M_{uA} = f_y(A_s - A_{sb})z + f_y A_{sb} z_{zb} \tag{4-32}$$

为确保不致沿斜截面 FG 发生斜弯破坏，应使 $M_{uA} \geqslant MA$，即 $z_{zb} \geqslant z$。由图 4-19 可得

$$z_{zb} = a\sin\alpha_s + z\cos\alpha_s \tag{4-33}$$

式中 α_s 是弯起钢筋与构件纵轴的夹角。于是，由 $z_{zb} \geqslant z$ 可得

$$\frac{1 - \cos\alpha_s}{\sin\alpha_s} \tag{4-34}$$

近似取内力臂 $z \approx 0.9h_0$，当 $\alpha_s = 45°$，$a \geqslant 0.37h_0$；当 $\alpha_s = 60°$，$a \geqslant 0.52h_0$。为使计算方便，《混凝土结构设计规范》（GB 50010—2010）取 $a \geqslant \dfrac{h_0}{2}$。

4.5.3 纵筋的截断

纵向受拉钢筋不宜在受拉区截断。对于梁底部承受正弯矩的纵向受拉钢筋，通常将计算上不需要的钢筋弯起作为抗剪钢筋或者作为支座截面承受负弯矩的钢筋，而不采用截断的配筋方式。但是对于连续梁（板）、框架梁等构件，为了合理配筋，一般需将支座处承受负弯矩的纵向受拉钢筋按弯矩图形的变化，把计算上不需要的钢筋分批截断。当在受拉区截断纵向受拉钢筋时，应符合以下构造措施。

1. 保证截断钢筋强度的充分利用

为了确保能充分利用截断钢筋的强度，就必须将钢筋从其强度充分利用截面向外延伸一定的长度 l_{d1}（如图 4-18 所示），借助这段长度与混凝土的粘结锚固作用维持钢筋足够的拉力。

l_{d1} 同受拉钢筋的锚固长度 l_a 有关：

当 $V < 0.7f_t bh_0$ 时，$l_{d1} \geqslant 1.2l_a$；

当 $V \geqslant 0.7f_t bh_0$ 时，$l_{d1} \geqslant 1.2l_a + h_0$。

2. 保证斜截面受弯承载力

为了符合斜截面受弯承载力的要求，只有将纵筋伸过理论截断点（不需要点）一段长度 l_{d2}（如图 4-18 所示）后才能截断，此截断点是实际截断点。

l_{d2} 的值同所截断钢筋的直径 d 有关：

当 $V < 0.7f_t bh_0$ 时，$l_{d2} \geqslant 20d$；

当 $V \geqslant 0.7f_t bh_0$ 时，$l_{d2} \geqslant h_0$，且 $l_{d2} \geqslant 20d$。

在结构设计中，应从以上两个条件中选用较长的外伸长度作为纵向受力钢筋的实际延伸长度 l_d，以将其真正的切断点确定出来。

如果按上述规定确定的截断点仍位于支座最大负弯矩对应的受拉区内，则应取 $l_{d1} \geqslant 1.2l_a + 1.7h_0$，$l_{d2} \geqslant 1.3h_0$。

在悬臂梁中，宜把支座或嵌固端承担负弯矩的梁上部纵向钢筋全部伸到悬臂梁外端，并向下弯折不小于 $12d$ 后切断。如需要分批截断钢筋，除最后一批钢筋（不少于两根）仍应伸到悬臂梁外端并且向下弯折小于 $12d$ 后截断外，其余各批钢筋的延伸长度仍应符合 l_d 的要求。

负弯矩区段纵向受拉钢筋的截断如图 4-20 所示。

4.5.4 纵筋的锚固

支座附近的剪力较大，在出现斜裂缝后，因为与斜裂缝相交的纵筋应力会突然增大，如

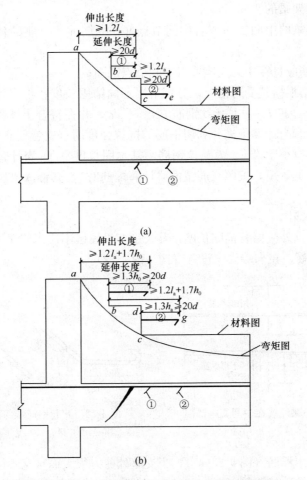

图 4-20　负弯矩区段纵向受拉钢筋的截断

（a）$V \leqslant 0.7 f_t b h_0$；（b）$V > 0.7 f_t b h_0$，且截断点位于负弯矩受拉区

果纵筋伸入支座的锚固长度不够，将使纵筋滑移，甚至被从混凝土中拔出而导致锚固破坏。

为了避免这种破坏，纵向钢筋伸入支座的长度和数量应该满足以下要求。

（1）伸入梁支座范围内的纵向受力钢筋数量

伸入支座的纵筋不应少于 2 根。

（2）简支端的锚固

钢筋混凝土简支梁和连续梁简支端的下部纵向受力钢筋，由支座边缘算起伸入支座内的锚固长度应符合以下规定：

1）符合表 4-3 的规定。

表 4-3　梁简支端纵筋锚固长度 l_{as}

$V < 0.7 f_t b h_0$	$\geqslant 5d$
$V \geqslant 0.7 f_t b h_0$	$\geqslant 12d$（带肋钢筋） $\geqslant 15d$（光面钢筋）

注：d 为钢筋的最大直径。

2）当纵筋伸入支座的锚固长度不满足表 4-3 的规定时，可采取弯钩或机械锚固措施。

（3）连续梁及框架梁的锚固

在连续梁、框架梁的中间支座或者中间节点处，纵筋伸入支座的长度应满足以下要求（图 4-21）：

1）上部纵向钢筋应贯穿中间支座或者中间节点范围；

2）下部纵向钢筋根据其受力情况，分别采用不同锚固长度：①当计算中不利用其强度时，对光面钢筋取 $l_{as} \geqslant 15d$，对月牙纹钢筋取 $l_{as} \geqslant 12d$，并在符合上述条件的前提下，一般均伸至支座中心线；②当计算中充分利用钢筋的抗拉强度时（支座受正弯矩作用），其伸入至支座的锚固长度不应小于 l_a（l_a 为受拉钢筋的基本锚固长度）；③当计算中充分利用钢筋的抗压强度时（支座受负弯矩，按照双筋截面梁计算配筋时），其伸入支座的锚固长度不应小于 $0.7l_a$。

（4）弯起钢筋的锚固

弯起钢筋的弯终点外应留有锚固长度，其长度在受拉区不应当小于 $20d$，在受压区不应小于 $10d$；对光面钢筋，在末端尚应设置弯钩（图 4-22）。

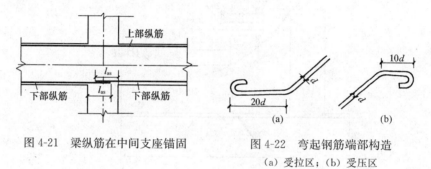

图 4-21　梁纵筋在中间支座锚固　　　图 4-22　弯起钢筋端部构造
　　　　　　　　　　　　　　　　　　　　　　　（a）受拉区；（b）受压区

弯起钢筋不得采用浮筋（图 4-23（a））；当支座处剪力很大而且又不能利用纵筋弯起抗剪时，可以设置仅用于抗剪的鸭筋（图 4-23（b），其端部的锚固与弯起钢筋相同。

4.5.5　箍筋的构造要求

梁中的箍筋对抑制斜裂缝的开展、联系受拉区与受压区、传递剪力等有重要作用，所以，箍筋的构造要求应得到重视。

1. 形式与肢数

箍筋通常采用 135°弯钩的封闭式箍筋（图 4-24（a）。当 T 形截面梁翼缘顶面另有横向受拉钢筋时，也可以采用开口式箍筋（图 4-24（b））。

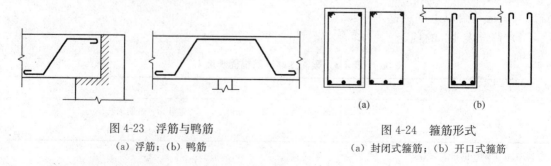

图 4-23　浮筋与鸭筋　　　　　　　　　图 4-24　箍筋形式
　（a）浮筋；（b）鸭筋　　　　　　　（a）封闭式箍筋；（b）开口式箍筋

梁内通常采用双肢箍筋（$n=2$）（图 4-25（a））。当梁的宽度大于 400mm 或梁的宽度小

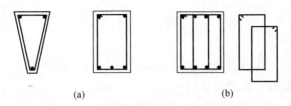

图 4-25　箍筋肢数
（a）双肢箍筋；（b）复合箍筋

于 400mm 且一层内的纵向受压钢筋多于 4 根时，应当设置如图 4-25（b）所示的复合箍筋（如四肢箍）。

2. 直径与间距

箍筋的最小直径有以下规定：

当梁高大于 800mm 时，直径不宜小于 8mm；

当梁高不大于 800mm 时，直径不宜小于 6mm；

当梁中配有计算需要的纵向受压钢筋时，箍筋直径尚不应小于 $d/4$（d 为纵向受压钢筋的最大直径），并且箍筋形式应为封闭式，其间距应符合表 4-1 的要求。

3. 箍筋的布置

按计算不需要配置箍筋的梁，当截面高度大于 300mm 时，应当沿梁全长设置箍筋；当截面高度为 150～300mm 时，可以仅在构件端部各 1/4 跨度范围内设置箍筋；但是，当在构件中部 1/2 跨度范围内有集中荷载作用时。则应沿梁全长设置箍筋。当截面高度小于 150mm 时，可以不设置箍筋。

箍筋的间距除按计算要求确定外，其最大的间距还应符合表 4-1 的规定。当 $V > 0.7 f_t bh_0$ 时，箍筋的配筋率还不应小于 $0.24 \dfrac{f_t}{f_{yv}}$ 。

4.5.6　架立钢筋及纵向构造钢筋

1. 架立钢筋

梁内架立钢筋的直径，当梁的跨度小于 4m 时，不宜小于 8mm；当梁的跨度为 4～6m 时，不宜小于 10mm；当梁的跨度大于 6m 时，不宜小于 12mm。

2. 纵向构造钢筋

纵向构造钢筋又叫做腰筋。当梁的腹板高度 $h_w \geqslant 450$mm，在梁的两个侧面应沿高度配置纵向构造钢筋，每侧纵向构造钢筋（不包括梁上、下部受力钢筋及架立钢筋）的截面面积不应当小于腹板截面面积 bh_w 的 0.1％，且其间距不宜大于 200mm。此处，腹板高度 h_w 根据式（4-16）的规定确定。配置腰筋是为了抑制梁的腹板高度范围内由荷载作用或混凝土收缩导致的垂直裂缝的开展。

对钢筋混凝土薄腹梁或需作疲劳验算的钢筋混凝土梁，应在下部二分之一梁高的腹板内沿两侧配置直径 8～14mm、间距为 100～150mm 的纵向构造钢筋，并应按下密上疏的方式布置。在上部二分之一梁高的腹板内，纵向构造钢筋按上述普通梁的规定放置。

习　题

4-1　梁的斜裂缝是怎样形成的？它发生在梁的什么区段内？

4-2　试分析斜截面的受力和破坏特点。

4-3　写出矩形、T形、I形梁斜截面受剪承载力计算公式。

4-4　影响斜截面受剪承载力的主要因素有哪些？

4-5　斜截面抗剪承载力为什么要规定上、下限？

4-6　计算梁斜截面受剪承载力时应取哪些计算截面？

4-7　什么是材料抵抗弯矩图？

4-8　在确定钢筋混凝土梁纵筋的切断及弯起时应如何保证梁的抗弯强度？

4-9　如何理解《混凝土结构设计规范》（GB 50010—2010）规定弯起点与钢筋充分利用点之间的关系？

4-10　为了保证梁斜截面受弯承载力，对纵筋的弯起、锚固、截断以及箍筋的间距，有哪些主要的构造要求？

4-11　抗剪极限承载力公式采用混凝土和钢筋的式子相叠加的形式，是否表示二者互不影响？

4-12　为什么会发生斜截面受弯破坏？设计中应采取什么措施来保证不发生这样的破坏？

4-13　无腹筋简支梁出现斜裂缝后，其受力状态有哪些变化？

4-14　试述：（1）按正弯矩受弯承载力设计的纵向钢筋弯起仅作为抗剪腹筋时有哪些要求？

（2）当抵抗正弯矩的纵向钢筋弯起伸入支座抵抗负弯矩，且同时考虑其抗剪作用时，有哪些要求？

4-15　纵向受拉钢筋一般不宜在受拉区截断，如必须截断时，应从理论切断点外延伸一段长度，试阐述其理由。

4-16　图 4-26 所示为某车间工作平台梁，截面尺寸 $b \times h = 200mm \times 500mm$，梁上作用恒荷载标准值为 $g_k = 30kN/m$，活荷载标准值为 $q_k = 50kN/m$，采用 C30 级混凝土，纵筋为 HRB335 级钢筋，箍筋是 HPB300 级钢筋。试按正截面承载力和斜截面承载力设计配筋，进行钢筋布置，并绘制抵抗弯矩图和梁的施工图（包括钢筋材料表和尺寸详图）。

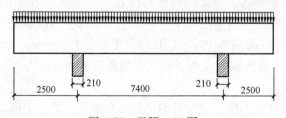

图 4-26　习题 4-16 图

4-17　图 4-27 所示为钢筋混凝土矩形截面简支梁，截面尺寸 250mm×500mm，混凝土强度等级为 C25，箍筋为 HPB300 级钢筋，受拉纵筋为 2Φ25 和 2Φ22。

求：（1）只配箍筋时箍筋数量；

（2）配弯起钢筋又配箍筋时，弯起钢筋和箍筋数量。

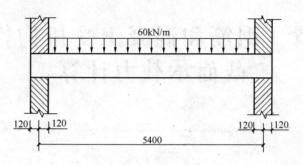

图 4-27 习题 4-17 图

4-18 钢筋混凝土矩形截面简支梁，跨度为 4m，截面尺寸 $b \times h = 200mm \times 600mm$，承受均布荷载设计值 60kN/m（包括自重），采用 C25 混凝土，纵筋采用 HRB400 级钢筋，箍筋采用 HPB300 级钢筋。

（1）确定纵向受力钢筋面积 A_s；

（2）若只配箍筋不配弯起钢筋，确定箍筋的直径和间距。

第五章 钢筋和混凝土受扭构件扭曲截面承载力计算

本章要点

本章主要阐述开裂扭矩的计算原理，矩形、T形和I形截面受扭塑性抵抗矩的计算方法，重点讲述受扭构件的配筋构造、弯剪扭构件按规范的设计计算方法及受扭构件的基本构造要求。

5.1 概　　述

工程结构中，处于纯扭矩作用的情况是很少的，绝大多数都是处于弯矩、剪力以及扭矩共同作用下的复合受扭情况。例如图 5-1 所示的吊车梁、现浇框架的边梁，以及雨篷梁、曲梁、槽形墙板等，均属弯、剪、扭复合受扭构件。

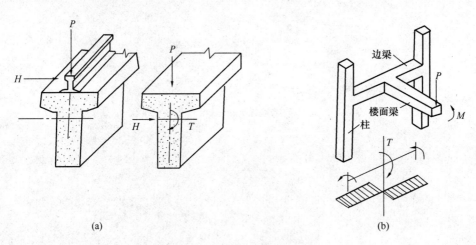

图 5-1　平衡扭转与协调扭转图例

（a）吊车梁；（b）边梁

静定的受扭构件，由荷载产生的扭矩是通过构件的静力平衡条件确定而与受扭构件的扭转刚度无关的，叫做平衡扭转。例如图 5-1（a）所示的吊车梁，在吊车横向水平制动力和偏心的竖向轮压对吊车梁截面产生的扭矩 T 就属于平衡扭转。对于超静定受扭构件，作用于构件上的扭矩除了静力平衡条件以外，还必须由与相邻构件的变形协调条件才能确定的，叫做协调扭转。例如图 5-1（b）所示的现浇框架边梁，边梁承受的扭矩 T 即为作用在楼面梁的支座处的负弯矩，它由楼面梁支座处的转角和该处边梁扭转角的变形协调条件来确定。当边梁和楼面梁开裂后，因为楼面梁的弯曲刚度尤其是边梁的扭转刚度发生了显著的变化，楼面梁和边梁均产生内力重分布，此时边梁的扭转角急剧增大，使得作用于边梁的扭矩迅速减小。

5.2　纯扭构件的试验研究

5.2.1　裂缝出现前的性能

裂缝出现之前，钢筋混凝土纯扭构件的受力性能，大体上符合圣维南弹性扭转理论。如图 5-2 所示，在扭矩较小时，其扭矩－扭转角曲线是直线，扭转刚度与按弹性理论的计算值非常接近，纵筋和箍筋的应力都很小。当扭矩增大到接近开裂扭矩 T_{cr} 时，扭矩－扭转角曲线偏离了原直线。

5.2.2　裂缝出现后的性能

裂缝出现时，因为部分混凝土退出工作，钢筋应力明显增大，特别是扭转角开始显著增大。此时，裂缝出现前构件截面受力的平衡状态被打破，带有裂缝的混凝土与钢筋共同组成一个新的受力体系以抵抗扭矩，并获得新的平衡。如图 5-3 所示，裂缝出现之后，构件截面的扭转刚度降低较大，且受扭钢筋用量愈少，构件截面的扭转刚度降低愈多。试验研究证实，裂缝出现后，在带有裂缝的混凝土和钢筋共同组成新的受力体系中，混凝土受压，受扭纵筋和箍筋都受拉。钢筋混凝土构件截面的开裂扭矩比相应的素混凝土构件高约为 $10\%\sim30\%$。

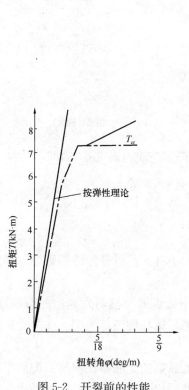

图 5-2　开裂前的性能

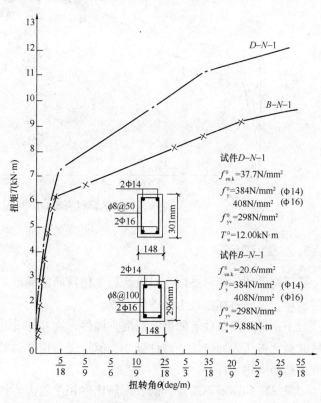

图 5-3　扭矩-扭转角曲线

试验也表明，矩形截面钢筋混凝土受扭构件的初始裂缝通常发生在剪应力最大处，即截面长边的中点附近且与构件轴线约呈45°角。此后，这条初始裂缝逐渐向两边缘延伸并且相继出现许多新的螺旋形裂缝，如图5-4所示。随后，在扭矩作用下，混凝土和钢筋的应力、应变均不断增长，直至构件破坏。图5-5示出了纵筋与箍筋的扭矩－钢筋拉应变关系曲线。

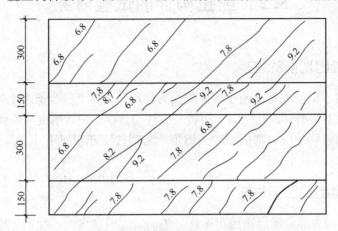

图 5-4 钢筋混凝土受扭试件的螺旋形裂缝展开图

注：图中所注数字是该裂缝出现时的扭矩值（kN·m），未注数字的裂缝是破坏时出现的裂缝。

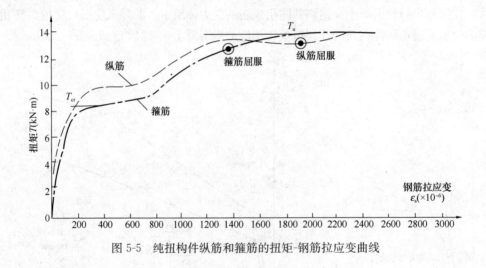

图 5-5 纯扭构件纵筋和箍筋的扭矩-钢筋拉应变曲线

5.2.3 破坏形态

受扭构件的破坏形态同受扭纵筋和受扭箍筋配筋率的大小有关，可分为适筋破坏、部分超筋破坏、超筋破坏以及少筋破坏四类。

对于正常配筋条件下的钢筋混凝土构件，在扭矩作用下，纵筋与箍筋先到达屈服强度，然后混凝土被压碎而破坏。这种破坏类似于受弯构件适筋梁，属延性破坏类型。此类受扭构件称为适筋受扭构件。

如果纵筋和箍筋不匹配，两者配筋比率相差较大，例如纵筋的配筋率比箍筋的配筋率小得多，则破坏时仅纵筋屈服，而箍筋不屈服；反之，则箍筋屈服，纵筋不屈服，此类构件叫做部分超筋受扭构件。部分超筋受扭构件破坏时，也具有一定的延性，但较适筋受扭构件破坏时的延性小。

当纵筋和箍筋配筋率均过高，致使纵筋和箍筋都没有达到屈服强度，而混凝土先行压坏，这种破坏和受弯构件超筋梁类似，属受压脆性破坏类型。这种受扭构件叫做超筋受扭构件。

若纵筋和箍筋配置均过少，一旦裂缝出现，构件会立即发生破坏。此时，纵筋与箍筋不仅达到屈服强度而且可能进入强化阶段，其破坏特性类似于受弯构件中的少筋梁，叫做少筋受扭构件，属受拉脆性破坏类型。在设计中应当避免少筋和超筋受扭构件。

5.3　纯扭构件的扭曲截面承载力

5.3.1　开裂扭矩

如前所述，钢筋混凝土纯扭构件在裂缝出现之前，钢筋应力很小，且钢筋对开裂扭矩的影响也不大。可忽略钢筋的作用。

图 5-6 所示为一在扭矩 T 作用下的矩形截面构件，扭矩使截面上产生扭剪应力 τ。因为扭剪应力作用，在与构件轴线成 45° 和 135° 角的方向，相应地产生主拉应力 σ_{tp} 与主压应力 σ_{cp}，并有

$$|\sigma_{tp}| = |\sigma_{cp}| = \tau$$

若混凝土为理想弹塑性材料，在弹性阶段，如图 5-7（a）所示为构件截面上的剪应力分布。最大扭剪应力 τ_{max} 及最大主应力，都发生在长边中点。当最大扭剪应力值或者说最大主拉应力值到达混凝土抗拉强度值时，荷载还可以少量增加，直到截面边缘的拉应变达到混凝土的极限拉应变值后，构件开裂。此时，截面承受的扭矩叫做开裂扭矩设计值 T_{cr}，如图 5-7（b）所示。

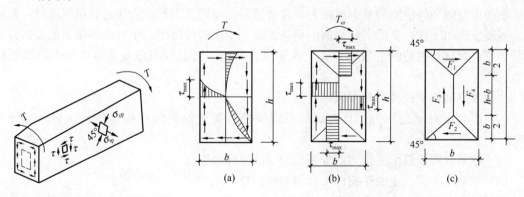

图 5-6　矩形截面受扭构件　　　　　　图 5-7　扭剪应力分布

根据塑性力学理论，可将截面上的扭剪应力划分成四个部分，如图 5-7（c）。计算各部分扭剪应力的合力及相应组成的力偶，其总和则为 T_{cr}，如图 5-7（b）所示，即

$$T_{cr} = \tau_{max} W_t = \tau_{max} \frac{b^2}{6}(3h - b) = f_t \cdot \frac{b^2}{6}(3h - b) \tag{5-1}$$

式中 h、b——分别为矩形截面的长边和短边尺寸；

W_t——受扭构件的截面受扭塑性抵抗矩，对矩形截面，$\frac{b^2}{6}(3h-b)$。

如果混凝土为弹性材料，则当最大扭剪应力或者最大主拉应力达到混凝土抗拉强度 f_t 时，构件开裂，从而开裂扭矩 T_{cr} 为：

$$T_{cr} = f_t \cdot \alpha \cdot b_2 h \tag{5-2}$$

式中 α——与比值 $\frac{h}{b}$ 有关的系数，当比值 $\frac{h}{b} = 1\sim10$ 时，$\alpha = 0.208 \sim 0.313$。

实际上，混凝土既非弹性材料又非理想弹塑性材料，而是介于二者之间的弹塑性材料。试验表明，当通过式（5-1）计算开裂扭矩时，计算值总比试验值高；而按式（5-2）计算时，则计算值比实验值低。

为实用方便，开裂扭矩可以近似采用理想弹塑性材料的应力分布图形进行计算，但混凝土抗拉强度要适当降低。通过试验表明，对高强度混凝土，其降低系数约为 0.7，对低强度混凝土，降低系数接近 0.8。

《混凝土结构设计规范》（GB 50010—2010）取混凝土抗拉强度降低系数为 0.7，所以开裂扭矩设计值的计算公式为

$$T_{cr} = 0.7 f_t W_t \tag{5-3}$$

5.3.2　按变角度空间桁架模型的扭曲截面受扭承载力计算

试验表明，受扭的素混凝土构件，一旦出现斜裂缝就立即破坏。如果配置适量的受扭纵筋和箍筋，则不但其承载力有较显著的提高，并且构件破坏时，具有较好的延性。

迄今为止，钢筋混凝土受扭构件扭曲截面受扭承载力的计算，主要有通过变角度空间桁架模型和通过斜弯理论（扭曲破坏面极限平衡理论）为基础的两种计算方法，《混凝土结构设计规范》（GB 50010—2010）采用的是前者。

图 5-8 示出的变角度空间桁架模型为 P. Lampert 和 B. ThLirlimann 在 1968 年提出来的，它是 1929 年 E. Rausch 提出的 45°空间桁架模型的改进及发展。

变角度空间桁架模型的基本思路为，在裂缝充分发展且钢筋应力接近屈服强度时，截面核心混凝土退出工作，从而实心截面的钢筋混凝土受扭构件可用一个空心的箱形截面构件来代替，它由螺旋形裂缝的混凝土外壳、纵筋以及箍筋三者共同组成变角度空间桁架以抵抗扭矩。

变角度空间桁架模型的基本假定有：

（1）混凝土只承受压力，具有螺旋形裂缝的混凝土外壳组成桁架的斜压杆，其倾角是 α；

（2）纵筋与箍筋只承受拉力，分别是桁架的弦杆和腹杆；

（3）忽略核心混凝土的受扭作用和钢筋的销栓作用。

按照弹性薄壁管理论，在扭矩 T 作用下，沿箱形截面侧壁中将产生大小相等的环向剪力流 q，见图 5-8 （b），且

$$q = \tau \cdot t_d = \frac{T}{2A_{cor}} \tag{5-4}$$

式中 A_{cor}——剪力流路线所围成的面积，取为箍筋内表面围成的核心部分的面积，$A_{cor} = b_{cor} \times h_{cor}$；

τ——扭剪应力；

t_d——箱形截面侧壁厚度。

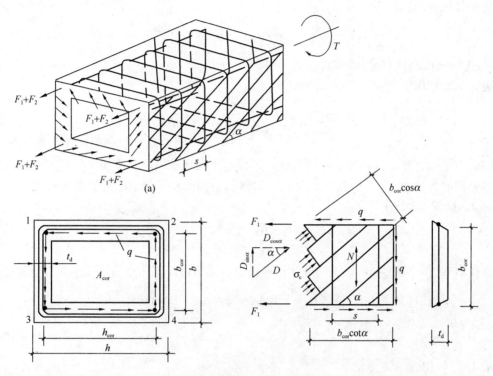

图 5-8　变角度空间桁架模型

由图 5-8（a）知，变角度空间桁架模型是由 2 榀竖向的变角度平面桁架与 2 榀水平的变角度平面桁架组成的。现在先研究竖向的变角度平面桁架。

如图 5-8（c）所示为作用于侧壁的剪力流 q 所引起的桁架内力。图中，斜压杆倾角为 α，其平均压应力为 σ_c，斜压杆的总压力是 D。由静力平衡条件知

斜压力

$$D = \frac{q \cdot b_{cor}}{\sin\alpha} = \frac{\tau \cdot t_d \cdot b_{cor}}{\sin\alpha} \tag{5-5}$$

混凝土平均压应力

$$\sigma_c = \frac{D}{t_d b_{cor} \cos\alpha} = \frac{q}{t_d \sin\alpha \cdot \cos\alpha} = \frac{\tau}{\sin\alpha \cdot \cos\alpha} \tag{5-6}$$

纵筋拉力

$$F_1 = \frac{1}{2}D\cos\alpha = \frac{1}{2}q \cdot b_{cor} \cdot \cot\alpha = \frac{1}{2}\tau \cdot t_d \cdot b_{cor} \cdot \cot\alpha = \frac{Tb_{cor}}{2A_{cor}}\cot\alpha \tag{5-7}$$

箍筋拉力

$$N = \frac{qb_{cor}}{b_{cor}\cot\alpha} \cdot s \tag{5-8}$$

所以 $N = q \cdot s \cdot \tan\alpha = \tau \cdot t_d \cdot s \cdot \tan\alpha = \dfrac{T}{2A_{cor}}\tan\alpha$

设水平的变角度平面桁架的斜压杆倾角也为 α，则同理可得纵向钢筋的拉力

$$F_2 = \frac{Th_{cor}}{2A_{cor}}\cot\alpha \tag{5-9}$$

故全部纵筋的总拉力

$$R = 4(F_1 + F_2) = q \cdot \cot\alpha \cdot u_{cor} = \frac{T \cdot u_{cor}}{2A_{cor}} \cdot \cot\alpha \tag{5-10}$$

式中　u_{cor}——截面核心部分的周长，$u_{cor} = 2(b_{cor} + h_{cor})$

混凝土平均压应力

$$\sigma_c = \frac{T}{2A_{cor} \cdot t_d \cdot \sin\alpha \cdot \cos\alpha} \tag{5-11}$$

式（5-4）、式（5-8）、式（5-10）和式（5-11）是按照变角度空间桁架模型得出的四个基本的静力平衡方程。若属适筋受扭构件，即混凝土压坏前纵筋和箍筋先屈服，所以它们的应力可分别取为 f_y 和 f_{yv}，设受扭的全部纵向钢筋截面面积是 A_{stl}，受扭的单肢箍筋截面面积为 A_{stl}，则 R 和 N 分别为：

$$R = R_y = f_y A_{stl} \tag{5-12}$$

$$N = N_y = f_{yv} A_{stl} \tag{5-13}$$

从而由式（5-10）与式（5-8）可分别得出适筋受扭构件扭曲截面受扭承载力计算公式：

$$T_u = 2R_y \frac{A_{cor}}{u_{cor}}\tan\alpha = 2f_y A_{stl} \frac{A_{cor}}{u_{cor}}\tan\alpha \tag{5-14}$$

$$T_u = 2N_y \frac{A_{cor}}{s}\cot\alpha = 2f_{yv} A_{stl} \frac{A_{cor}}{s}\cot\alpha \tag{5-15}$$

消去 T_u，得到

$$\tan\alpha = \sqrt{\frac{f_{yv}A_{stl} \cdot u_{cor}}{f_y A_{stl} \cdot s}} = \sqrt{\frac{1}{\zeta}} \tag{5-16}$$

故

$$T_u = 2A_{cor}\sqrt{\frac{f_y A_{stl} f_{yv} A_{stl}}{u_{cor} \cdot s}} = 2\sqrt{\zeta}\frac{f_{yv}A_{stl}A_{cor}}{s} \tag{5-17}$$

$$\zeta = \frac{f_y \cdot A_{stl} \cdot s}{f_{yv} \cdot A_{stl} \cdot u_{cor}} \tag{5-18}$$

式中　ζ——受扭构件纵筋与箍筋的配筋强度比，见式（5-18）。

纵筋为不对称配筋截面时，按照较少一侧配筋的对称配筋截面计算。对于纵筋与箍筋的配筋强度比 ζ 为 1 的特殊情况，由式（5-16）可知，斜压杆倾角是 45°，此时，式（5-14）、式（5-15）分别简化为：

$$T_u = 2f_y A_{stl} \frac{A_{cor}}{u_{cor}} \tag{5-19}$$

$$T_u = 2f_{yv} A_{stl} \frac{A_{cor}}{s} \tag{5-20}$$

式（5-19）及式（5-20）则是按 E. Rausch 45°空间桁架模型的计算公式。当 ζ 不等于 1 时，在纵筋（或箍筋）屈服后产生内力重分布，斜压杆倾角也会改变。试验研究表明，如果斜压杆倾角 α 介于 30°和 60°之间，按照式（5-16），得到的 $\zeta = 3 \sim 0.333$，构件破坏时，若纵筋和箍筋用量适当，则两种钢筋应力都能达到屈服强度。为了进一步限制构件在使用荷载作用下的裂缝宽度，通常取 α 角的限制范围为：

$$\frac{3}{5} \leqslant \tan\alpha \leqslant \frac{5}{3} \tag{5-21}$$

或 $\qquad\qquad\qquad\qquad 0.36 \leqslant \zeta \leqslant 2.778 \qquad\qquad\qquad$ (5-22)

通过式（5-18）可以看出，构件扭曲截面的受扭承载力主要取决于钢筋骨架尺寸、纵筋以及箍筋用量和其屈服强度。为了避免发生超配筋构件的脆性破坏，必须限制两种钢筋（即纵筋与箍筋）的最大用量或限制斜压杆平均压应力 σ_c 的大小。

5.3.3 按《混凝土结构设计规范》的纯扭构件受扭承载力计算方法

《混凝土结构设计规范》（GB 50010—2010）基于变角度空间桁架模型分析与试验资料的统计分析，并且考虑可靠度的要求，分别给出了如图 5-9 所示的矩形截面、箱形截面以及T 形、I 形截面纯扭构件的受扭承载力计算公式。

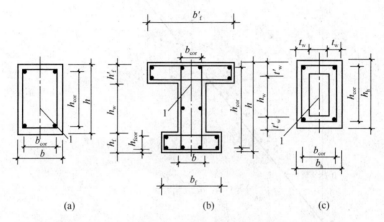

图 5-9 受扭构件截面

(a) 矩形截面（$h \geqslant b$）；(b) T 形、I 形；(c) 箱形截面（$t_w \leqslant t'_w$）

1——弯矩、剪力作用平面

（1）矩形截面钢筋混凝土纯扭构件受扭承载力计算公式

矩形截面纯扭构件的受扭承载力按下式计算：

$$T_u = 0.35 f_t W_t + 1.2 \sqrt{\zeta} \frac{f_{yv} A_{st1} A_{cor}}{s} \qquad\qquad (5-23)$$

式中 ζ——受扭纵向钢筋与箍筋的配筋强度比值，按式（5-18）采用，其值不应小于 0.6，当 $\zeta > 1.7$ 时，取 $\zeta = 1.7$；

A_{stl}——受扭计算中取对称布置的全部纵向普通钢筋截面面积；

A_{st1}——受扭计算中沿截面周边配置的箍筋单肢截面面积；

f_{yv}——受扭箍筋的抗拉强度设计值，按《混凝土结构设计规范》（GB 50010—2010）表 4.2.3-1 采用，但取值不应大于 360N/mm^2；

A_{cor}——截面核心部分的面积，$A_{cor} = b_{cor} h_{cor}$，此处，$b_{cor}$，$h_{cor}$，分别为箍筋内表面范围内截面核心部分的短边、长边尺寸；

u_{cor}——截面核心部分的周长，$u_{cor} = 2 (b_{cor} + h_{cor})$；

s——受扭箍筋间距。

式（5-23）中，等式右边的第一项是混凝土的受扭作用，第二项是钢筋的受扭作用。

对于钢筋的受扭作用，可通过变角度空间桁架模型予以说明。由式（5-23）第二项与式（5-17）比较看出，除系数小于 2 外，其表达式完全相同。该系数小于理论值 2 的主要原因为：《混凝土结构设计规范》（GB 50010—2010）的公式，即式（5-23）考虑了混凝土的抗扭作用，A_{cor} 是按箍筋内表面计算的而不是截面角部纵筋中心连线计算的截面核心面积，以及建立规范公式时，包括了少量部分超配筋构件的试验点。此外，如图 5-10 所示，公式（5-23）的系数 1.2 和 0.35，是在统计试验资料的基础上，考虑了可靠指标 β 值的要求，由试验点偏下限得出的。

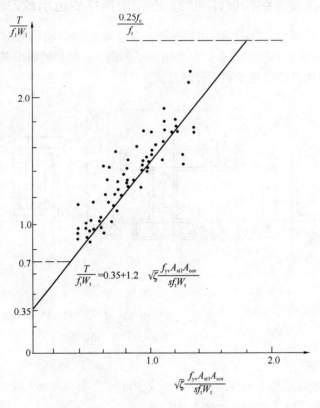

图 5-10　计算公式与实验值的比较

试验研究表明，截面尺寸和配筋完全相同的受扭构件，混凝土强度等级对极限扭矩是有影响的，混凝土强度等级高的，受扭承载力也较大。对于带有裂缝的钢筋混凝土纯扭构件，《混凝土结构设计规范》（GB 50010—2010）取混凝土提供的受扭承载力，也就是式（5-23）中的第一项为开裂扭矩的 50%。

国内试验表明，如果 ζ 在 0.5～2.0 范围内变化，构件破坏时，其受扭纵筋和箍筋应力均可达到屈服强度。为了稳妥，《混凝土结构设计规范》（GB 50010—2010）取 ζ 的限制条件为 $\zeta \geqslant 0.6$，当 $\zeta > 1.7$ 时，按 $\zeta = 1.7$ 计算。

对于在轴向压力和扭矩共同作用下的矩形截面钢筋混凝土构件，其受扭承载力应按以下公式计算：

$$T_u = 0.35 f_t W_t + 1.2 \sqrt{\zeta} \cdot f_{yv} \frac{A_{st1} A_{cor}}{s} + 0.07 \frac{N}{A} W_t \qquad (5\text{-}24)$$

此处，ζ 应按照公式（5-18）计算。且应符合 $\zeta \geqslant 0.6$，当 $\zeta > 1.7$ 时，取 $\zeta = 1.7$ 的要求。式中 N 为和扭矩设计值 T 相应的轴向压力设计值，当 $N > 0.3 f_c A$ 时，取 $N = 0.3 f_c A$；A 是构件截面面积。

（2）箱形截面钢筋混凝土纯扭构件的受扭承载力计算公式

实验和理论研究表明，当截面宽度与高度、混凝土强度及配筋完全相同时，一定壁厚箱形截面构件的受扭承载力和实心截面构件是基本相同的。对于箱形截面纯扭构件，《混凝土结构设计规范》（GB 50010—2010）将式（5-23）中的混凝土项乘以同截面相对壁厚有关的折减系数，得出如下受扭承载力计算公式：

$$T_u = 0.35\alpha_h f_t W_t + 1.2\sqrt{\zeta} \cdot f_{yv} \frac{A_{st1} \cdot A_{cor}}{s} \tag{5-25}$$

式中　α_h——箱形截面壁厚影响系数，$\alpha_h = (2.5t_w/b_h)$，当 $\alpha_h > 1$ 时，取 $\alpha_h = 1$；

t_w——箱形截面壁厚，其值不应小于 $b_h/7$；

b_h——箱形截面的宽度。

ζ 值应按式（5-18）计算，且应符合 $\zeta \geq 0.6$，当 $\zeta > 1.7$ 时，取 $\zeta = 1.7$ 的要求。

箱形截面受扭塑性抵抗矩为

$$W_t = \frac{b_h^2}{6}(3h_h - b_h) - \frac{(b_h - 2t_w)^2}{6}[3h_w - (b_h - 2t_w)] \tag{5-26}$$

式中　b_h、h_h——箱形截面的宽度和高度；

h_w——箱形截面的腹板净高；

t_w——箱形截面壁厚。

（3）T 形和 I 形截面钢筋混凝土纯扭构件的受扭承载力计算公式

对于 T 形和 I 形截面纯扭构件，可把其截面划分为几个矩形截面进行配筋计算，矩形截面划分的原则是首先按截面的总高度划分出腹板截面并且保持其完整性，然后再划出受压翼缘和受拉翼缘的面积，如图 5-11 所示。划出的各矩形截面所承担的扭矩值，根据各矩形截面的受扭塑性抵抗矩与截面总的受扭塑

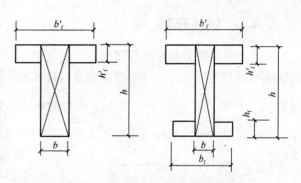

图 5-11　T 形和 I 形截面的矩形划分方法

性抵抗矩的比值进行分配的原则确定，并分别按照式（5-23）计算受扭钢筋。每个矩形截面的扭矩设计值可按以下规定计算。

1）腹板

$$T_w = \frac{W_{tw}}{W_t} \cdot T \tag{5-27}$$

2）受压翼缘

$$T_f' = \frac{W_{tf}'}{W_t} \cdot T \tag{5-28}$$

3）受拉翼缘

$$T_f = \frac{W_{tf}}{W_t} \cdot T \tag{5-29}$$

式中　　　　　　T——整个截面所承受的扭矩设计值；

T_w——腹板截面所承受的扭矩设计值；

T_f'、T_f——受压翼缘、受拉翼缘截面所承受的扭矩设计值；

W_{tw}、W'_{tf}、W_{tf}、W_t——腹板、受压翼缘、受拉翼缘受扭塑性抵抗矩和截面总的受扭塑性抵抗矩。《混凝土结构设计规范》规定，T形和I形截面的腹板、受压和受拉翼缘部分的矩形截面受扭塑性抵抗矩 W_{tw}、W'_{tf} 和 W_{tf}，可分别按下列公式计算：

$$W_{tw} = \frac{b^2}{6}(3h - b) \tag{5-30}$$

$$W'_{tf} = \frac{h'^2_f}{2}(b'_f - b) \tag{5-31}$$

$$W_{tf} = \frac{h^2_f}{2}(b_f - b) \tag{5-32}$$

截面总的受扭塑性抵抗矩为：

$$W_t = W_{tw} + W'_{tf} + W_{tf} \tag{5-33}$$

计算受扭塑性抵抗矩时取用的翼缘宽度尚应符合 $b'_f \leqslant b + 6h'_f$ 及 $b_f \leqslant b + 6h_f$ 的要求。

5.4 弯剪扭构件的扭曲截面承载力

5.4.1 破坏形态

处于弯矩、剪力和扭矩共同作用下的钢筋混凝土构件，其受力状态是非常复杂的，构件的破坏形态及其承载力，与荷载效应及构件的内在因素有关。对于荷载效应，一般以扭弯比 $\psi \left(= \dfrac{T}{M} \right)$ 和扭剪比 $\chi \left(= \dfrac{T}{Vb} \right)$ 表示。构件的内在因素指的是构件的截面尺寸、配筋及材料强度。试验表明，弯剪扭构件有弯型破坏、扭型破坏以及剪扭破坏三种破坏形态。

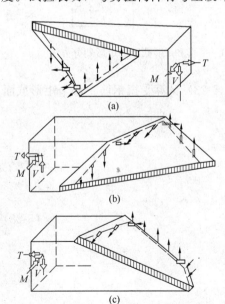

图 5-12 弯剪扭构件的破坏形态
(a) 弯型破坏；(b) 扭型破坏；(c) 剪扭型破坏

1. 弯型破坏

试验表明，在配筋适当的条件下，如果弯矩作用显著即扭弯比 ψ 较小时，裂缝首先在弯曲受拉底面出现，然后发展至两侧面。三个面上的螺旋形裂缝形成一个扭曲破坏面，而第四面即弯曲受压顶面无裂缝。构件破坏时与螺旋形裂缝相交的纵筋及箍筋均受拉并且达到屈服强度，构件顶部受压，形成如图 5-12 (a) 所示的弯型破坏。

2. 扭型破坏

如果扭矩作用显著即扭弯比 ψ 及扭剪比 χ 均较大、而构件顶部纵筋少于底部纵筋时，可能形成如图 5-12 (b) 所示的受压区在构件底部的扭型破坏。此现象出现的原因为，虽然由于弯矩作用使顶部纵筋受压，但因为弯矩较小，从而其压应力亦较小。又由于顶部纵筋少于底部纵筋，所以扭矩产生的拉应力就有可能抵消弯矩产生的压应力并且使顶部纵筋先期到达屈服强度，最后促使构件底部受压而破坏。

3. 剪扭破坏

如果剪力和扭矩起控制作用，则裂缝首先在侧面出现（在这个侧面上，剪力和扭矩产生的主应力方向是相同的），然后向顶面及底面扩展，这三个面上的螺旋形裂缝构成扭曲破坏面，破坏时与螺旋形裂缝相交的纵筋和箍筋受拉并且达到屈服强度，而受压区则靠近另一侧面（在这个侧面上，剪力与扭矩产生的主应力方向是相反的），形成如图 5-12（c）所示的剪扭型破坏。

如第 4 章所述，没有扭矩作用的受弯构件斜截面会发生剪压破坏。对于弯剪扭共同作用下的构件，除前述三种破坏形态之外，试验表明，如果剪力作用十分显著而扭矩较小即扭剪比 χ 较小时，还会发生与剪压破坏非常相近的剪切破坏形态。

弯剪扭共同作用下钢筋混凝土构件扭曲截面承载力计算，和纯扭构件相同，主要有以变角度空间桁架模型与以斜弯理论（扭曲破坏面极限平衡理论）为基础的两种计算方法。

5.4.2 按《混凝土结构设计规范》的配筋计算方法

对于剪扭、弯扭以及弯剪扭共同作用下的构件，当采用按斜弯理论和变角度空间桁架模型得出的计算公式来进行配筋计算时，是非常繁琐的。在国内大量试验研究和按变角度空间桁架模型分析的基础上，《混凝土结构设计规范》（GB 50010—2010）规定了剪扭、弯扭及弯剪扭构件扭曲截面的实用配筋计算方法。

鉴于《混凝土结构设计规范》（GB 50010—2010）的受剪和受扭承载力计算公式中均考虑了混凝土的作用，所以剪力和扭矩共同作用的剪扭构件的承载力计算公式至少必须考虑扭矩对混凝土受剪承载力和剪力对混凝土受扭承载力的影响。与纯扭构件的扭曲截面承载力计算类似，根据截面形式的不同，规范采用了不同的计算公式，分述如下：

1. 对于剪力和扭矩共同作用下的矩形截面一般剪扭构件

（1）剪扭构件的受剪承载力

$$V_u = 0.7(1.5 - \beta_t)f_t b h_0 + f_{yv}\frac{A_{sv}}{s}h_0 \tag{5-34}$$

（2）剪扭构件的受扭承载力

$$T_u = 0.35\beta_t f_t W_t + 1.2\sqrt{\zeta} \cdot f_{yv}\frac{A_{st1} \cdot A_{cor}}{s} \tag{5-35}$$

式中 β_t——剪扭构件混凝土受扭承载力降低系数，一般剪扭构件的 β_t 值按以下公式计算：

$$\beta_t = \frac{1.5}{1 + 0.5\dfrac{V}{T}\dfrac{W_t}{bh_0}} \tag{5-36}$$

对于集中荷载作用下的独立剪扭构件，其受剪承载力计算式（5-34）应改为：

$$V_u = \frac{1.75}{\lambda + 1}(1.5 - \beta_t)f_t b h_0 + f_{yv}\frac{A_{sv}}{s}h_0 \tag{5-37}$$

受扭承载力仍按式（5-35）计算，但式（5-35）与式（5-37）中的剪扭构件混凝土受扭承载力降低系数应改为按以下公式：

$$\beta_t = \frac{1.5}{1 + 0.2(\lambda + 1)\dfrac{V \cdot W_t}{T \cdot bh_0}} \tag{5-38}$$

按式（5-36）和式（5-38）计算得出的剪扭构件混凝土受扭承载力降低系数 β_t 值，如果小于 0.5，则可不考虑扭矩对混凝土受剪承载力的影响，故此时取 $\beta_t = 0.5$。如果大于 1.0，则可不考虑剪力对混凝土受扭承载力的影响，故此时取 $\beta_t = 1.0$。λ 为计算截面的剪跨比，按第 4 章所述采用。

2. 箱形截面钢筋混凝土一般剪扭构件

（1）剪扭构件的受剪承载力

$$V_u = 0.7(1.5 - \beta_t)f_t b h_0 + f_{yv}\frac{A_{sv}}{s}h_0 \tag{5-39}$$

（2）剪扭构件的受扭承载力

$$T_u = 0.35 a_h \beta_t f_t W_t + 1.2\sqrt{\zeta} \cdot f_{yv}\frac{A_{st1}A_{cor}}{s} \tag{5-40}$$

此处，a_h 值与 ζ 值应按箱形截面钢筋混凝土纯扭构件的受扭承载力计算规定要求取值。

箱形截面一般剪扭构件混凝土受扭承载力降低系数 β_t 近似按照公式（5-36）计算，但式中的 W_t 应以 $a_h W_t$ 代替，即

$$\beta_t = \frac{1.5}{1 + 0.2(\lambda + 1)\dfrac{V a_h W_t}{T b_h h_0}} \tag{5-41}$$

对集中荷载作用下独立的箱形截面剪扭构件，其受剪承载力计算公式和式（5-37）相同，但其中的 β_t 应通过式（5-41）计算。

集中荷载作用下独立箱形截面剪扭构件的受扭承载力仍按式（5-40）计算，但是式中的 W_t 应以 $a_h W_t$ 代替，β_t 应按（5-41）计算。

3. T 形和 I 形截面剪扭构件的承载力

（1）剪扭构件的受剪承载力，通过公式（5-34）与式（5-36）或按式（5-37）与式（5-38）进行计算，但是计算时应将 T 及 W_t 分别以 T_w 及 W_{tw} 代替，即假设剪力全部由腹板承担；

（2）剪扭构件的受扭承载力，可按照纯扭构件的计算方法，将截面划分为几个矩形截面分别进行计算；腹板是剪扭构件，可按公式（5-35）以及式（5-36）或式（5-38）进行计算，但计算时应将 T 及 W_t 分别以 T_w 及 W_{tw} 代替；受压翼缘和受拉翼缘为纯扭构件可按矩形截面纯扭构件的规定进行计算，但计算时应将 T 及 W_t 分别以 T'_f 及 W'_{tf} 和 T_f 及 W_{tf} 代替。

矩形、T 形、I 形以及箱形截面的弯扭构件的配筋计算，《混凝土结构设计规范》（GB 50010—2010）采用按照纯弯矩和纯扭矩分别计算所需的纵筋和箍筋，然后将相应的钢筋截面面积叠加的计算方法。所以，弯扭构件的纵筋为受弯（弯矩为 M）所需的纵筋（A_s、A'_s）与受扭（扭矩为 T）所需的纵筋（A_{stl}）截面面积之和，而箍筋则仅是受扭（扭矩为 T）所需的箍筋（A_{stl}）。

矩形、T 形、I 形以及箱形截面钢筋混凝土弯剪扭构件配筋计算的一般原则是：纵向钢筋应按受弯构件的正截面受弯承载力和剪扭构件的受扭承载力分别计算所需的钢筋截面面积与相应的位置进行配筋。箍筋应按剪扭构件的受剪承载力和受扭承载力分别计算所需的箍筋截面面积，并且配置在相应位置。

所以，对于矩形截面弯剪扭构件，当内力设计值 M、V、T 已知时，依据 M 按受纯弯构件正截面承载力计算所需的纵筋（A_s、A'_s），根据 V、T 按剪扭构件受剪扭承载力由式（5-36）或者式（5-38）确定 β_t 值，并根据式（5-34）及式（5-35）或者式（5-37）及式（5-35）计算构件截面的受剪承载力所需的箍筋（A_{sr}）及受扭承载力所需的纵筋（A_{stl}）和箍筋

（A_{stl}），并配置在相应位置。

《混凝土结构设计规范》（GB 50010—2010）规定，在弯矩、剪力以及扭矩共同作用下但剪力或扭矩较小的矩形、T 形、I 形和箱形钢筋混凝土截面弯剪扭构件，当符合以下条件时，可按下列规定进行承载力计算：

（1）当 $V \leqslant 0.35 f_t bh_0$ 或 $V \leqslant 0.875 f_t bh_0 / (\lambda+1)$ 时，可忽略剪力的作用，仅按受弯构件的正截面受弯承载力和纯扭构件扭曲截面受扭承载力分别进行计算；

（2）当 $T \leqslant 0.175 f_t W_t$ 或对于箱形截面构件 $T \leqslant 0.175 \alpha_h f_t W_t$ 时，可忽略扭矩的作用，仅按受弯构件的正截面受弯承载力和斜截面受剪承载力分别进行计算。

4. 剪扭构件混凝土受扭承载力降低系数 β_t 的依据

下面通过剪扭承载力的相关关系来说明式（5-34）、式（5-35）中剪扭构件混凝土受扭承载力降低系数 β_t 的依据。

试验研究表明，弯剪扭共同作用下矩形截面无腹筋构件剪扭承载力相关曲线基本上满足 1/4 圆曲线规律，如图 5-13（a）所示。图中 T_c、V_c 是无腹筋构件同时作用剪力和扭矩时混凝土的受扭承载力和受剪承载力；T_{co} 是无腹筋构件受纯扭时的受扭承载力；V_{co} 为无腹筋构件受剪时，混凝土的受剪承载力。若假定配有箍筋的有腹筋构件，其混凝土的剪扭承载力相关曲线也符合 1/4 圆曲线规律，并把其简化为如图 5-13（b）所示的三折线，则有

$$\frac{V_c}{V_{co}} \leqslant 0.5 \text{ 时}, \frac{T_c}{T_{co}} = 1.0 \tag{5-42}$$

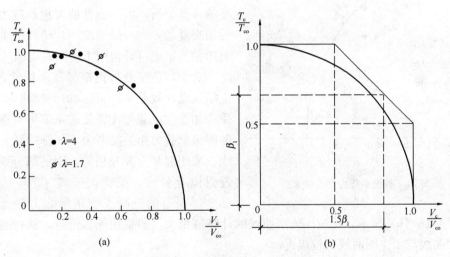

图 5-13　剪扭承载力相关关系

（a）无腹筋构件；（b）有腹筋构件混凝土承载力计算曲线

$$\frac{T_c}{T_{co}} \leqslant 0.5 \text{ 时}, \frac{V_c}{V_{co}} = 1.0 \tag{5-43}$$

$$\frac{T_c}{T_{co}} \text{、} \frac{V_c}{V_{co}} > 0.5 \text{ 时}, \frac{T_c}{T_{co}} + \frac{V_c}{V_{co}} = 1.5 \tag{5-44}$$

对于式（5-44），若令

$$\frac{T_c}{T_{co}} = \beta_t \tag{5-45}$$

则有

$$\frac{V_{c}}{V_{co}} = 1.5 - \beta_{t} \tag{5-46}$$

从而得到

$$\beta_{t} = \frac{1.5}{1 + \dfrac{V_{c}/V_{co}}{T_{c}/T_{co}}} \tag{5-47}$$

式（5-42）~式（5-46）中，T_{c}、V_{c} 是有腹筋构件同时作用剪力和扭矩时，混凝土的受扭承载力和受剪承载力，T_{co} 与 V_{co} 为有腹筋构件受纯扭和受剪时，混凝土的受扭承载力和受剪承载力。在式（5-46）中，如果以剪力和扭矩设计值之比 $\dfrac{V}{T}$ 代替 $\dfrac{V_{c}}{T_{c}}$，取 $T_{co} = 0.35 f_{t} W_{t}$ 和 $V_{co} = 0.7 f_{t} bh_{0}$ 代入时，则可得出式（5-36），取 $T_{co} = 0.35 f_{t} W_{t}$ 和 $V_{co} = \dfrac{1.75}{\lambda + 1} f_{t} bh_{0}$ 代入时，则可得出式（5-38）。

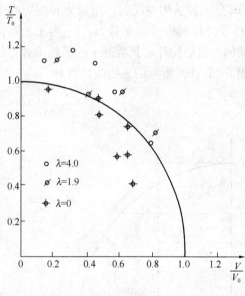

图 5-14　剪扭承载力相关关系

有腹筋构件的试验表明，弯剪扭共同作用下矩形截面构件剪扭承载力相关曲线通常可近似以 1/4 圆曲线表示，如图 5-14 所示。图中 T_{0}、V_{0} 分别代表受纯扭作用有腹筋构件的受扭承载力和扭矩为零剪跨比 λ 值不同时有腹筋构件的受剪承载力。根据前述变角度空间桁架模型的计算分析，虽然构件的剪扭承载力相关关系相当复杂，但一般情况下，构件的剪扭承载力相关关系也可近似用 1/4 圆曲线描述。

对于弯剪扭及剪扭矩形截面构件，《混凝土结构设计规范》（GB 50010—2010）采用的受剪和受扭承载力计算公式是依据有腹筋构件的剪扭承载力相关关系为 1/4 圆曲线作为校正线，采用混凝土部分相关，钢筋部分不相关的近似拟合公式。虽然，按式（5-36）或者式（5-38）计算的混凝土受扭承载力降低系数 β_{t} 值，如图 5-13（b）所示，比按 1/4 圆曲线的计算值稍大，但采用此 β_{t} 值后，构件的剪扭承载力相关曲线与 1/4 圆曲线比较接近。

5.5　在轴向力、弯矩、剪力和扭矩共同作用下钢筋混凝土矩形截面框架柱受扭承载力计算

1. 轴向力为压力时

《混凝土结构设计规范》（GB 50010—2010）规定，在轴向压力、弯矩、剪力和扭矩共同作用下的钢筋混凝土矩形截面框架柱，其剪、扭承载力应按以下公式计算：

（1）受剪承载力

$$V_u = (1.5 - \beta_t)\left(\frac{1.75}{\lambda + 1}f_t b h_0 + 0.07N\right) + f_{yv}\frac{A_{sv}}{s}h_0 \tag{5-48}$$

（2）受扭承载力

$$T_u = \beta_t\left(0.35f_t W_t + 0.07\frac{N}{A}W_t\right) + 1.2\sqrt{\zeta} \cdot f_{yv}\frac{A_{st1}A_{cor}}{s} \tag{5-49}$$

此处，β_t 近似按公式（5-38）计算。式（5-48）、式（5-49）以及式（5-38）中 λ 为计算截面的剪跨比，按第 4 章有关规定取用。

在轴向压力、弯矩、剪力以及扭矩共同作用下的钢筋混凝土矩形截面框架柱，其纵向普通钢筋截面面积应分别按照偏心受压构件正截面承载力与剪扭构件的受扭承载力计算确定，并应配置在相应的位置。箍筋截面面积应分别按剪扭构件的受剪承载力与受扭承载力计算确定，并应配置在相应位置。

在轴向压力、弯矩、剪力以及扭矩共同作用下的钢筋混凝土矩形截面框架柱，当 $T \leqslant \left(0.175f_t + 0.035\frac{N}{A}\right)W_t$ 时，可仅计算偏心受压构件的正截面承载力和斜截面受剪承载力。

2. 轴向力为拉力时

在轴向拉力、弯矩、剪力以及扭矩作用下的混凝土矩形截面框架柱，其受剪、受扭承载力按下列公式计算：

（1）受剪承载力

$$V_u = (1.5 - \beta_t)\left(\frac{1.75}{\lambda + 1}f_t b h_0 - 0.2N\right) + f_{yv}\frac{S_{sv}}{s}h_0$$

当 $\quad V_u < f_{yv}\dfrac{A_{sv}}{s}h_0$ 时，取 $V_u = f_{yv}\dfrac{A_{sv}}{s}h_0 \tag{5-50}$

（2）受扭承载力

$$T_u = \beta_t\left(0.35f_t - 0.2\frac{N}{A}\right)W_t + 1.2\sqrt{\zeta}f_{yv}\frac{A_{st1}A_{cor}}{s} \tag{5-51}$$

当 $\quad T_u < 1.2\sqrt{\zeta}f_{yv}\dfrac{A_{st1}A_{cor}}{s}$ 时，取 $T_u = 1.2\sqrt{\zeta}f_{yv}\dfrac{A_{st1}A_{cor}}{s}$

式中 N——与剪力、扭矩设计值 V、T 相应的轴向压力或轴向拉力；

　　　λ——计算截面的剪跨比；

　　A_{sv}——受剪承载力所需的箍筋截面面积；

　　A_{st1}——受扭计算中沿截面周边配置的箍筋单肢截面面积。

在轴向拉力、弯矩、剪力和扭矩作用下的钢筋混凝土矩形截面框架柱，当 $T \leqslant \left(0.175f_t - 0.1\frac{N}{A}\right)W_t$ 时，可仅计算偏心受拉构件的正截面承载力和斜截面承载力。

《混凝土结构设计规范》（GB 50010—2010）还规定，在轴向拉力、弯矩、剪力以及扭矩共同作用下的钢筋混凝土矩形截面框架柱，其纵向普通钢筋截面面积应分别按照偏心受拉构件的正截面承载力和剪扭构件的受扭承载力确定，并应配置在相应位置；箍筋截面面积应分别通过剪扭构件的受剪承载力和受扭承载力确定，并应配置在相应位置。

5.6 协调扭转的钢筋混凝土构件扭曲截面承载力

协调扭转的钢筋混凝土构件开裂之后，受扭刚度降低，由于内力重分布将导致作用于构件上的扭矩减小。一般情况下，为简化计算，可取扭转刚度为零，即忽略扭矩的作用，但应根据构造要求配置受扭纵向钢筋和箍筋，以确保构件有足够的延性和满足正常使用时裂缝宽度的要求，此即一些国外规范采用的零刚度设计法。《混凝土结构设计规范》（GB 50010—2010）未采用上述简化计算法，而是规定宜考虑内力重分布的影响，将扭矩设计值 T 降低，按照弯剪扭构件进行承载力计算。

5.7 受扭构件的构造要求

1. 受扭纵向钢筋的构造要求

（1）为了防止发生少筋破坏，梁内受扭纵向钢筋的配筋率 ρ_{tl} 应当不小于其最小配筋率 $\rho_{stl,min}$，即

$$\rho_{tl} = \frac{A_{stl}}{bh} \geqslant \rho_{tl,min}$$

$$\rho_{tl,min} = \frac{A_{stl,min}}{bh} = 0.6\sqrt{\frac{T}{Vb}} \cdot \frac{f_t}{f_y} \tag{5-52}$$

式中，当 $\dfrac{T}{Vb} > 2$ 时，取 $\dfrac{T}{Vb} = 2$。

（2）受扭纵向受力钢筋的间距不应大于 200mm 及梁的截面宽度。

（3）在截面四角必须设置受扭纵向受力钢筋，并且沿截面周边均匀对称布置；当支座边作用有较大扭矩时，受扭纵向钢筋应按照充分受拉锚固在支座内。

（4）在弯剪扭构件中，配置在截面弯曲受拉边的纵向受力钢筋，其截面面积不应小于按照受弯构件受拉钢筋最小配筋率计算的截面面积和按受扭纵向钢筋最小配筋率计算并分配到弯曲受拉边的钢筋截面面积之和。

2. 受扭箍筋的构造要求

（1）为了避免发生少筋破坏，弯剪扭构件中，箍筋的配筋率 ρ_{sv} 不应小于 $0.28\dfrac{f_t}{f_{yv}}$，即

$$\rho_{sv} = \frac{nA_{sv1}}{bs} \geqslant 0.28\frac{f_t}{f_{yv}} \tag{5-53}$$

（2）受扭所需的箍筋应做成封闭式，并且应沿截面周边布置。当采用复合箍时，位于截面内部的箍筋不应当计入受扭所需的截面面积。

（3）受扭所需箍筋的末端应做成 135°弯钩，弯钩平直段长度不应小于 $10d$，d 是箍筋直径。

注意，在变角度空间桁架横型中，受扭纵向钢筋是上、下弦杆，混凝土为斜压腹杆，箍筋是受拉的竖向腹杆，所以受扭箍筋与受扭纵向钢筋两者必须同时配置，才能起桁架作用。

对于箱形截面构件，式（5-51）与式（5-52）中的 b 均应以 b_h 代替。

3. 截面尺寸的构造要求

为了使弯剪扭构件不发生在钢筋屈服前混凝土先压碎的超筋破坏，《混凝土结构设计规范》（GB 50010—2010）规定，在弯矩、剪力以及扭矩共同作用下，h_w/b 不大于 6 的矩形、T 形、I 形截面和 h_w/t_w 不大于 6 的箱形截面构件（图 5-9），其截面尺寸应符合下列条件：

当 h_w/b（或 h_w/t_w）不大于 4 时

$$\frac{V}{bh_0} + \frac{T}{0.8\overline{\omega_t}} \leqslant 0.25\beta_c f_c \tag{5-54}$$

当 h_w/b（或 h_w/t_w）等于 6 时

$$\frac{V}{bh_0} + \frac{T}{0.8\overline{\omega_t}} \leqslant 0.2\beta_c f_c \tag{5-55}$$

当 h_w/b（或 h_w/t_w）大于 4 但小于 6 时，按线性内插法确定。

当 h_w/b 大于 6 或者 h_w/t_w 大于 6 时，受扭构件的截面尺寸要求及扭曲截面承载力计算应满足专门规定。

式中　T——扭矩设计值；

　　　b——矩形截面的宽度，T 形或 I 形截面取腹板宽度，箱形截面取两侧壁总厚度 $2t_w$；

　　　$\overline{\omega_t}$——受扭构件的截面受扭塑性抵抗矩；

　　　h_w——截面的腹板高度：对矩形截面，取有效高度 h_0；对 T 形截面，取有效高度减去翼缘高度；对 I 形和箱形截面，取腹板净高。

　　　t_w——箱形截面壁厚，其值不应小于 $b_h/7$，此处，b_h 为箱形截面宽度。

4. 按构造要求配置受扭纵向钢筋和受扭箍筋的条件

在弯矩、剪力和扭矩作用下的构件，当符合以下条件时，可不进行构件受剪扭承载力的计算，而按构造要求配置纵向受扭钢筋和受扭箍筋：

$$\frac{V}{bh_0} + \frac{T}{\overline{W_t}} \leqslant 0.7f_t \tag{5-56}$$

或

$$\frac{V}{bh_0} + \frac{T}{\overline{W_t}} \leqslant 0.7f_t + 0.07\frac{N}{bh_0} \tag{5-57}$$

式中　N——与剪力、扭矩设计值 V，T 相应的轴向压力设计值，当 $N > 0.3f_c A$ 时，取 $N = 0.3f_c A$。

【例 5-1】 已知矩形截面构件，$b \times h = 250\text{mm} \times 600\text{mm}$，承受扭矩设计值 $T = 12\text{kN} \cdot \text{m}$，弯矩设计值 $M = 110\text{kN} \cdot \text{m}$，剪力设计值 $V = 76\text{kN}$。采用 C25 级混凝土，纵筋为 HRB335 级，箍筋为 HPB300 级，安全等级二级，环境类别为一类。

要求：计算构件的配筋。

解：1. 确定基本参数

一类环境，C25 梁，$f_t = 1.27\text{MPa}$，$f_c = 11.9\text{MPa}$，$\alpha_1 = 1.0$，$\xi_b = 0.55$

保护层厚度 $c = 20\text{mm}$，箍筋直径选用 8mm，纵筋直径按 20mm 考虑，则

$$a_s = 20 + 8 + \frac{20}{2} = 38(\text{mm})，计算时取 40\text{mm}$$

$$h_0 = h - a_s = 500 - 40 = 460 （\text{mm}）$$

截面外边缘至箍筋内边缘的距离为 $20 + 8 = 28$ （mm），计算中取 30mm，则

$$b_{cor} = b - 2(c+d) = 250 - 2 \times 30 = 190(\text{mm})$$

$$h_{cor} = h - 2(c+d) = 500 - 2 \times 30 = 440(\text{mm})$$

$$A_{cor} = b_{cor} \times h_{cor} = 190 \times 440 = 83600(\text{mm})$$

$$\mu_{cor} = 2(b_{cor} + h_{cor}) = 2 \times (190 + 440) = 1260(\text{mm})$$

$$W_t = \frac{b^2}{6}(3h - b) = \frac{250^2}{6} \times (3 \times 500 - 250) = 13.02 \times 10^6 (\text{mm}^3)$$

HPB300 级箍筋，$f_{yv} = 270\text{MPa}$，HRB335 级纵筋，$f_y = 300\text{MPa}$。

2. 验算截面尺寸

$$h_w = h_0 = 460, \frac{h_w}{b} = \frac{460}{250} = 1.84 < 4.0$$

采用式（5-53），因为混凝土强度等级小于C50，取 $\beta_c = 1.0$

$$\frac{V}{bh_0} + \frac{T}{0.8W_t} = \frac{76 \times 10^3}{250 \times 460} + \frac{12 \times 10^6}{0.8 \times 13.02 \times 10^6} = 0.661 + 1.152 = 1.813(\text{MPa})$$

$$< 0.25\beta_c f_c = 0.25 \times 1.0 \times 11.9 = 2.98(\text{MPa})$$

截面符合要求。

3. 验算是否可不考虑剪力

$$V = 76\text{kN} > 0.35 f_t bh_0 = 0.35 \times 1.27 \times 250 \times 460 = 51117 \text{ (N)} \approx 51 \text{ (kN)}$$

不能忽略剪力。

4. 验算是否可不考虑扭矩

$$T = 12\text{kN} \cdot \text{m} > 0.175 f_t W_t = 0.175 \times 1.27 \times 13.02 \times 10^6$$

$$= 2.894 \times 10^6 (\text{N} \cdot \text{mm})$$

$$= 2.894 (\text{kN} \cdot \text{mm})$$

不能忽略扭矩。

5. 验算是否要按计算配置抗剪、抗扭钢筋

根据式（5-55），有

$$\frac{V}{bh_0} + \frac{T}{W_t} = \frac{76 \times 10^3}{250 \times 460} + \frac{12 \times 10^6}{13.02 \times 10^6} = 1.583(\text{MPa})$$

$$> 0.7 f_t = 0.7 \times 1.27 = 0.889 \text{ (MPa)}$$

应按计算配筋抗剪、抗扭钢筋。

6. 计算剪扭构件混凝土承载力降低系数 β_t

根据式（5-36），有

$$\beta_t = \frac{1.5}{1 + 0.5 \dfrac{VW_t}{Tbh_0}} = \frac{1.5}{1 + 0.5 \times \dfrac{76 \times 10^3 \times 13.02 \times 10^6}{12 \times 10^6 \times 250 \times 460}} = 1.104 > 1.0$$

取 $\beta_t = 1.0$。

7. 计算箍筋用量

1）计算抗扭箍筋用量

选用抗扭纵筋与箍筋的配筋强度比 $\xi = 1.0$

根据式（5-35），有

$$\frac{A_{st1}}{s} = \frac{T - 0.35\beta_t f_t W_t}{1.2\sqrt{\xi}f_{yv}} = \frac{12 \times 10^6 - 0.35 \times 1.0 \times 1.27 \times 13.02 \times 10^6}{1.2 \times \sqrt{1.0} \times 270 \times 83600}$$

$$= 0.229 \, (\text{mm}^2/\text{mm})$$

2）计算抗剪箍筋用量

采用双肢箍筋 $n = 2$。

根据式（5-34），有

$$\frac{A_{sv1}}{s} = \frac{V - 0.7(1.5 - \beta_t)f_t bh_0}{nf_{yv}h_0} = \frac{76000 - 0.7 \times (1.5 - 1.0) \times 1.27 \times 250 \times 460}{2 \times 270 \times 460}$$

$$= 0.1002 \, (\text{mm}^2/\text{mm})$$

3）抗剪和抗扭箍筋用量

$$\frac{A_{sv1}}{s} = \frac{A_{st1}}{s} + \frac{A_{sv1}}{s} = 0.229 + 0.1002 = 0.309 \, (\text{mm}^2/\text{mm})$$

选用箍筋直径 A8，单肢箍筋面积 $A_{sv1}^* = 50.3 \text{mm}^2$

箍筋间距 $s = \dfrac{50.3}{0.329} = 152.9 \, (\text{mm})$

实取 $s = 150\text{mm} < s_{\max} = 200\text{mm}$

4）验算配箍率

$$\rho_{sv,\min} = 0.28 \frac{f_t}{f_{yv}} = 0.28 \times \frac{1.27}{270} = 0.132\%$$

实际配箍率 $\rho_{sv}^* = \dfrac{A_{sv}}{bs} = \dfrac{2 \times 50.3}{250 \times 150} = 0.268\% > \rho_{sv,\min}$

满足要求。

8. 计算抗扭纵筋用量

1）求 A_{stl}

已知 $\xi = 1.0, \dfrac{A_{stl}}{s} = 0.192 \, (\text{mm}^2/\text{mm})$

根据式（5-18），有

$$A_{stl} = \frac{\xi f_{yv} A_{st1} u_{cor}}{f_y s} = \frac{1.0 \times 270 \times 0.229 \times 1260}{300} = 259.7 \, (\text{mm}^2)$$

选用 6 Φ 12，$A_{stl} = 678\text{mm}^2$，布置在截面四角和侧边高度的中部。

2）验算配筋率

根据式（5-51），有

$$\rho_{stl,\min} = 0.6\sqrt{\frac{T}{Vb}} \cdot \frac{f_t}{f_y}$$

$$\frac{T}{Vb} = \frac{12 \times 10^6}{76 \times 10^3 \times 250} = 0.632 < 2.0 , \ \text{取} \ \frac{T}{Vb} = 0.632$$

$$\rho_{stl,\min} = 0.6 \times \sqrt{0.632} \times \frac{1.27}{300} = 0.202\%$$

实际配筋率

$$\rho_{stl} = \frac{A_{stl}}{bh} = \frac{678}{250 \times 500} = 0.542 > \rho_{stl,\min} = 0.202\%, \ \text{符合要求。}$$

9. 计算抗弯纵筋用量：按单筋矩形截面抗弯承载力计算。

$$\alpha_s = \frac{M}{\alpha_1 f_c b h_0^2} = \frac{110 \times 10^6}{1.0 \times 11.9 \times 250 \times 460^2} = 0.175$$

$$\xi = 1 - \sqrt{1 - 2\alpha_s} = 1 - \sqrt{1 - 2 \times 0.175} = 0.194 < \xi_b = 0.55$$

$$A_s = \frac{\xi \alpha_1 f_c b h_0}{f_y} = \frac{0.194 \times 1.0 \times 11.9 \times 250 \times 460}{300} = 885 \, (\text{mm}^2)$$

10. 确定纵筋的总用量

顶部纵筋 2 Φ 12

两侧边高度中部纵筋 2 Φ 12

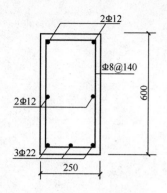

图 5-15　例 5-1 题图

底部纵筋 $\dfrac{A_{stl}}{3}+A_s=\dfrac{678}{3}+885=1111$（mm²）

实取 3 Φ 22，$A_s=1140$mm²。截面配筋图见图 5-15。

【例 5-2】 已知某钢筋混凝土矩形截面纯扭构件，处于一类环境，安全等级为二级，截面尺寸 $b\times h=250$mm×600mm，承受的扭矩设计值 $T=30$kN·m。混凝土强度等级为 C30，纵筋和箍筋均采用 HRB400 钢筋，试计算配筋。

解：（1）确定其基本参数　查附表 2-8、附表 2-3 和附表 2-4 可知，$f_c=14.3$N/mm²，$f_t=1.43$N/mm²，$\beta_c=1.0$，$f_y=f_{yv}=360$N/mm²。

查附表 3-2，一类环境，$c=20$mm，设计选用箍筋直径 8mm，则

$$b_{cor}=b-2c-2d_v=194\text{mm} \qquad h_{cor}=b-2c-2d_v=544\text{mm}$$

$$A_{cor}=194\text{mm}\times544\text{mm}=105536\text{mm}^2$$

（2）验算界面限制条件和构造配筋条件

$$W_t=\dfrac{b^2}{6}(3h-b)=\left[\dfrac{250^2}{6}(3\times600-250)\right]\text{mm}^3=16.15\times10^6\text{ mm}^3$$

$$a_s=40\text{mm} \qquad h_w/b=(600-40)/250=2.24<4$$

$$\dfrac{T}{0.8W_t}=\dfrac{30\times10^6\text{N}}{0.8\times16.15\times10^6\text{ mm}^2}=2.32\text{ N/mm}^2<0.25\beta_cf_c=3.58\text{N/mm}^2$$

$$\dfrac{T}{W_t}=\dfrac{30\times10^6\text{N}}{16.15\times10^6\text{ mm}^2}=1.86\text{ N/mm}^2>0.7f_t=1.00\text{N/mm}^2$$

应按计算配筋。

（3）计算箍筋　取 $\xi=1.2$，即

$$\dfrac{A_{stl}}{s}=\dfrac{T-0.35f_tW_t}{1.2\sqrt{\zeta}f_{yv}A_{cor}}=\dfrac{30\times10^6-0.35\times1.43\times16.15\times10^6}{1.2\sqrt{1.2}\times360\times105536}\text{（mm}^2/\text{mm)}$$

验算配筋率

$$\rho_{sv}=\dfrac{2A_{stl}}{bs}=0.00351>\rho_{sv,min}=0.28\dfrac{f_t}{f_{yv}}=0.00111\text{（满足要求）}$$

（4）计算纵筋

$$A_{stl}=\dfrac{\zeta f_{yv}A_{stl}u_{cor}}{f_ys}=\dfrac{1.2\times360\times0.439\times1476}{360}\text{mm}^2=778\text{mm}^2$$

$$\rho_{tl}=\dfrac{A_{stl}}{bh}=\dfrac{778}{250\times600}=0.519\%>\rho_{tl,min}=0.6\sqrt{\dfrac{T}{Vb}}\cdot\dfrac{f_t}{f_y}=0.6\times\sqrt{2}\times\dfrac{f_t}{f_y}=\dfrac{0.85\times1.43}{360}$$

$=0.338\%$（满足要求）

（5）选配钢筋

受扭箍筋选双肢Φ8 箍筋 $A_{stl}=50.3$mm²，$s=50.3/0.439$mm=115mm，取 $s=110$mm；受扭纵筋选 8 Φ 12，$A_{stl}=904$mm²。

习　　题

5-1　纯扭构件的破坏形态有哪些？简述每种破坏形态的破坏特征。

5-2　如何理解配筋强度比？其作用是什么？规范规定的范围是什么？

5-3　简述扭矩的存在对受弯承载力和受剪承载力的影响。

5-4　弯、剪、扭共同作用下钢筋混凝土构件有哪几种破坏类型？受剪、扭共同作用的构件在什么情况下只需要按照构造配筋而不必计算？

5-5　钢筋混凝土构件矩形截面 $b \times h = 250\text{mm} \times 600\text{mm}$，截面上弯矩组合设计值 $M_d = 105\text{kN} \cdot \text{m}$、剪力组合设计值 $V_d = 109\text{kN}$、扭矩组合设计值 $T_d = 9.23\text{kN} \cdot \text{M}$；Ⅰ类环境条件，安全等级为二级；设 $a_s = 40\text{mm}$，箍筋内表皮至构件表面距离为 30mm；采用 C25 混凝土和 HPB300 级钢筋，试进行截面的配筋设计。

5-6　已知一钢筋混凝土弯扭构件，截面尺寸为 $b \times h = 300\text{mm} \times 500\text{mm}$，扭矩设计值为 $T = 15\text{kN} \cdot \text{m}$，弯矩设计值为 $M = 80\text{kN} \cdot \text{m}$，采用 C30 混凝土，箍筋用 HRB335 级钢筋，纵筋用 HRB400 级钢筋，试计算其配筋。

5-7　有一钢筋混凝土弯扭构件，截面尺寸为 $b \times h = 200\text{mm} \times 500\text{mm}$，弯矩设计值为 $M = 70\text{kN} \cdot \text{m}$，扭矩设计值为 $T = 12\text{kN} \cdot \text{m}$，采用 C30 混凝土，箍筋用 HRB335 级钢筋，纵向钢筋用 HRB400 级钢筋，试计算其配筋。

第六章　钢筋和混凝土受压构件的截面承载力计算

本章要点

　　本章叙述了钢筋混凝土受压构件的一般构造及特点，重点讲述轴心受压及偏心受压构件承载力的配筋设计方法及偏心受压构件破坏特征，同时也阐述了规范对受压构件的一些构造规定和要求。

6.1　受压构件的一般构造

6.1.1　受压构件的分类

　　受压构件是工程结构中以承受压力作用为主的受力构件。比如，单层厂房排架柱，拱、屋架的上弦杆，多层和高层建筑中的框架柱，桥梁结构中的桥墩等都属于受压构件。受压构件常常在结构中起着重要作用，一旦破坏，将造成整个结构严重损坏，甚至倒塌。

　　受压构件按其受力情况可分为：轴心受压构件与偏心受压构件。当轴向压力的作用点与构件截面重心重合时，叫做轴心受压构件［图 6-1（a）］；当轴向压力作用点与构件截面重心不重合或者构件截面上同时有弯矩和轴向压力作用时，叫做偏心受压构件。当轴向压力作用点只对构件正截面的一个主轴有偏心距时，是单向偏心受压构件［图 6-1（b）］；当轴向压力的作用点对构件正截面的两个主轴都有偏心距时，是双向偏心受压构件［图 6-1（c）］。

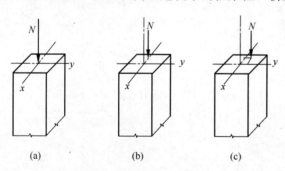

图 6-1　受压构件的类型
（a）轴心受压构件；（b）单向偏心受压构件；
（c）双向偏心受压构件

6.1.2　构造要求

1. 截面形式和尺寸

　　为了模板制作的方便，受压构件通常均采用方形或矩形截面；用于桥墩、桩以及公共建筑中的柱，其截面也可做成圆形或多边形；为了节约混凝土及减轻构件的自重，当预制装配式受压构件的截面尺寸较大时，常采用 I 形截面。受压构件的截面尺寸不宜太小，构件越细长，纵向弯曲的影响越大，承载力降低越多，不能够充分利用材料强度。当钢筋混凝土受压构件采用矩形截面时，截面长边布置在弯矩作用方向，长边与短边的比值通常为 1.5～2.5，截面宽度通常不宜小于 300mm；当采用圆形截面时，通常要求圆形截面直径不宜小于 350mm。一般长细比宜控制在 $l_0/b \leqslant 30$、$l_0/h \leqslant 25$、$l_0/d \leqslant 25$，此处 l_0 为受压构件的计算长度，b、h 为矩形截面受压构件的短边与长边尺寸，d 为圆形截面柱的直径。

为施工方便，受压构件的截面尺寸通常采用整数，且柱截面边长在 800mm 以下时以 50mm 为模数，在 800mm 以上时以 100mm 为模数。

I 形截面要求翼缘厚度不小于 120mm，翼缘太薄，会使构件过早出现裂缝，同时在靠近柱底处的混凝土容易在车间生产过程中被碰坏，影响柱的承载力与使用年限；腹板厚度不宜小于 100mm，抗震区使用 I 形截面柱时，其腹板宜再加厚，I 形截面高度 h 通常大于 500mm。

2. 混凝土和钢筋强度

受压构件的承载力主要取决于混凝土抗压强度，不同于受弯构件，混凝土的强度等级对受压构件的承载力影响很大。受压构件取用较高强度等级的混凝土是经济合理的。目前我国一般结构柱常采用强度等级为 C30～C50 的混凝土，其目的为充分利用混凝土的优良抗压性能来减小构件截面尺寸。

受压构件中配置的纵向受力钢筋能够使混凝土的变形能力有一定提高，同时所配置的箍筋对混凝土有一定的约束作用，使纵向受压钢筋的抗压强度得到充分发挥。纵向受力钢筋一般采用 HRB400、HRBF400、HRB500、HRBF500 级钢筋，也可采用 HRB335、HRBF335 级钢筋。箍筋通常采用 HRB400、HRBF400、HPB300、HRB500、HRBF500 级钢筋，也可采用 HRB335、HRBF335 级钢筋。

3. 纵向钢筋

钢筋混凝土受压构件主要承受压力作用。纵向受力钢筋的作用是和混凝土共同承担由外荷载引起的内力（压力和弯矩）。柱内纵向受力钢筋的直径 d 不宜小于 12mm，过小则钢筋骨架柔性大，施工不便，工程上一般采用直径 16～32mm 的钢筋。

矩形截面受压构件中纵向受力钢筋的根数不得少于 4 根，以便同箍筋形成钢筋骨架。轴心受压构件中纵向受力钢筋应沿截面的四周均匀放置，偏心受压构件的纵向受力钢筋应沿与弯矩作用方向垂直的两个短边放置。圆柱中纵向受力钢筋根数不宜少于 8 根，不应少于 6 根，并且宜沿周边均匀布置。为了顺利浇筑混凝土，现浇柱中纵向钢筋的净间距不应小于 50mm，并且不宜大于 300mm；在偏心受压柱中，与弯矩作用平面垂直的侧面上纵向受力钢筋以及轴心受压构件中各边的纵向受力钢筋，其中距不宜大于 300mm；水平浇筑的预制柱，纵向钢筋的最小净间距可以按梁的有关规定取用。偏心受压柱的截面高度 $h \geqslant 600mm$ 时，在柱侧面上应设置直径不小于 10mm 的纵向构造钢筋，并相应地设置复合箍筋或者拉筋。图 6-2 所示为受压构件的配筋构造。

受压构件中的纵向钢筋用量不能过少。纵向钢筋太少，构件破坏时呈脆性；同时，在荷载长期作用下，由于混凝土的徐变，容易引起钢筋过早屈服。所以《混凝土结构设计规范》（GB 50010—2010）规定，纵向钢筋用量应满足最小配筋率的要求。为了方便施工及考虑经济性要求，纵向钢筋也不宜过多，在柱中全部纵向钢筋的配筋率不宜超过 5%，以免导致浪费。

纵筋的连接接头宜设置在受力较小处。钢筋的接头可以采用机械连接接头，也可以采用焊接接头和搭接接头。对于直径大于 28mm 的受拉钢筋及直径大于 32mm 的受压钢筋，不宜采用绑扎的搭接接头。

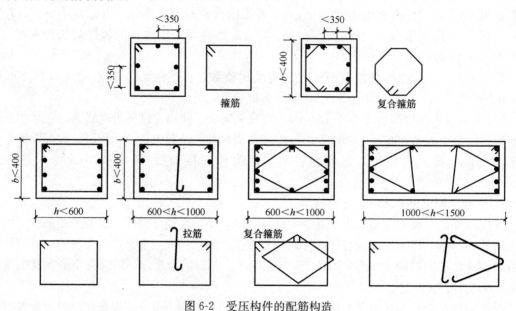

图 6-2　受压构件的配筋构造

4. 箍筋

受压构件中箍筋的作用是防止纵向钢筋受压时压屈，同时确保纵向钢筋的正确位置，与纵向钢筋组成钢筋骨架。柱周边箍筋应做成封闭式，其直径不宜小于 $d/4$（d 为纵筋最大直径），并且不应小于 6mm。

箍筋间距不应大于 400mm 和构件截面的短边尺寸，且不应大于 $15d$（d 为纵筋的最小直径）。

当柱截面短边尺寸大于 400mm，且各边纵筋配置根数多于 3 根时，或者当柱截面短边尺寸小于 400mm，但是各边纵筋配置根数多于 4 根时，应设置复合箍筋（图 6-2）。

当柱中全部纵向受力钢筋的配筋率大于 3% 时，箍筋直径不应小于 8mm，其间距不应大于 $10d$，且不应大于 200mm。箍筋末端应做成 135° 弯钩，并且弯钩末端平直段长度不应小于 $10d$（d 为纵筋的最小直径）。

在配有螺旋式或者焊接环式箍筋的柱中，比如在正截面受压承载力计算中考虑间接钢筋的作用时，箍筋间距不应大于 80mm 及 $d_{cor}/5$，并且不宜小于 40mm（d_{cor} 为按箍筋内表面确定的核心截面直径）。

在纵向受力钢筋搭接长度范围内，箍筋的直径不应当小于搭接钢筋直径的 0.25 倍，箍筋间距不应大于 $5d$，并且不应大于 100mm（此处 d 为受力钢筋中的最小直径）。当搭接受压钢筋直径大于 25mm 时，应于搭接接头两个端面外 100mm 范围内各设置 2 根箍筋。

对于截面形状复杂的构件，不可采用具有内折角的箍筋，防止产生向外的拉力，造成折角处的混凝土破损。图 6-3 所示为复杂截面的箍筋形式。

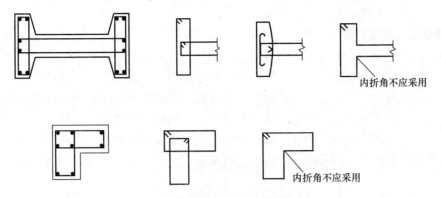

图 6-3　复杂截面的箍筋形式

5. 保护层厚度

受压构件混凝土保护层厚度与结构所处的环境类别及设计使用年限有关。设计使用年限为 50 年的混凝土结构，最外层钢筋的保护层厚度应符合《混凝土结构设计规范》（GB 50010—2010）附表 8.3.1 的要求；设计使用年限是 100 年的混凝土结构，最外层钢筋的保护层厚度不应小于《混凝土结构设计规范》（GB 50010—2010）附表 8.3.1 中数值的 1.4 倍。

6.2　轴心受压构件正截面承载力计算

在实际工程结构中，由于混凝土材料的非匀质性、纵向钢筋的不对称布置、荷载作用位置的不确定性和施工中不可避免的尺寸误差等原因，理想的轴心受压构件几乎是不存在的。但有些构件，如承受恒荷载为主的多层房屋的内柱及桁架的受压腹杆等，为使设计简化，可近似按轴心受压构件计算。

通常根据柱中箍筋的配置方式和对承载能力所起作用的不同，将钢筋混凝土柱分为普通箍筋柱与螺旋箍筋柱。

6.2.1　轴心受压普通箍筋柱的正截面受压承载力计算

如图 6-4 所示，普通箍筋柱是实际工程中最常见的轴心受压柱。柱中纵筋的作用是：提高柱的承载力，减小构件的截面尺寸，承受因偶然偏心产生的弯矩，改善构件的延性，约束混凝土由于徐变、收缩和温度变化产生的变形。箍筋的作用是：与纵筋形成骨架，避免纵筋在承受压力过程中外凸。

定义柱的计算长度 l_0 与截面回转半径 i 的比值为长细比，按照长细比的不同，受压柱分为短柱和长柱。短柱指的是 $l_0/b \leqslant 8$（矩形截面，b 为截面较小的边长）或 $l_0/d \leqslant 7$（圆形截面，d 为直径）或 $l_0/i \leqslant 28$（其他形状截面）的受压柱。除短柱外均为长柱。构件计算长度和构件两端支承情况有关，当两端铰支时，取 $l_0 = l$（l 是构件实际长度）；当两端固定时，取 $l_0 = 0.5l$；当一端固定、一端铰支时，取 $l_0 = 0.7l$；当一端固定、一端自由时，取 $l_0 = 2l_0$。在实际结构中，构件端部的连接不像上面几种情况那样理想和明确，为此《混凝土结构设计规范》（GB 50010—2010）6.2.20 条对单层房屋排架柱、框架柱等的计算长度进行了具体规定。

1. 轴心受压短柱的破坏形态

在轴心压力作用下，配有纵筋与普通箍筋的短柱，整个截面的应变基本呈均匀分布。当荷载较小时，混凝土与钢筋都处于弹性阶段，柱子压缩变形的增大与荷载的增大成正比，纵筋和混凝土的压应力的增加也与荷载的增大成正比。当荷载较大时，因为混凝土塑性变形的发展，其压缩变形增加的速度快于荷载增加速度。在相同荷载增量下，钢筋压应力的增长速度比混凝土快。随着荷载继续增加，柱中开始出现微细裂缝，随后，柱四周出现明显的纵向裂缝，箍筋间的纵筋被压屈而向外凸出，混凝土被压碎，柱子即告破坏，如图 6-5 所示。

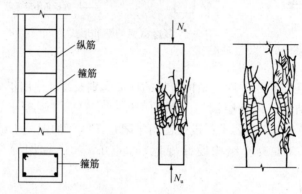

图 6-4　配有纵筋和普通箍筋的柱　　图 6-5　短柱的破坏形态

混凝土受压时的峰值应变在 0.0015～0.0025，平均值约是 0.002。短柱中混凝土达到应力峰值时的压应变通常在 0.0025～0.0035，大于混凝土受压时的平均压应变，这是由于柱中纵向钢筋的存在改善了混凝土的变形能力。《混凝土结构设计规范》（GB 50010—2010）规定在计算时，混凝土达到了棱柱体抗压强度 f_c 时的压应变取 0.002，若取钢筋的弹性模量 $E_s = 2.0 \times 10^5 \text{N/mm}^2$，则纵筋的应力值 $\sigma_s' = E_s \varepsilon_s' \approx 200 \times 10^3 \times 0.002 = 400 \text{N/mm}^2$，$\varepsilon_s'$ 为构件的压应变。对于 HPB300 级、HRB335 级、HRB400 级以及 RRB400 级热轧带肋钢筋，此值已大于其抗压强度设计值，计算时钢筋强度设计值可以按 f_y' 取值。对于 HRB500 或者 HRBF500 级钢筋则达不到其屈服强度，可近似地取 $f_y' = 400 \text{N/mm}^2$。

2. 轴心受压长柱的破坏形态

试验表明，长柱的破坏形态与短柱有较大差异。因为施工偏差、材料的不均匀性、轴向力作用位置的误差以及偶然因素等都会使受压构件产生初始偏心距，这将造成柱内截面产生附加弯矩和相应的侧向挠度，而侧向挠度又将进一步增大荷载的偏心距，彼此互相影响，使长柱在轴力和弯矩共同作用下发生破坏。在受压的过程中，柱首先在凹侧出现纵向裂缝，随后混凝土被压碎，纵筋被压向外凸出；凸侧混凝土出现与纵轴方向垂直的横向裂缝，侧向挠度急剧增大，柱子破坏，如图 6-6 所示。

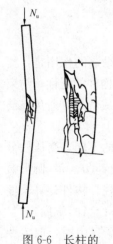

图 6-6　长柱的破坏形态

试验研究表明，长柱破坏时的极限荷载低于相同条件下的短柱，下降程度依赖于构件的长细比。为方便结构设计，《混凝土结构设计规范》（GB 50010—2010）采用稳定系数 φ 来表示长柱承载力的降低程度，即

$$\varphi = \frac{N_u^l}{N_u^s} \tag{6-1}$$

式中　N_u^l、N_u^s——分别为相同条件下长柱和短柱的承载力。

表 6-1 为《混凝土结构设计规范》（GB 50010—2010）建议采用的 φ 值。

表 6-1　钢筋混凝土轴心受压构件的稳定系数 φ

l_0/b	l_0/d	l_0/i	φ	l_0/b	l_0/d	l_0/i	φ
$\leqslant 8$	$\leqslant 7$	$\leqslant 28$	1.0	30	26	104	0.52
10	8.5	35	0.98	32	28	111	0.48
12	10.5	42	0.95	34	29.5	118	0.44
14	12	48	0.92	36	31	125	0.40
16	14	55	0.87	38	33	132	0.36
18	15.5	62	0.81	40	34.5	139	0.32
20	17	69	0.75	42	36.5	146	0.29
22	19	76	0.70	44	38	153	0.26
24	21	83	0.65	46	40	160	0.23
26	22.5	90	0.60	48	41.5	167	0.21
28	24	97	0.56	50	43	174	0.19

注：表中 l_0 为构件计算长度；b 为矩形截面的短边尺寸；d 为圆形截面直径；i 为截面回转半径。

3. 承载力计算公式

根据以上分析，在考虑长柱承载力的降低与可靠度的调整因素后，《混凝土结构设计规范》（GB 50010—2010）给出的轴心受压构件承载力计算公式为

$$N_u = 0.9\varphi(f_c A + f'_y A'_s) \tag{6-2}$$

式中　N_u——轴向压力承载力设计值，kN；

　　　0.9——可靠度调整系数；

　　　φ——钢筋混凝土轴心受压构件的稳定系数，见表 6-1；

　　　f_c——混凝土的轴心抗压强度设计值，MPa；

　　　A——构件截面面积，mm^2；

　　　f'_y——纵向钢筋的抗压强度设计值，MPa；

　　　A'_s——全部纵向钢筋的截面面积，mm^2。

当纵向钢筋的配筋率大于 3% 时，式（6-2）中 A 应改用（$A - A'_s$）。

上述公式计算的 A'_s 要符合配筋率要求。

4. 计算公式的应用

轴心受压构件承载力计算公式的应用有两种情况，也就是截面设计和截面复核。

（1）截面设计

情况 1：已知混凝土强度等级、钢筋级别、构件的截面尺寸、轴心压力的设计值以及柱的计算长度等条件。要确定所需的纵向受压钢筋的截面面积。基本计算步骤是：

① 由长细比查表 6-1 得出稳定系数 φ。

② 由式（6-2）计算 A'_s。

③ 选配钢筋。应注意钢筋的配置需符合构造要求。

情况 2：已知混凝土强度等级、钢筋级别、轴心压力的设计值以及柱的计算长度等条件。要确定构件的截面尺寸和纵向受压钢筋的截面面积。情况 2 有两种计算方法。

方法 1 的基本计算步骤为：

① 初步选取纵向受压钢筋的配筋率 ρ' [轴心受压柱的经济配筋率 $\rho' = (1.5 \sim 2.0)\%$]。

② 取 $\varphi = 1.0$，把 $A'_s = \rho'A$ 代入式（6-2）计算 A，并确定边长 b。

③ 由边长 b 计算长细比，查稳定系数 φ，代入式（6-2）重新计算 A'_s。

方法 2 的基本计算步骤为：

① 按工程经验和构造要求初步确定截面面积 A 与边长 b。

② 按照情况 1 计算受压钢筋截面面积 A'_s。

③ 验算配筋率 ρ' 是否在经济配筋率的范围内，如果配筋率 ρ' 过小，说明初选的截面尺寸过大，反之说明过小，修改截面尺寸后重新计算。

（2）截面复核。截面复核时，由长细比 l_0 查表 6-1 确定稳定系数 φ，代入式（6-2）计算 N_u。

【例 6-1】 已知某办公楼底层门厅选用圆形截面现浇钢筋混凝土柱，承受轴心压力设计值 $N_u = 3000\text{kN}$，计算长度 $l_0 = 6.00\text{m}$，一类环境；采用混凝土强度等级为 C30，柱中纵筋采用 HRB400 级钢筋，箍筋采用 HPB300 级钢筋。

求： 该圆形柱的直径和纵向钢筋截面面积。

解：（1）确定基本参数。C30 混凝土：$f_c = 14.3\text{N/mm}^2$；HRB400 级钢筋：$f_y = f'_y = 360\text{N/mm}^2$；HPB300 级钢筋：$f_y = 270\text{N/mm}^2$。

（2）确定截面尺寸。初步取稳定系数 $\varphi = 1.0$，配筋率 $\rho' = A'_s / A = 1.0\%$，代入式（6-2）得

$$A = \frac{N_u}{0.9\varphi(f_c + \rho'f'_y)} = \frac{3000 \times 10^3}{0.9 \times 1.0 \times (14.3 + 0.01 \times 360)} \approx 186220\text{mm}^2$$

采用圆形截面，则

$$d = \sqrt{\frac{4A}{\pi}} = \sqrt{\frac{4 \times 186220}{3.14}} = 487\text{mm}$$

取圆形截面直径 $d = 500\text{mm}$ 进行配筋设计。

（3）确定稳定系数。

$$l_0/d = 6000/500 = 12$$

查表 6-1，得 $\varphi = 0.92$。

（4）计算纵向受压钢筋截面面积 A'_s。

$$A = \pi d^2/4 = 3.14 \times 500^2/4 = 196250\text{mm}^2$$

代入式（6-2），得

$$A'_s = \frac{1}{f'_y}\left(\frac{N_u}{0.9\varphi} - f_c A\right)$$

$$= \frac{1}{360} \times \left(\frac{3000 \times 10^3}{0.9 \times 0.92} - 14.3 \times 196250\right)$$

$$= 2269\text{mm}^2$$

选配 8 Φ 20，$A'_s = 2513\text{mm}^2$。

（5）验算配筋率。查《混凝土结构设计规范》（GB 50010—2010）附表 8.5.1 可知：最小配筋率为 0.55%。

$$\rho' = A'_s/A = 2513/196300 = 1.28\% > \rho'_{min} = 0.55\%$$

$$\rho' = 1.28\% < 5\%$$

满足配筋率要求。且 $\rho' < 3\%$，上述 A 的计算中不用减去 A'_s。

（6）绘制截面配筋图。截面纵筋配置如图 6-7 所示。

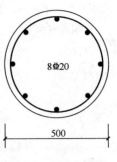

图 6-7　例 6-1 截面
配筋图

6.2.2　轴心受压螺旋箍筋柱的正截面受压承载力计算

1. 螺旋箍筋柱的破坏形态

通过对三向受压状态下混凝土的强度与变形的学习可知，柱中采用螺旋箍筋柱或焊接环形箍筋柱（图 6-8），可有效约束核心混凝土在纵向受压时产生的横向变形，从而使混凝土的抗压强度和变形能力提高。为区别于普通混凝土，一般将这种受到横向约束的混凝土称为"约束混凝土"。当荷载较小时，混凝土的横向变形很小，螺旋箍筋或者焊接环形箍筋无法形成对核心混凝土的有效约束；随着荷载的增大，混凝土的横向变形越来越大，螺旋箍筋或者焊接环形箍筋中的拉应力也越来越大，对核心混凝土的约束也愈来愈强；当荷载达到或者大于普通箍筋混凝土柱的极限承载能力时，螺旋箍筋或焊接环形箍筋外围的混凝土保护层开裂崩落；当螺旋箍筋或者焊接环形箍筋的抗拉强度超过其抗拉屈服强度时，由于无法再有效约束核心混凝土的横向变形，横向混凝土被压碎，构件破坏。

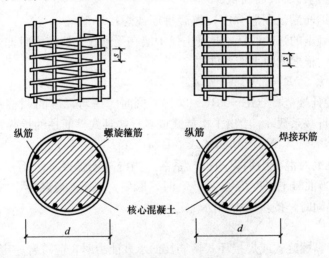

图 6-8　螺旋箍筋柱和焊接环形箍筋柱

螺旋箍筋或者焊接环形箍筋并没有直接参与抵抗轴向压力，而是通过约束混凝土的横向变形，间接提高了受压构件的承载能力和变形能力。所以，通常将这种配筋方式称为"间接配筋"，螺旋箍筋或焊接环形箍筋也叫做"间接钢筋"。

2. 承载力计算公式

由于螺旋箍筋或者焊接环形箍筋对核心混凝土的有效约束，使得核心混凝土处在三向受力状态下，假设箍筋提供的侧向压力是均匀的，可采用混凝土圆柱体在侧向均匀受压时的近似公式计算螺旋箍筋柱或焊接环形箍筋柱的承载能力。

混凝土圆柱体在侧向均匀受压时的近似计算公式为

$$f = f_c + 4.0\sigma_r \tag{6-3}$$

式中　f——被约束后的混凝土轴心抗压强度；

　　　σ_r——当螺旋箍筋或焊接环形箍筋的应力达到屈服强度时，柱截面的核心混凝土受到的径向压应力值。

如图 6-9 所示，取螺旋箍筋柱的任一截面作为研究对象。在螺旋箍筋间距 s 范围内，通过 σ_r 的合力与钢筋的拉力平衡，可得

$$2f_y A_{ss1} = \sigma_r d_{cor} s \tag{6-4a}$$

$$\sigma_r = \frac{2f_y A_{ss1} d_{cor}}{4 \frac{\pi d_{cor}^2}{4} s} \pi = \frac{f_y A_{ss0}}{2A_{cor}} \tag{6-4b}$$

式中　A_{ss1}——螺旋或焊接环形单根间接钢筋的截面面积；

　　　f_y——间接钢筋的抗拉强度设计值；

　　　s——沿构件轴线方向间接钢筋的间距；

　　　d_{cor}——构件的核心直径，按螺旋箍筋或焊接环形箍筋内表面确定；

　　　A_{ss0}——螺旋箍筋或焊接环形箍筋的换算截面面积，

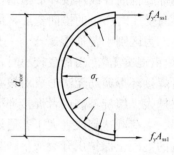

图 6-9　混凝土径向压力示意图

　　　$A_{ss0} = \dfrac{\pi d_{cor} A_{ss1}}{s}$；

　　　A_{cor}——构件的核心截面面积。

柱破坏时受压钢筋满足屈服强度，螺旋箍筋或焊接环形箍筋约束的核心混凝土的强度取 f，混凝土保护层在受到较大拉应力时即开裂崩落，在计算时不予考虑。所以，根据截面平衡条件得

$$N_u = f A_{cor} + f_y' A_s' = (f_c + 4\sigma_r) A_{cor} + f_y' A_s' \tag{6-5}$$

《混凝土结构设计规范》（GB 50010—2010）同时考虑可靠度的调整系数 0.9 与间接钢筋对混凝土强度的折减系数 α，给出了螺旋式或者焊接环式箍筋柱的承载力计算公式

$$N_u = 0.9(f_c A_{cor} + 2\alpha f_y A_{ss0} + f_y' A_s') \tag{6-6}$$

式中　α——间接钢筋对混凝土约束的折减系数，当混凝土强度等级不超过 C50 时，取 $\alpha = 1.0$；当混凝土强度等级为 C80 时，取 $\alpha = 0.85$；当混凝土强度等级在 C50 与 C80 之间时，按直线内插法确定。

3. 适用条件

按式（6-6）计算螺旋式或焊接环式箍筋柱的承载能力时，应符合一定的适用条件：

（1）为了确保在使用荷载作用下，箍筋外的保护层不至于过早剥落，按式（6-6）计算所得的柱的承载力不应当比按式（6-2）计算所得的承载力大 50%。

（2）当出现以下情况之一时，不应考虑间接钢筋的影响，而应按式（6-2）计算构件的承载力：

① 当 $l_0/d > 12$ 时，由于长细比较大，偶然的纵向弯曲可能使得螺旋箍筋无法对核心混凝土提供有效的横向约束。

② 当按式（6-6）计算得到的受压承载力小于通过式（6-2）计算所得的受压承载力时。

③ 当间接钢筋的换算截面面积 A_{ss0} 小于纵筋全部截面面积的 25% 时，可认为间接钢筋配置得太少，约束混凝土的效果不明显。

此外，间接钢筋的间距不应大于 80mm 和 $d_{cor}/5$，也不小于 40mm。

【例 6-2】 已知某办公楼底层门厅选用圆形截面现浇钢筋混凝土柱，计算长度 $l_0 = 5.00$m，一类环境；采用混凝土强度等级为 C30，柱中纵筋采用 HRB400 级钢筋，箍筋采用 HPB300 级钢筋。但取圆形截面直径 $d = 500$mm；轴向压力设计值 $N = 5100$kN；采用混凝

土强度等级为 C40。

求：钢筋混凝土柱中钢筋的数量。

解：

（1）按普通箍筋柱计算截面配筋。

① 确定参数，并根据式（6-2）直接计算纵向受压钢筋截面面积 A'_s 得

$$A'_s = \frac{1}{f'_y}\left(\frac{N}{0.9\varphi} - f_c A\right) = \frac{1}{360} \times \left(\frac{5100 \times 10^3}{0.9 \times 0.98} - 19.1 \times 19.63 \times 10^4\right) = 5647.2 \text{mm}^2$$

选用 18 Φ 22，截面面积 $A'_s = 6842\text{mm}^2$。

② 验算配筋率

$$\rho' = A'_s/A = 6842/(19.63 \times 10^4) = 3.49\% < 0.5\%$$

尽管配筋率未超过最大配筋率限值，但不满足经济配筋率要求。

（2）按螺旋箍筋柱计算截面配筋。若混凝土强度等级不再提高，并且注意到 $l_0/d < 12$，可尝试采用螺旋箍筋柱理论进行设计。

① 选配纵向钢筋。假定纵筋配筋率 $\rho' = 2\%$，则 $A'_s = \rho'A = 0.02 \times 19.63 \times 10^4 = 3926\text{mm}^2$，选用 8 Φ 25，$A'_s = 3927\text{mm}^2$。混凝土的保护层取用 20mm，估计箍筋直径为 10mm，得

$$d_{cor} = d - 30 \times 2 = 500 - 60 = 440 \text{mm}$$

$$A_{cor} = \pi d_{cor}^2 / 4 = 3.14 \times 440^2 / 4 = 15.20 \times 10^4 \text{mm}^2$$

② 计算螺旋箍筋的换算截面面积。混凝土强度等级小于 C50，$\alpha = 1.0$，根据式（6-6）求螺旋箍筋的换算截面面积 A_{ss0} 为

$$A_{ss0} = \frac{N/0.9 - (f_c A_{cor} + f'_y A'_s)}{2f_y}$$

$$= \frac{5100 \times 10^3/0.9 - (19.1 \times 15.20 \times 10^4 + 360 \times 3927)}{2 \times 270} = 2500 \text{mm}^2$$

$$A_{ss1} > 0.25 A'_s = 0.25 \times 3927 = 982 \text{mm}^2$$

满足构造要求。

③ 选配螺旋箍筋。假定螺旋箍筋直径 $d = 10\text{mm}$，则单肢螺旋箍筋截面面积 $A_{ss1} = 78.5\text{mm}^2$。求得螺旋箍筋的间距 s

$$s = \pi d_{cor} A_{ss1}/A_{ss0} = 3.14 \times 440 \times 78.5/2500 = 43.4 \text{mm}$$

取 $s = 40\text{mm}$，以满足不小于 40mm，并不大于 80mm 及 $0.2d_{cor}$ 的要求。

④ 验证螺旋箍筋柱适用条件。根据所配置的螺旋箍筋 $d = 10\text{mm}$，$s = 40\text{mm}$，求得间接配筋柱的轴向力设计值 N_u 为

$$A_{ss0} = \frac{\pi d_{cor} A_{ss1}}{s} = \frac{3.14 \times 440 \times 78.5}{40} = 2711 \text{mm}^2$$

$$N_u = 0.9(f_c A_{cor} + 2\alpha f_y A_{ss0} + f'_y A'_s)$$

$$= 0.9 \times (19.1 \times 15.20 \times 10^4 + 2 \times 1 \times 270 \times 2711 + 360 \times 3927) = 5202.8 \text{kN}$$

按式（6-2），计算得

$$N = 0.9\varphi(f_c A + f'_y A'_s)$$

$$= 0.9 \times 0.98 \times [19.1 \times 19.63 \times 10^4 + 360 \times 3927] = 4553.8 \text{kN}$$

且

$$1.5 \times 4414.4 = 6830.7 \text{kN} > 5202.8 \text{kN}$$

满足要求。

（3）绘制截面配筋图，截面配筋如图 6-10 所示。

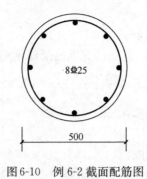

8Φ25

500

图 6-10　例 6-2 截面配筋图

6.3　偏心受压构件正截面受压破坏形态

6.3.1　偏心受压短柱的破坏形态

试验表明，钢筋混凝土偏心受压短柱的破坏形态有两种破坏形态：受拉破坏与受压破坏。

1. 受拉破坏形态

受拉破坏形态又叫做大偏心受压破坏，它发生于轴向压力 N 的相对偏心距比较大，且受拉钢筋配置得不太多时。而此时，在靠近轴向压力的一侧受压，另一侧受拉。随着荷载的增加，首先在受拉区产生横向裂缝；荷载再增加，拉区的裂缝不断地开展，在破坏之前主裂缝逐渐明显，受拉钢筋的应力达到屈服强度，进入流幅阶段，受拉变形的发展大于受压变形，中和轴上升，导致混凝土压区高度迅速减小，最后压区边缘混凝土满足其极限压应变值，出现纵向裂缝而混凝土被压碎，构件即告破坏，这种破坏属延性破坏类型；破坏时压区的纵筋也能够达到受压屈服强度。总之，受拉破坏形态的特点是受拉钢筋先达到屈服强度，最终致使受压区边缘混凝土压碎截面破坏。这种破坏形态相似于适筋梁的破坏形态，构件破坏时，其正截面上的应力状态如图 6-11（a）所示；构件破坏时的立面展开图如图 6-11（b）所示。

2. 受压破坏形态

受压破坏形态又称小偏心受压破坏，截面破坏是由受压区边缘开始的，发生于下列两种情况。

（1）第一种情况：当轴向力 N 的相对偏心距比较小时，构件截面全部受压或大部分受压，如图 6-12（a）或图 6-12（b）所示的情况。通常情况下截面破坏是从靠近轴向力 N 一侧受压区边缘处的压应变达到混凝土极限压应变值而开始的。破坏时，受压应力比较大一侧的混凝土被压坏，同侧的受压钢筋的应力也达到抗压屈服强度。而离轴向力 N 比较远一侧的钢筋（以下简称"远侧钢筋"），可能受拉也可能受压，但均未达到受拉屈服，分别如图 6-12（a）和（b）所示。只有当偏心距很小（对矩形截面 $e_0 \leqslant 0.15h_0$）而轴向力 N 又较大（$N > \alpha_1 f_c bh_0$）时，远侧钢筋也可能受压屈服。此外，当相对偏心距很小时，因为截面的实

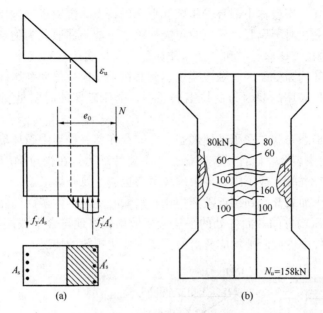

图 6-11 受拉破坏时的截面应力和受拉破坏形态
(a) 截面应力；(b) 受拉破坏形态

际形心和构件的几何中心不重合，若纵向受压钢筋比纵向受拉钢筋多很多，也会发生离轴向力作用点较远一侧的混凝土先压坏的现象，这可叫做"反向破坏"。

(2) 第二种情况：当轴向力 N 的相对偏心距虽然比较大，但却配置了特别多的受拉钢筋，致使受拉钢筋始终不屈服。破坏时，受压区边缘混凝土满足极限压应变值，受压钢筋应力达到抗压屈服强度，而远侧钢筋受拉而不屈服，状态如图 6-12 (a) 所示为其截面上的应力。破坏无明显预兆，压碎区段较长，混凝土强度越高，破坏越带突然性，如图 6-12 (c) 所示。

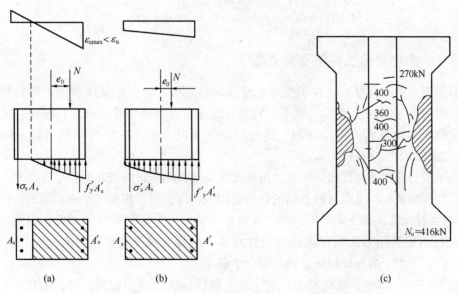

图 6-12 受压破坏时的截面应力和受压破坏形态
(a)、(b) 截面应力；(c) 受压破坏形态

总之，受压破坏形态或称小偏心受压破坏形态的特点为混凝土先被压碎，远侧钢筋可能受拉也可能受压，受拉时不屈服，受压时可能屈服也可能不屈服，为脆性破坏类型。

综上可知，"受拉破坏形态"和"受压破坏形态"均属于材料发生了破坏，它们相同之处是截面的最终破坏均为受压区边缘混凝土达到其极限压应变值而被压碎；不同之处在于截面破坏的起因，受拉破坏的起因为受拉钢筋屈服，受压破坏的起因是受压区边缘混凝土被压碎。

在"受拉破坏形态"和"受压破坏形态"之间存在着一种界限破坏形态，叫做"界限破坏"。它不仅有横向主裂缝，而且比较明显。其主要特征为：在受拉钢筋达到受拉屈服强度的同时，受压区边缘混凝土被压碎。界限破坏形态也属受拉破坏形态。

试验还表明，由加载开始到接近破坏为止，沿偏心受压构件截面高度，用较大的测量标距量测到的偏心受压构件的截面各处的平均应变值均较好地符合平截面假定。图 6-13 反映了两个偏心受压试件中，截面平均应变沿截面高度变化规律的情况。

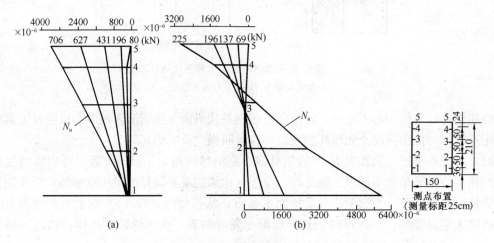

图 6-13　偏心受压构件截面实测的平均应变分布
(a) 受压破坏情况 $e_0/h_0=0.24$；(b) 受拉破坏情况 $e_0/h_0=0.68$

6.3.2　偏心受压长柱的破坏类型

试验表明，钢筋混凝土柱在承受偏心受压荷载之后，会产生纵向弯曲。但长细比小的柱，即所谓"短柱"，由于纵向弯曲小，在设计时通常可忽略不计。对于长细比较大的柱则不同，它会产生比较大的纵向弯曲，设计时必须予以考虑。一根长柱的荷载一侧向变形（N-f）试验曲线如图 6-14 所示。

偏心受压长柱在纵向弯曲影响下，可能发生失稳破坏与材料破坏两种破坏类型。长细比很大时，构件的破坏不是由材料引起的，而是因为构件纵向弯曲失去平衡引起的，叫做"失稳破坏"。当柱长细比在一定范围内时，虽然在承受偏心受压荷载之后，偏心距由 e_i 增加到 e_i+f，使柱的承载能力比同样截面的短柱减小，但就其破坏特征来讲与短柱一样均属于"材料破坏"，即由于截面材料强度耗尽而产生破坏。

在图 6-15 中，示出了截面尺寸、配筋以及材料强度等完全相同，仅长细比不相同的 3 根柱，从加载到破坏的示意图。

图 6-15 中的曲线 $ABCD$ 表示某钢筋混凝土偏心受压构件截面材料破坏时的承载力 M 和

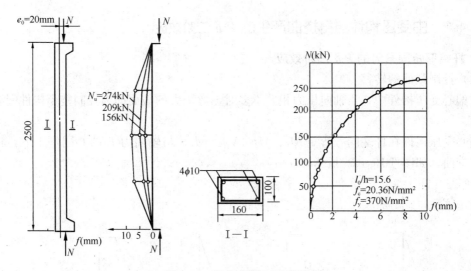

图 6-14　长柱实测 N-f 曲线

N 之间的关系。直线 OB 表示长细比小
的短柱从加载到破坏点 B 时 N 和 M 的
关系线，因为短柱的纵向弯曲很小，可
以假定偏心距自始至终是不变的，也就
是 M/N 为常数，因此其变化轨迹是直
线，属 "材料破坏"。曲线 OC 是长柱
从加载到破坏点 C 时 N 与 M 的关系曲
线。在长柱中，偏心距是随着纵向力的
加大而不断非线性增加的，也即 M/N
是变数，因此其变化轨迹呈曲线形状，
但也属 "材料破坏"。若柱的长细比很
大时，则在没有满足 M、N 的材料破
坏关系曲线 $ABCD$ 前，由于轴向力的

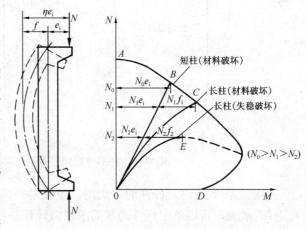

图 6-15　不同长细比柱从加荷到破坏的 N-M 关系

微小增量 ΔN 可引起不收敛的弯矩 M 的增加而破坏，也就是 "失稳破坏"。曲线 OE 即属于
这种类型；在 E 点的承载力已达最大，但此时截面内的钢筋应力并未达到屈服强度，混凝
土也没有达到极限压应变值。在图 6-15 中还能看出，这三根柱的轴向力偏心距 e_i 值虽然相
同，但是其承受纵向力 N 值的能力是不同的，分别是 $N_0 > N_1 > N_2$。这表明构件长细比的
加大会降低构件的正截面受压承载力。产生这一现象的原因为，当长细比较大时，偏心受压
构件的纵向弯曲引起了不可忽略的附加弯矩或者称二阶弯矩。

6.4　偏心受压构件的二阶效应

轴向压力对偏心受压构件的侧移和挠曲产生附加弯矩和附加曲率的荷载效应叫做偏心受
压构件的二阶荷载效应，简称为二阶效应。其中，由侧移产生的二阶效应，习称 $P-\Delta$ 效
应；由挠曲产生的二阶效应，习称 P-δ 效应。

6.4.1 由受压构件自身挠曲产生的 $P\text{-}\delta$ 二阶效应

1. 杆端弯矩同号时的 $P\text{-}\delta$ 二阶效应

（1）控制截面的转移

在偏心受压构件中，当轴向压力相差不多时，弯矩大的截面即为控制整个构件配筋的控制截面。

偏心受压构件在杆端同号弯矩 M_1、M_2（$M_2 > M_1$）与轴向力 P 的共同作用下，将产生单曲率弯曲，如图 6-16（a）所示。

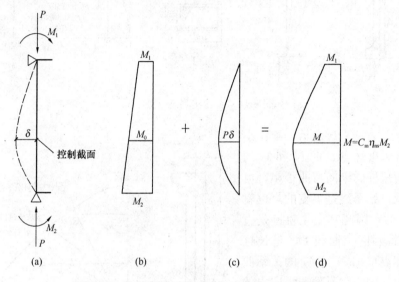

图 6-16　杆端弯矩同号时的二阶效应（$P\text{-}\delta$ 效应）

不考虑二阶效应时，杆件的弯矩图，也就是一阶弯矩图示于图 6-16（b），杆端 B 截面的弯矩 M_2 最大，所以整个杆件的截面承载力计算是以它为控制截面来进行的。

考虑二阶效应后，轴向压力 P 对杆件中部任一截面产生附加弯矩 $P\delta$，同一阶弯矩 M_0 叠加后，得合成弯矩

$$M = M_0 + P\delta \tag{6-7}$$

式中　δ——任一截面的挠度值。

图 6-16（c）所示为附加弯矩图，图 6-16（d）为合成弯矩图。可见，在杆件中部总有一个截面，它的弯矩 M 是最大的。若附加弯矩 $P\delta$ 比较大，且 M_1 接近 M_2 的话，就有可能发生 $M > M_2$ 的情况。这时，偏心受压构件的控制截面就由原来的杆端截面转移至杆件长度中部弯矩最大的那个截面。例如，当 $M_1 = M_2$ 时，这个控制截面即在杆件长度的中点。

可见，当控制截面转移至杆件长度中部时，就要考虑 $P\text{-}\delta$ 二阶效应。

（2）考虑 $P\text{-}\delta$ 二阶效应的条件

杆端弯矩同号时，发生控制截面转移的情况是不普遍的，为了使计算工作量减少，《混凝土结构设计规范》（GB 50010—2010）规定，当只要满足以下三个条件中的一个条件时，就要考虑 $P\text{-}\delta$ 二阶效应：

① $\qquad\qquad\qquad\qquad M_1/M_2 > 0.9$ 或 $\qquad\qquad\qquad\qquad$ (6-8a)

② 轴压比 $N/f_cA > 0.9$ 或　　　　　　　　　　　　　　　　　　　(6-8b)

③ $\dfrac{l_c}{i} > 34 - 12\ (M_1/M_2)$　　　　　　　　　　　　　　　　　(6-8c)

式中　M_1、M_2——分别为已考虑侧移影响的偏心受压构件两端截面按结构弹性分析确定的同一主轴的组合弯矩设计值，绝对值较大端为 M_2，绝对值较小端是 M_1，当构件按单曲率弯曲时，M_1/M_2 取正值；

　　　　l_c——构件的计算长度，可近似取偏心受压构件相应主轴方向上下支撑点之间的距离；

　　　　i——偏心方向的截面回转半径，对于矩形截面 bh，$i = 0.289h$；

　　　　A——偏心受压构件的截面面积。

（3）考虑 $P\text{-}\delta$ 二阶效应后控制截面的弯矩设计值

《混凝土结构设计规范》（GB 50010—2010）规定，除排架结构柱之外，其他偏心受压构件考虑轴向压力在挠曲杆件中产生的 $P\text{-}\delta$ 二阶效应后控制截面的弯矩设计值，应按以下公式计算：

$$M = C_m \eta_{ns} M_2 \tag{6-9a}$$

$$C_m = 0.7 + 0.3 \frac{M_1}{M_2} \tag{6-9b}$$

$$\eta_{ns} = 1 + \frac{1}{1300 \left(\dfrac{M_2}{N} + e_a \right)/h_0} \left(\frac{l_c}{h} \right)^2 \zeta_c \tag{6-9c}$$

$$\zeta_c = \frac{0.5 f_c A}{N} \tag{6-9d}$$

当 $C_m \eta_{ns}$ 小于 1.0 时取 1.0；对剪力墙及核心筒墙肢，由于其 $P\text{-}\delta$ 效应不明显，可取 $C_m \eta_{ns}$ 等于 1.0。

式中　C_m——构件端截面偏心距调节系数，当小于 0.7 时取 0.7；

　　　　η_{ns}——弯矩增大系数，$\eta_{ns} = 1 + \dfrac{\delta}{e_i}$，$e_i = M_2/N + e_a$；

　　　　e_a——附加偏心距；

　　　　ζ_c——截面曲率修正系数．当计算值大于 1.0 时取 1.0；

　　　　h——截面高度；对环形截面，取外直径；对圆形截面，取直径；

　　　　h_0——截面有效高度；对环形截面，取 $h_0 = r_2 + r_s$；对圆形截面，取 $h_0 = r + r_s$，此处，r_2 是环形截面的外半径，r_s 是纵向钢筋所在圆周的半径，r 是圆形截面的半径；

　　　　A——构件截面面积。

2. 杆端弯矩异号时的 $P\text{-}\delta$ 二阶效应

这时杆件按双曲率弯曲，杆件长度中都有反弯点，最典型的为框架柱，如图 6-17 所示。

虽然轴向压力对杆件长度中部的截面将会产生附加弯矩，增大其弯矩值，但弯矩增大后还是比不过端节点截面的弯矩值，即不会发生控制截面转移的情况，所以不必考虑二阶效应。

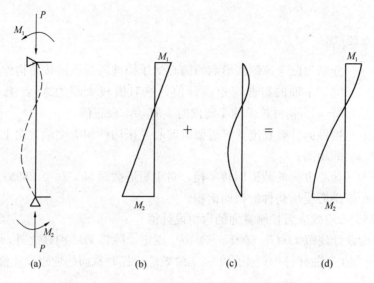

图 6-17　杆端弯矩异号时的二阶效应（$P\text{-}\delta$ 效应）

6.4.2　由侧移产生的 $P\text{-}\Delta$ 二阶效应

现通过偏心受压的框架柱来说明。

图 6-18（a）是单层单跨框架在水平力 F 作用下，框架柱的弯矩图；图 6-18（b）是轴向压力 P 对框架柱侧移产生的附加弯矩图；图 6-18（c）是上述两个弯矩图叠加后的合成弯矩图。可见，$P\text{-}\Delta$ 效应引起的附加弯矩将增大框架柱截面的弯矩设计值，所以在框架柱的内力计算中应考虑 $P\text{-}\Delta$ 效应。

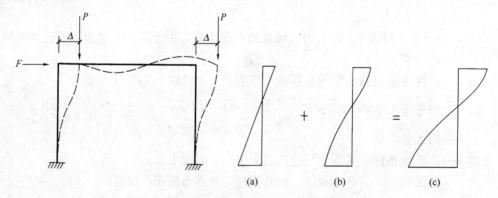

图 6-18　由侧移产生的二阶效应（$P\text{-}\Delta$ 效应）

不过，由 $P\text{-}\Delta$ 效应产生的弯矩增大属于结构分析中考虑几何非线性的内力计算问题，即在偏心受压构件截面计算时给出的内力设计值中已经包含了 $P\text{-}\Delta$ 效应，所以不必在截面承载力计算中再考虑。

总之，$P\text{-}\Delta$ 效应是在结构内力计算中考虑的；$P\text{-}\delta$ 效应是在杆端弯矩同号或者杆件长细比很大时，当符合式（6-8a、b、c）三个条件中任一个条件的情况下，必须在截面承载力计算中予以考虑，其他情况则不予考虑。

6.5 矩形截面偏心受压构件正截面受压承载力的基本计算公式

6.5.1 区分大、小偏心受压破坏形态的界限

第 3 章中讲的正截面承载力计算的基本假定同样也适用于偏心受压构件正截面受压承载力的计算。

相似于受弯构件，利用平截面假定和规定了受压区边缘极限压应变值的数值后，就可以求得偏心受压构件正截面在各种破坏情况下，沿截面高度的平均应变分布，如图 6-19 所示。

在图 6-19 中，ε_{cu} 为受压区边缘混凝土极限压应变值；ε_y 为受拉纵筋屈服时的应变值；ε'_y 为受压纵筋屈服时的应变值，$\varepsilon'_y = f'_y/E_s$；$x_{cb}$ 为界限状态时按应变的截面中和轴高度。

从图 6-19 中可看出，当受压区达到 x_{cb} 时，受拉纵筋达到屈服。所以相应于界限破坏形态的相对受压区高度 ξ_b 可用第 3 章的式（3-11）确定。

当 $\xi \leqslant \xi_b$ 时属大偏心受压破坏形态，而 $\xi > \xi_b$ 时属小偏心受压破坏形态。

6.5.2 矩形截面偏心受压构件正截面的承载力计算

1. 矩形截面大偏心受压构件正截面受压承载力的基本计算公式

根据受弯构件的处理方法，把受压区混凝土曲线压应力图用等效矩形图形来替代，其应力值取为 $\alpha_1 f_c$，受压区高度取为 x，所以大偏心受压破坏的截面计算简图如图 6-20 所示。

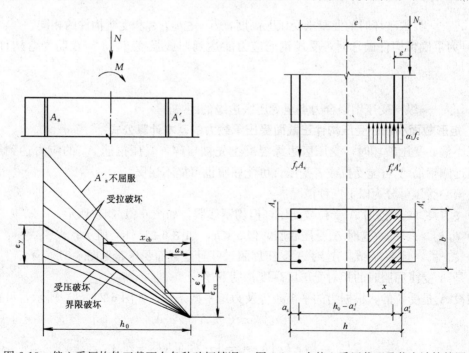

图 6-19　偏心受压构件正截面在各种破坏情况　　图 6-20　大偏心受压截面承载力计算简图
时沿截面高度的平均应变分布

（1）计算公式

通过力的平衡条件及各力对受拉钢筋合力点取矩的力矩平衡条件，可以得到下面两个基本计算公式：

$$N_u = a_1 f_c bx + f'_y A'_s - f_y A_s \tag{6-10}$$

$$N_u e = a_1 f_c bx \left(h_0 - \frac{x}{2}\right) + f'_y A'_s (h_0 - a'_s) \tag{6-11}$$

$$e = e_i + \frac{h}{2} - a_s \tag{6-12}$$

$$e_i = e_0 + e_a \tag{6-13}$$

$$e_0 = M/N \tag{6-14}$$

式中　N_u——受压承载力设计值；

　　　α_1——系数，见表 3-3；

　　　e——轴向力作用点至受拉钢筋 A_s 合力点之间的距离，见式（6-12）；

　　　e_i——初始偏心距，见式（6-13）；

　　　e_0——轴向力对截面重心的偏心距；

　　　e_a——附加偏心距，其值取偏心方向截面尺寸的 1/30 和 20mm 中的较大者；

　　　M——控制截面弯矩设计值，考虑 $P\text{-}\delta$ 二阶效应时，按式（6-9a）计算；

　　　N——与 M 相应的轴向压力设计值；

　　　x——混凝土受压区高度。

（2）适用条件

1）为了确保构件破坏时受拉区钢筋应力先达到屈服强度 f_y，要求

$$x \leqslant x_b \tag{6-15}$$

式中　x_b——界限破坏时的混凝土受压区高度，$x_b = \xi_b h_0$，ξ_b 和受弯构件的相同。

2）为了确保构件破坏时，受压钢筋应力能达到屈服强度 f'_y，与双筋受弯构件一样，要求满足

$$x \geqslant 2a'_s \tag{6-16}$$

式中　a'_s——纵向受压钢筋合力点至受压区边缘的距离。

2. 矩形截面小偏心受压构件正截面受压承载力的基本计算公式

当小偏心受压破坏时，受压区边缘混凝土先被压碎，受压钢筋 A'_s 的应力达到屈服强度，而远侧钢筋 A_s 可能受拉或者受压，可能屈服也可能不屈服。

小偏心受压可分为以下三种情况：

1）$\xi_{cy} > \xi > \xi_b$，这时 A_s 受拉或受压，但均不屈服，如图 6-21（a）所示；

2）$h/h_0 > \xi \geqslant \xi_{cy}$，这时 A_s 受压屈服，但 $x < h$，如图 6-21（b）所示；

3）$\xi > \xi_{cy}$，且 $\xi \geqslant h/h_0$，这时 A_s 受压屈服，并且全截面受压，见图 6-21（c）。

ξ_{cy} 是 A_s 受压屈服时的相对受压区高度，见下述。

假设 A_s 是受拉的，根据力的平衡条件及力矩平衡条件，如图 6-21（a）所示，可得

$$N_u = a_1 f_c bx + f'_y A'_s - \sigma_s A_s \tag{6-17}$$

$$N_u e = a_1 f_c bx \left(h_0 - \frac{x}{2}\right) + f'_y A'_s (h_0 - a'_s) \tag{6-18}$$

或　　　　　$$N_u e' = a_1 f_c bx \left(\frac{x}{2} - a'_s\right) - \sigma_s A_s (h_0 - a'_s) \tag{6-19}$$

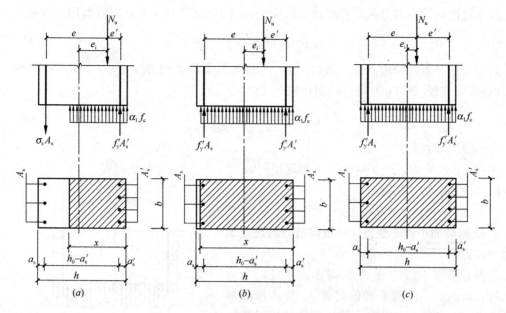

图 6-21　小偏心受压截面承载力计算简图

（a）$\xi_{cy} > \xi \geqslant \xi_b$，$A_s$ 受拉或受压，但都不屈服；（b）$h/h_0 > \xi \geqslant \xi_{cy}$，$A_s$ 受压屈服，但 $x < h$；

（c）$\xi > \xi_{cy}$，且 $\xi > h/h_0$，A_s 受压屈服，且全截面受压

式中　x——混凝土受压区高度，当 $x > h$ 时，取 $x = h$；

　　　σ_s——钢筋 A_s 的应力值，可根据截面应变保持平面的假定计算，亦可近似取

$$\sigma_s = \frac{\xi - \beta_1}{\xi_b - \beta_1} f_y \tag{6-20}$$

　　要求满足——$f_y' \leqslant \sigma_s \leqslant f_y$；

　　　x_b——界限破坏时的混凝土受压区高度，$x_b = \xi_b h_0$；

　　　ξ、ξ_b——分别为相对受压区高度和相对界限受压区高度；

　　　e、e'——分别为轴向力作用点至受拉钢筋 A_s 合力点和受压钢筋 A_s' 合力点之间的距离。

$$e' = \frac{h}{2} - e_i - a_s' \tag{6-21}$$

现对式（6-20）说明如下。

在 $x \leqslant h_0$（即 $\xi < 1$ 的情况下，可利用图 6-20（a）的应变关系图推导出下列公式：

$$\sigma_s = \varepsilon_{cu} E_s \left(\frac{\beta_1}{\xi} - 1 \right) = \varepsilon_{cu} E_s \left(\frac{\beta_1 h_0}{x} - 1 \right) \tag{6-22}$$

式中系数 β_1 是混凝土受压区高度 x 与截面中和轴高度 x_c 的比值系数（即 $x = \beta_1 x_c$），当混凝土强度等级 $\leqslant$ C50 时，$\beta_1 = 0.8$，见第 3 章。但通过式（6-23a）计算钢筋应力 σ_s 时，需要利用式（6-18）与式（6-19）求解 x 值，势必要解 x 的三次方程，不便于手算，另外该公式在 $\xi > 1$ 时，偏离试验值较大，如图 6-22 所示。

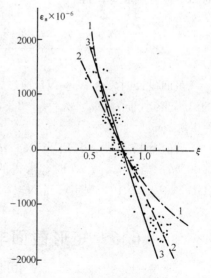

图 6-22　ε_s 与 ξ 关系曲线

（$\varepsilon_{cu} = 0.0033$，$\beta_1 = 0.8$）

1——按平截面假定 $\varepsilon_s = 0.0033$（—1）；

2——回归方程 $\varepsilon_s = 0.0044$（$0.8 - \xi$）；

3——简化公式 $\varepsilon_s = \dfrac{f_y}{E_s} \left(\dfrac{0.8 - \xi}{0.8 - \xi_b} \right)$

根据我国试验资料分析，实测的钢筋应变 ε_s 和 ξ 接近直线关系，其线性回归方程为

$$\varepsilon_s = 0.0044(0.81 - \xi) \qquad (6\text{-}23a)$$

因为 σ_s 对小偏压截面承载力影响较小，考虑界限条件 $\xi = \xi_b$ 时，$\varepsilon_s = f_y/E_s$；$\xi = \beta_1$ 时 $\varepsilon_s = 0$，调整回归方程（6-23a）之后，简化成下式：

$$\varepsilon_s = \frac{f_y}{E_s} \frac{\beta_1 - \xi}{\beta_1 - \xi_b} \qquad (6\text{-}23b)$$

$\sigma_s = \varepsilon_s E_s$，故得式（6-20）。

在式（6-20）中，使 $\sigma_s = -f'_y$，则可得到 A_s 受压屈服时的相对受压区高度

$$\xi_{cy} = 2\beta_1 - \xi_b \qquad (6\text{-}24)$$

3. 矩形截面小偏心受压构件反向破坏的正截面承载力计算

当偏心距很小，A'_s 比 A_s 大得多，并且轴向力很大时，截面的实际形心轴偏向 A'_s，导致偏心方向的改变，有可能在离轴向力较远一侧的边缘混凝土先压坏的情况，叫做反向受压破坏。这时的截面承载力计算简图如图 6-23 所示。

这时，附加偏心距 e_a 反向了，使 e_0 减小，即

$$e' = \frac{h}{2} - a'_s - (e_0 - e_a) \qquad (6\text{-}25)$$

对 A'_s 合力点取矩，得

$$A_s = \frac{N_u e' - a_1 f_c bh \left(h'_0 - \dfrac{h}{2} \right)}{f_y (h'_0 - a_s)} \qquad (6\text{-}26)$$

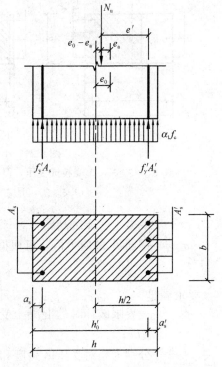

图 6-23 反向破坏时的截面承载力计算简图

截面设计时，令 $N_u = N$，通过式（6-26）求得的 A_s 应不小于 $\rho_{min} bh$，$\rho_{min} = 0.2\%$，否则应取 $A_s = 0.002bh$。

数值分析表明，只有当 $N > a_1 f_c bh$ 时，通过式（6-26）求得的 A_s 才有可能大于 $0.002bh$；当 $N \leqslant a_1 f_c bh$ 时，求得的 A_s 总是小于 $0.002bh$。因此《混凝土结构设计规范》（GB 50010—2010）规定，当 $N > f_c bh$ 时，尚应验算反向受压破坏的承载力。

6.6 矩形截面非对称配筋偏心受压构件正截面受压承载力计算

同受弯构件正截面受弯承载力计算一样，偏心受压构件正截面受压承载力的计算也分为截面设计和截面复核两类问题。

计算时，首先要确定是否要考虑 $P\text{-}\delta$ 效应。

6.6.1　截面设计

这时构件截面上的内力设计值 N、M、材料及构件截面尺寸为已知，欲求 A_s 与 A'_s。计算步骤为先算出偏心距 e_i，初步判别截面的破坏形态，当 $e_i > 0.3h_0$ 时，可先按照大偏心受压情况计算；当 $e_i \leqslant 0.3h_0$ 时，则先按照属于小偏心受压情况计算，然后通过有关计算公式求得钢筋截面面积 A_s 及 A'_s。求出 A_s、A'_s 后再计算 x，通过 $x \leqslant x_b$，$x > x_b$ 来检查原先假定的是否正确，若不正确需要重新计算。在所有情况下，A_s 及 A'_s 还要符合最小配筋率的规定；同时 $(A_s + A'_s)$ 不宜大于 bh 的 5%。最后，要按照轴心受压构件验算垂直于弯矩作用平面的受压承载力。

1. 大偏心受压构件的截面设计

分为 A'_s 为未知与 A'_s 为已知的两种情况。

(1) 已知：截面尺寸 $b \times h$，混凝土的强度等级，钢筋种类（在一般情况下 A_s 和 A'_s 取同一种钢筋），轴向力设计值 N 及弯矩设计值 M，长细比 l_c/h，求钢筋截面面积 A_s 和 A'_s。

令 $N = N_u$，$M = Ne_0$，从式 (6-10) 与式 (6-11) 中可看出共有 x、A_s 以及 A'_s 三个未知数，而只有两个方程式；所以类似于双筋受弯构件，为了使钢筋 $(A_s + A'_s)$ 的总用量为最小，应取 $x = x_b = \xi_b h_0$ （x_b 为界限破坏时受压区计算高度）。今将 $x = x_b = \xi_b h_0$ 代入式 (6-11)，得到钢筋 A'_s 的计算公式：

$$A'_s = \frac{N_e - a_1 f_c b x_b (h_0 - 0.5 x_b)}{f'_y (h_0 - a'_s)} = \frac{N_e - a_1 f_c b h_0^2 \xi_b (1 - 0.5\xi_b)}{f'_y (h_0 - a'_s)} \tag{6-27}$$

把求得的 A'_s 及 $x = \xi_b h_0$ 代入式 (6-10)，则得

$$A_s = \frac{a_1 f_c b h_0 \xi_b - N}{f_y} + \frac{f'_y}{f_y} A'_s \tag{6-28}$$

最后，根据轴心受压构件验算垂直于弯矩作用平面的受压承载力，当其不小于 N 值时为满足，否则要重新设计。

(2) 已知：b，h，N，M，f_c，f_y，f'_y，l_c/h 及受压钢筋 A'_s 的数量，求出钢筋截面面积 A_s。

令 $N = N_u$，$M = Ne_0$，从式 (6-10) 及式 (6-11) 中可看出，仅有 x 和 A_s 两个未知数，完全可以通过式 (6-10) 和式 (6-11) 的联立，直接求算 A_s 值，但要解算 x 的二次方程，十分麻烦。对此可仿照前面内容双筋截面已知 A'_s 时的情况，令 $M_{u2} = a_1 f_c b x (h_0 - x/2)$，通过式 (6-11) 知 $M_{u2} = N_e - f'_y A'_s (h_0 - a'_s)$，再算出 $a_s = \dfrac{M_{u2}}{a_1 f_c b h_0^2}$，于是 $\xi = 1 - \sqrt{1 - 2a_s}$，代入式 (6-10) 求出 A_s。尚需注意，如果求得 $x > \xi_b h_0$，就应改用小偏心受压重新计算；若仍用大偏心受压计算，则要采取加大截面尺寸或者提高混凝土强度等级，加大 A'_s 的数量等措施，也可按照 A'_s 未知的情况来重新计算，使其符合 $x < \xi_b h_0$ 的条件。如果 $x < 2a'_s$ 时，仿照双筋受弯构件的办法，对受压钢筋 A'_s 合力点取矩，计算 A_s 值，得：

$$A_s = \frac{N\left(e_i - \dfrac{h}{2} + a'_s\right)}{f_y (h_0 - a'_s)} \tag{6-29}$$

另外，再按不考虑受压钢筋 A'_s，即取 $A'_s = 0$，通过式 (6-10)、式 (6-11) 求算 A_s 值，然后与用式 (6-31) 求得的 A_s 值进行比较，取其中较小值配筋。

最后也要按照轴心受压构件验算垂直于弯矩作用平面的受压承载力。

由上可知，大偏心受压构件的截面设计方法，不论 A'_s 是未知还是已知，都基本上同双筋受弯构件的相仿。

2. 小偏心受压构件正截面承载力设计

这时未知数有 x、A_s 以及 A'_s 三个，而独立的平衡方程式只有两个，所以必须补充一个条件才能求解。注意，式（6-20）并不是补充条件，因为式中的 $\xi=x/h_0$。

建议按照以下两个步骤进行截面设计。

（1）确定 A_s，作为补充条件

当 $\xi_{cy}>\xi>\xi_b$ 时，不论 A_s 配置多少，它总是不屈服的，为了经济，可以取 $A_s=\rho_{min}bh=0.002bh$，同时考虑到防止反向破坏的要求，A_s 通过以下方法确定：

当 $N\leqslant f_c bh$ 时，取 $A_s=0.002bh$；

当 $N>f_c bh$ 时，A_s 由反向受压破坏的式（6-26）求得，若 $A_s<0.002bh$，取 $A_s=0.002bh$。

（2）求出 ξ 值，再按 ξ 的三种情况求出 A'_s

将 A_s 代入力的平衡方程式（6-17）与力矩平衡方程式（6-18）中，消去 A'_s，得

$$\xi = u+\sqrt{u^2+v} \tag{6-30}$$

$$u = \frac{a'_s}{h_0}+\frac{f_y A_s}{(\xi_b-\beta_1)\alpha_1 f_c bh_0}\left(1-\frac{a'_s}{h_0}\right) \tag{6-31}$$

$$v = \frac{2Ne'}{a_1 f_c bh_0^2}-\frac{2\beta_1 f_y A_s}{(\xi_b-\beta_1)\alpha_1 f_c bh_0}\left(1-\frac{a'_s}{h_0}\right) \tag{6-32}$$

得到 ξ 值后，按照上述小偏心受压的三种情况分别求出 A'_s。

1）$\xi_{cy}>\xi>\xi_b$ 时，将 ξ 代入力的平衡方程式或力矩平衡方程式中，就可求出 A'_s。

2）$h/h_0>\xi\geqslant\xi_{cy}$ 时，取 $\sigma_s=-f'_y$，按照下式重新求 ξ：

$$\xi = \frac{a'_s}{h_0}+\sqrt{\left(\frac{a'_s}{h_0}\right)^2+2\left[\frac{Ne'}{a_1 f_c bh_0^2}-\frac{A_s}{bh_0}\frac{f'_y}{a_1 f_c}\left(1-\frac{a'_s}{h_0}\right)\right]} \tag{6-33}$$

再按式（6-17）求出 A'_s。

3）$\xi\geqslant\xi_{cy}$ 且 $\xi\geqslant\dfrac{h}{h_0}$ 时，取 $x=h$，$\sigma_s=-f'_y$，$\alpha_1=1$，由式（6-18）可得：

$$A'_s = \frac{N_e-f_c bh(h_0-0.5h)}{f'_y(h_0-a'_s)} \tag{6-34}$$

若以上求得的 A_s 值小于 $0.002bh$，应取 $A'_s=0.002bh$。

6.6.2 承载力复核

进行承载力复核时，一般已知 b、h、A_s 以及 A'_s，混凝土强度等级及钢筋级别，构件长细比 l_c/h。分为两种情况：一种为已知轴向力设计值，求偏心距 e_0，也就是验算截面能承受的弯矩设计值 M；另一种为已知 e_0，求轴向力设计值。不论哪一种情况，均需要进行垂直于弯矩作用平面的承载力复核。

1. 弯矩作用平面的承载力复核

（1）已知轴向力设计值 N，求弯矩设计值 M

先把已知配筋和 ξ_b 代入式（6-10）计算界限情况下的受压承载力设计值 N_{ub}。若 $N\leqslant N_{ub}$，则为大偏心受压，可按式（6-10）求 x，再把 x 代入式（6-11）求 e，则得弯矩设计值 $M=Ne_0$。如 $N>N_{ub}$，为小偏心受压，可先假定属于第一种小偏心受压情况，通过式（6-

17）和式（6-20）求 x，当 $x < \xi_{cy}h_0$ 时，说明假定正确，再把 x 代入式（6-18）求 e，通过式（6-13）、式（15-17）求得 e_0，及 $M = Ne_0$。如果 $x \geqslant \varepsilon_{cy}h_0$，则应按照式（6-33）重求 x；当 $x \geqslant h$ 时，就取 $x = h$。

另一种方法是，先假定 $\xi \leqslant \xi_b$，通过式（6-10）求出 x，若 $\xi = x/h_0 \leqslant \xi_b$，说明假定是对的，再由式（6-11）求 e_0；如果 $\xi = h_0 > \xi_b$，说明假定有误，则应按上述小偏心受压情况求出 x，再通过式（6-18）求出 e_0。

（2）已知偏心距 e_0 求轴向力设计值 N

由于截面配筋已知，所以可按图 6-20 对 N 作用点取矩求 x。当 $x \leqslant x_b$ 时，为大偏压，把 x 及已知数据代入式（6-10）可求解出轴向力设计值 N 即为所求。当 $x > x_b$ 时，为小偏心受压，把已知数据代入式（6-17）、式（6-18）以及式（6-20）联立求解轴向力设计值 N。

由上可知，在进行弯矩作用平面的承载力复核时，同受弯构件正截面承载力复核一样，总是要求出 x 才能够使问题得到解决。

2. 垂直于弯矩作用平面的承载力复核

无论是设计题或截面复核题，是大偏心受压还是小偏心受压，除在弯矩作用平面内依照偏心受压进行计算之外，都要验算垂直于弯矩作用平面的轴心受压承载力。此时，应考虑 φ 值，并取 b 作为截面高度。

【例 6-3】 已经某钢筋混凝土柱轴向力设计值 $N = 3000\text{kN}$，弯矩设计值 $M_1 = 0.80M_2$，$M_2 = 300\text{kN} \cdot \text{m}$；截面尺寸 $b = 400\text{mm}$，$h = 600\text{mm}$，$a_s = a'_s = 45\text{mm}$；混凝土强度等级为 C40，钢筋用 HRB400 级；构件计算长度 $l_c = l_0 = 3.3\text{m}$。

求： 对称配筋时 $A_s = A'_s$ 的数值。

解：（1）确定基本参数。C40 混凝土：$f_c = 19.1\text{N/mm}^2$；HRB400 级钢筋：$f_y = f'_y = 360\text{N/mm}^2$；$\xi_b = 0.518$；$h_0 = h - a_s = 600 - 45 = 555\text{mm}$。

$$M = M_2 = 300\text{kN} \cdot \text{m}$$

$$e_a = 600/30 = 20\text{mm}$$

$$e_0 = M/N = (300 \times 10^6) / (3000 \times 10^3) = 100\text{mm}$$

$$e_i = e_0 + e_a = 100 + 20 = 120\text{mm}$$

$$e_i = 120\text{mm} < 0.3h_0 = 0.3 \times 555 = 166.5\text{mm}$$

$$e = e_i + h/2 - a_s = 120 + 600/2 - 45 = 375\text{mm}$$

（2）判断是否需要考虑二阶效应。由式（6-8）得

$$M_1/M_2 = 0.80 < 0.9$$

$$N/f_cA = \frac{3000 \times 10^3}{19.1 \times 400 \times 600} = 0.654 < 0.9$$

$$\frac{l_c}{i} = \frac{3300}{0.289 \times 600} = 19.03 < 34 - 12\frac{M_1}{M_2} = 24.4$$

因此，不需考虑 $P\text{-}\delta$ 效应。

（3）初步判断偏压类型。

$$x = \frac{N}{a_1 f_c b} = \frac{3000 \times 10^3}{1.0 \times 19.1 \times 400} = 392.7\text{ mm} > x_b = 0.518 \times 555 = 287.5\text{mm}$$

属于小偏心受压情况。

（4）计算相对受压区高度 ξ。由

$$\xi = \frac{N - \xi_b \alpha_1 f_c b h_0}{\dfrac{N_e - 0.43 \alpha_1 f_c b h_0^2}{(\beta_1 - \xi_b)(h_0 - a'_s)} + \alpha_1 f_c b h_0} + \xi_b$$

$$= \frac{3000 \times 10^3 - 0.518 \times 1.0 \times 19.1 \times 400 \times 555}{\dfrac{3000 \times 10^3 \times 375 - 0.43 \times 1.0 \times 19.1 \times 400 \times 555^2}{(0.8 - 0.518) \times (555 - 45)} + 1.0 \times 19.1 \times 400 \times 555}$$

$$+ 0.518 = 0.678$$

（5）计算 $A_s = A'_s$。由上式，且 $x = \xi h_0 = 0.678 \times 555 = 376.2\text{mm}$，得

$$A_s = A'_s = \frac{N_e - \alpha_1 f_c b x \left(h_0 - \dfrac{x}{2}\right)}{f'_y (h_0 - a'_s)}$$

$$= \frac{3000 \times 10^3 \times 375 - 1.0 \times 19.1 \times 400 \times 376.2 \times \left(555 - \dfrac{376.2}{2}\right)}{360 \times (555 - 45)}$$

$$= 384\ \text{mm}^2 < \rho_{\min} b h = 0.2\% \times 400 \times 600 = 480\text{mm}^2$$

考虑到需满足整体配筋率不小于 0.55% 的要求，即

$$\rho'_{\min} b h = 0.55\% \times 400 \times 600 = 1320\text{mm}^2$$

每边选用 $4 \, \Phi \, 16$，$A'_s = A_s = 804\text{mm}^2$。

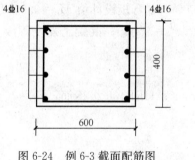

图 6-24　例 6-3 截面配筋图

（6）验算垂直于弯矩作用方向的承载能力。
$$l_0/b = 3300/400 = 8.25$$
查表 6-1，得 $\varphi = 0.998$.
由式（6-2），计算轴压承载力为
$$N = 0.9\varphi[f_c b h + f'_y(A'_s + A_s)]$$
$$= 0.9 \times 0.998$$
$$\times \begin{bmatrix} 19.1 \times 400 \times 600 + 360 \\ \times (804 + 804) \end{bmatrix}$$
$$= 4637\text{k}N > 3000\ \text{kN}$$

弯矩作用平面外承载力满足要求。

（7）绘制截面配筋图。纵筋配置如图 6-24 所示。

6.7　矩形截面对称配筋偏心受压构件
正截面受压承载力计算

在实际工程中，偏心受压构件在不同内力组合下，可能会有相反方向的弯矩。当其数值相差不大时，或者即使相反方向的弯矩值相差较大，但是按对称配筋设计求得的纵向钢筋的总量比按不对称配筋设计所得纵向钢筋的总量增加不多时，均宜采用对称配筋。装配式柱为了确保吊装不会出错，一般采用对称配筋。

6.7.1　截面设计

对称配筋时，截面两侧的配筋相同，即为 $A_s = A'_s$，$f_y = f'_y$。

1. 大偏心受压构件的计算

令 $N = N_u$，通过式（6-10）可得

$$x = \frac{N}{a_1 f_c b} \tag{6-35}$$

代入式（6-11），可求得

$$A_s = A'_s = \frac{N_e - a_1 f_c b x \left(h_0 - \dfrac{x}{2}\right)}{f'_y(h_0 - a'_s)} \tag{6-36}$$

当 $x < 2a'_s$ 时，可按不对称配筋计算方法一样处理。如果 $x > x_b$，（也即 $\xi > \xi_b$ 时），则认为受拉筋 A_s 达不到受拉屈服强度，而属于"受压破坏"情况，即不能用大偏心受压的计算公式进行配筋计算。此时要通过小偏心受压公式进行计算。

2. 小偏心受压构件的计算

由于是对称配筋，即 $A_s = A'_s$，可以通过式（6-17）、式（6-18）和式（6-19）进行直接计算 x 和 $A_s = A'_s$。取 $f_y = f'_y$，通过式（6-19）代入式（6-17），并取 $x = \xi/h_0$，$N = N_u$，得

$$N = a_1 f_c b h \xi + (f'_y - \sigma_s))A'_s$$

也即

$$f'_y A'_s = \frac{N - a_1 f_c b h_0 \xi}{\dfrac{\xi_b - \xi}{\xi_b - \beta_1}}$$

代入式（6-18），得

$$Ne = a_1 f_c b h_0^2 \xi \left(1 - \frac{\xi}{2}\right) + \frac{N - a_1 f_c b h_0 \xi}{\dfrac{\xi_b - \xi}{\xi_b - \beta_1}}(h_0 - a'_s)$$

也即

$$Ne\left(\frac{\xi_b - \xi}{\xi_b - \beta_1}\right) = a_1 f_c b h_0^2 \xi(1 - 0.5\xi)\left(\frac{\xi_b - \xi}{\xi_b - \beta_1}\right) + (N - a_1 f_c b h_0 \xi) \cdot (h_0 - a'_s) \tag{6-37}$$

由式（6-37）可知，求 x（$x = \xi h_0$）需要求解三次方程，手算非常不便，可采用下述简化方法：

令

$$\bar{y} = \xi(1 - 0.5\xi)\frac{\xi - \xi_b}{\beta_1 - \xi_b} \tag{6-38}$$

代入式（6-37），得

$$\frac{Ne}{a_1 f_c b h_0^2}\left(\frac{\xi_b - \xi}{\xi_b - \beta_1}\right) - \left(\frac{N}{a_1 f_c b h_0^2} - \xi/h_0\right)(h_0 - a'_s) = \bar{y} \tag{6-39}$$

对于给定的钢筋级别和混凝土强度等级，ξ_b、β_1 为已知，则通过式（6-39）可画出 $\bar{y}$ 与 ξ 的关系曲线，如图 6-25 所示。

由图 6-24 可知，在小偏心受压（$\xi_b < \xi \leqslant \xi_{cy}$=的区段内，$\bar{y} - \xi$ 逼近于直线关系。对于 HPB300、HRB335、HRB400（或 RRB400）级钢筋，$\bar{y}$ 和 ξ 的线性方程可近似取为

$$\overline{y} = 0.43 \frac{\xi - \xi_b}{\beta_1 - \xi_b} \quad (6\text{-}40)$$

把式（6-40）代入式（6-39），经整理后可得到《混凝土结构设计规范》（GB 50010—2010）给出的 ξ 的近似公式。

$$\xi = \frac{N - \xi_b a_1 f_c b h_0}{\dfrac{Ne - 0.43 a_1 f_c b h_0^2}{(\beta_1 - \xi_b)(h_0 - a'_s)} + a_1 f_c b h_0} + \xi_b$$

$$(6\text{-}41)$$

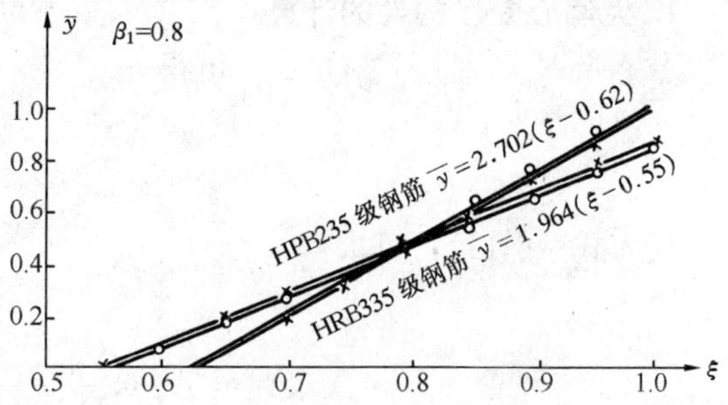

代入式（6-36）即可求得钢筋面积

$$A_s = A'_s = \frac{Ne - a_1 f_c b h_0^2 \xi(1 - 0.5\xi)}{f'_y(h_0 - a'_s)} \qquad (6\text{-}42)$$

图 6-25　参数 $\overline{y} - \xi$ 关系曲线

6.7.2　截面复核

可按不对称配筋的截面复核方法进行验算，但是取 $A_s = A'_s$，$f_y = f'_y$。

【例 6-4】 已知，荷载作用下柱的轴向力设计值 $N = 396\text{kN}$，杆端弯矩设计值 $M_1 = 0.92 M_2$，$M_2 = 218\text{kN·m}$，截面尺寸：$b = 300\text{mm}$，$h = 400\text{mm}$，$a_s = a'_s = 40\text{mm}$；混凝土强度等级为 C30，钢筋采用 HRB400 级；$l_c/h = 6$，设计成对称配筋。

求：钢筋截面面积 A'_s 及 A_s。

解　由已知条件，可求得 $e_i = 571\text{mm} > 0.3 h_0$，属于大偏心受压情况。通过式（6-35）和式（6-36）得

$$x = \frac{N}{\alpha_1 f_c b} = \frac{396 \times 10^3}{1.0 \times 14.3 \times 300} = 92.3\text{mm} \quad < 0.518 h_0$$

$$> 2 a'_s$$

$$A_s = A'_s = \frac{Ne - a_1 f_c b x(h_0 - x/2)}{f'_y(h_0 - a'_s)}$$

$$= \frac{396 \times 10^3 \times 731 - 1.0 \times 14.3 \times 300 \times 92.3 \times (360 - 92.3/2)}{360 \times (360 - 40)} = 1434\text{ mm}^2$$

每边配置 $3 \phi 20 + 1 \phi 18$（$A_s = A'_s = 1451\text{mm}^2$）。

当采用对称配筋时．钢筋用量需要多一些。

本题中 $A_s + A'_s = 2 \times 1434 = 2868\text{mm}^2$

可见，采用对称配筋时，钢筋用量稍大一些。

综上可知，在矩形截面偏心受压构件的正截面受压承载力计算中，可以利用的只有力与力矩两个平衡方程式，所以当未知数多于 2 个时，就要采用补充条件（小偏心受压时 σ_s 的近似计算公式（6-20）中也含有未知数 x，因此不是补充条件）；当未知数不多于 2 个时，计算也必须采用适当的方法才能够顺利求解。表 6-2 给出了矩形截面偏心受压构件正截面承载力的计算方法，供参考。这里，矩形截面非对称配筋与对称配筋大偏心受压时的截面设计方法是重点，必须熟练掌握，ξ 的简化计算公式不必死记。

表 6-2 矩形截面偏心受压构件正截面承载力的计算方法

配筋	题型	破坏形态或情况	未知数	补充条件或对策	注意事项
非对称配筋	截面设计	大偏心受压	A_s, A_s', x	令 $\xi=\xi_b$	
			A_s, x (A_s' 已知)	令 $M_{u2}=Ne-f_y'A_s'(h_0-a_s')$, $\alpha_s=\dfrac{M_{a2}}{\alpha_1 f_c bh_0^2}$, 求出 x	$x<2a_s'$ 时, 对 A_s' 取矩, 求出 A_s'; 再令 $A_s'=0$, 求出 A_s, 取二者中的小值; $x>x_b$ 时, 可加大截面或增加 A_s' 或把 A_s' 作为未知
		小偏心受压	A_s, A_s'、x	$N\leq f_c bh$, 取 $A_s=0.002bh$; $N>f_c bh$, 按反向破坏求 A_s	求出 ξ, 再按 ξ 的三种情况分别求出 A_s'
	截面复核	e_0 未知, N 已知	e_1、x	令 $x=\xi h_0$ 求 N_{ch}, 或假定是大偏心受压, 直接求 x	$N\leq N_{ub}$ 或 $x\leq x_b$ 时, 按大偏心受压求 x; $N>N_{ub}$ 或 $x>x_b$ 时, 按小偏心受压求 x, 都用 $\sum X=0$ 来求 x, 求出 x 后再求 e
		e_0 已知, N 未知	N、x	令 $\sigma_s=f_y$, 用 $\sum M_N=0$, 求 ξ	$\xi>\xi_b$ 时, 改用 σ_s 公式, 用 $\sum M_N=0$, 重求 ξ 再用 $\sum X=0$, 求出 N_u
对称配筋	截面设计	大偏心受压	$A_s=A_s'$, x	直接求 x	$x<2a_s'$ 时, 对 A_s' 取矩, 求出 $A_s=A_s'$
		小偏心受压	$A_s=A_s'$, x	取 $\xi(1-0.5\xi)=0.43$, 得 ξ 的近似公式	要求满足 $\xi\leq\xi_{cy}$, $\xi_{cy}=2\beta_1-\xi_b$

6.8 I 形截面对称配筋偏心受压构件正截面受压承载力计算

6.8.1 大偏心受压

为了节省混凝土和减轻柱的自重, 对于比较大尺寸的装配式柱往往采用 I 形截面柱。I 形截面柱的正截面破坏形态和矩形截面相同。

1. 计算公式

(1) 当 $x>h_f'$ 时, 受压区为 T 形截面, 如图 6-26 (a) 所示, 按下列公式计算。

$$N_u = \alpha_1 f_c \left[bx+(b_f'-b)h_f' \right] \tag{6-43}$$

$$N_u e = \alpha_1 f_c \left[bx\left(h_0-\frac{x}{2}\right)+(b_f'-b)h_f'\left(h_0-\frac{h_f'}{2}\right) \right] + f_y'A_s'(h_0-a_s') \tag{6-44}$$

(2) 当 $x\leq h_f'$ 时, 则按照宽度 b_f' 的矩形截面计算, 如图 6-26 (b) 所示。

$$N_u = \alpha_1 f_c b_f' x \tag{6-45}$$

$$N_u e = \alpha_1 f_c b_f' x\left(h_0-\frac{x}{2}\right)+f_y'A_s'(h_0-a_s') \tag{6-46}$$

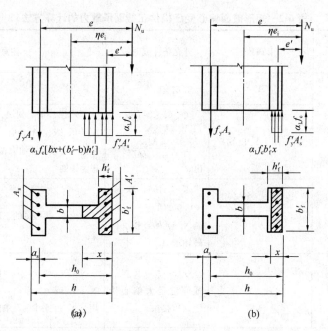

图 6-26 I形截面大偏心受压计算图形

式中　b'_f——I形截面受压翼缘宽度；

　　　h'_f——I形截面受压翼缘高度。

2. 适用条件

为了确保上述计算公式中的受拉钢筋 A_s 及受压钢筋 A'_s 能达到屈服强度，要满足以下条件：

$$x \leqslant x_b \text{ 及 } x \geqslant 2a'_s$$

式中　x_b——界限破坏时受压区计算高度。

3. 计算方法

将I形截面假想为宽度是 b'_f 的矩形截面，通过式（6-45）得

$$x = \frac{N_u}{\alpha_1 f_c b'_f} \tag{6-47}$$

根据 x 值的不同，分成以下三种情况：

1）当 $x > h'_f$ 时，通过式（6-43）及式（6-44），可求得钢筋截面面积。此时必须验算符合 $x \leqslant x_b$ 的条件。

2）当 $2a'_s \leqslant x \leqslant h'_f$ 时，通过式（6-46），求得钢筋截面面积。

3）当 $x < 2a'_s$ 时，则如同双筋受弯构件一样，取 $x = 2a'_s$，通过已给的公式（6-29）求钢筋：

$$A'_s = A_s = \frac{N\left(e_i - \dfrac{h}{2} + a'_s\right)}{f_y(h_0 - a'_s)}$$

另外，再按不考虑受压钢筋 A'_s，即取 $A'_s = 0$，按照非对称配筋构件计算 A_s 值；然后与用式（6-29）计算出来的 A_s 值进行比较，取用小值配筋（具体配筋时，仍取用 $A'_s = A_s$ 配置，但此 A_s 值是上面所求得的小的数值）。

I形截面非对称配筋的计算方法同前述矩形截面的计算方法并无原则区别，只需注意翼

缘的作用，本章从略。

6.8.2　小偏心受压

1. 计算公式

对于小偏心受压 I 形截面，通常不会发生 $x<h'_\text{f}$ 的情况，这里仅列出 $x>h'_\text{f}$ 的计算公式。由图 6-27 知

$$N_\text{u} = \alpha_1 f_\text{c}[bx + (b'_\text{f} - b)h'_\text{f}] + f'_\text{y}A'_\text{s} - \sigma_\text{s}A_\text{s} \tag{6-48}$$

$$N_\text{u}e = \alpha_1 f_\text{c}\left[bx\left(h_0 - \frac{x}{2}\right) + (b'_\text{f} - b)h'_\text{f}\left(h_0 - \frac{h'_\text{f}}{2}\right)\right] + f'_\text{y}A'_\text{s}(h_0 - a'_\text{s}) \tag{6-49}$$

式中　x——混凝土受压区高度，当 $x>h-h_\text{f}$ 时，在计算中应考虑翼缘 h_f 的作用，可改用式（6-50）、式（6-51）计算。

$$N_\text{u} = \alpha_1 f_\text{c}[bx + (b'_\text{f} - b)h'_\text{f} + (b_\text{f} - b)(h_\text{f} + x - h)] + 'f'_\text{y}A'_\text{s} - \sigma_\text{s}A_\text{s} \tag{6-50}$$

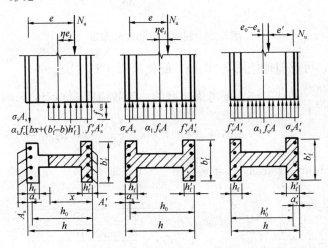

图 6-27　I 形截面小偏压计算图形

$$
\begin{aligned}
N_\text{u}e = {}& \alpha_1 f_\text{c}\bigg[bx\left(h_0 - \frac{x}{2}\right) + (b'_\text{f} - b)h'_\text{f}\left(h_0 - \frac{h'_\text{f}}{2}\right) \\
& + (b_\text{f} - b)(h_\text{f} + x - h)\left(h_\text{f} - \frac{h_\text{f} + x - h}{2} - a_\text{s}\right)\bigg] \\
& + f'_\text{y}A'_\text{s}(h_0 - a'_\text{s})
\end{aligned} \tag{6-51}
$$

式中 x 值大于 h 时，取 $x=h$ 计算。σ_s 仍可以近似用式（6-20）计算。

对于小偏心受压构件，尚应满足下列条件。

$$
\begin{aligned}
N_\text{u}\left[\frac{h}{2} - a'_\text{s} - (e_0 - e_\text{a})\right] \leqslant {}& \alpha_1 f_\text{c}\bigg[bh\left(h'_0 - \frac{h}{2}\right) + (b_\text{f} - b)h_\text{f}\left(h'_0 - \frac{h_\text{f}}{2}\right) \\
& + (b'_\text{f} - b)h'_\text{f}(h'_\text{f}/2 - a'_\text{s})\bigg] + f'_\text{y}A_\text{s}(h'_0 - a_\text{s})
\end{aligned} \tag{6-52}
$$

式中　h'_0——钢筋 A'_s 合力点至离纵向力 N 较远一侧边缘的距离，也就是 $h'_0 = h - a_\text{s}$。

2. 适用条件 $x>x_\text{b}$

3. 计算方法

I 形截面对称配筋的计算方法与矩形截面对称配筋的计算方法基本相同，通常可采用迭代法和近似公式计算法两种方法。采用迭代法时，σ_s 仍通过式（6-20）计算；而式（6-17）

和式（6-18）分别用式（6-48）、式（6-49）或式（6-50）、式（6-51）来代替即可，详见以下例题。

【例 6-5】 已知：I 形截面边柱，$l_c = l_0 = 6.6$m，柱截面控制内力 $N = 853.5$kN，$M_1 = M_2 = 352.5$kN·m，截面尺寸如图 6-26 所示。混凝土强度等级为 C40，采用 HRB400 级钢筋，对称配筋。

求： 所需钢筋截面面积 $A_s = A'_s$。

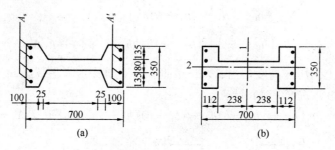

图 6-28　截面尺寸和配筋布置

解： 在计算时，可近似地把图 6-28（a）简化成图 6-28（b）。

由于 $l_c / h = \dfrac{6600}{700} = 9.42 > 6$，要考虑挠度的二阶效应对偏心距的影响，即需

要计算 η_{ns}。取 $a_s = a'_s = 50$mm，$C_m = 0.7 + 0.3\dfrac{M_1}{M_2} = 1$，则 $h_0 = 700 - 50 = 650$mm。

$e_a = 700/30 = 23$mm > 23mm，$\xi_c = \dfrac{0.5 f_c A}{N} > 1$，取 $\xi_c = 1$

$$\eta_{ns} = 1 + \frac{1}{1300 \dfrac{\left(\dfrac{M_2}{N} + e_a\right)}{h_0}} \left(\frac{l_c}{h}\right)^2 \xi_c = 1 + \frac{1}{1300 \times \dfrac{\dfrac{352.5 \times 10^6}{853.5 \times 10^3} + 23}{650}} (9.42)^2 \times 1 = 1.103$$

$$e_i = M/N + e_a = C_m \eta_{ns} M_2 / N + e_a = 478.54 \text{ mm}$$

先按大偏心受压计算，通过式（6-47）求出受压区计算高度

$$x = \frac{N}{a_1 f_c b'_f} = \frac{853.5 \times 10^3}{1.0 \times 19.1 \times 350} = 128 \text{mm} > h'_f = 112 \text{m}$$

此时中和轴在腹板内，应由式（6-43）重新求算 x 值得

$$x = \frac{N - a_1 f_c h'_f (b'_f - b)}{a_1 f_c b} = \frac{853.5 \times 10^3 - 19.1 \times 112 \times (350 - 80)}{19.1 \times 80}$$

$$= 180.57 \text{mm} < x_b = 0.518 \times 650 = 336.7 \text{mm}$$

可用大偏心受压公式计算钢筋

$$A_s = A'_s = \frac{Ne - \alpha_1 f_c \left[bx\left(h_0 - \dfrac{x}{2}\right) + (b'_f - b)h'_f\left(h_0 - \dfrac{h'_f}{2}\right) \right]}{f'_y (h_0 - a'_s)}$$

$$= \frac{853.5 \times 10^3 \times 779.4 - 1 \times 19.1 \times 80 \times 180.57 \times \left(650 - \dfrac{180.57}{2}\right)}{360 \times (650 - 50)}$$

$$- \frac{1 \times 19.1 \times (350 - 80) \times 112 \times \left(650 - \dfrac{112}{2}\right)}{360 \times (650 - 50)}$$

$$= 776\text{mm}^2 > \rho'_{\min}bh = 0.002 \times 80 \times 700 = 112\text{mm}^2$$

每边选用 $4 \oplus 16$，$A_s = A'_s = 804\text{mm}^2$。

6.9　正截面承载力 N_u-M_u 的相关曲线及其应用

对于给定的一个偏心受压构件正截面，现在来研究它的受压承载力设计值 N_u 和正截面的受弯承载力设计值 M_u 之间的关系（$N_u e_i = M_u$）。试验研究表明，小偏心受压情况下，随着轴向压力的增加，正截面受弯承载力随之减小；但是在大偏心受压情况下，轴向压力的存在反而使构件正截面的受弯承载力提高。当界限破坏时，正截面受弯承载力达到最大值。

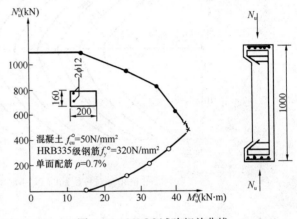

图 6-29 为一组偏心受压试件，在不同偏心距作用下所测得承载力 M_u 和 N_u 之间试验曲线图，图中曲线反映了上述的规律。

这表明，对于给定截面尺寸、配筋以及材料强度的偏心受压构件，可以在无数组不同的 N_u 和 M_u 的组合下到达承

图 6-29　N_u-M_u 试验相关曲线

载能力极限状态，或者说当给定轴力 N_u 时就会有唯一的 M_u，反之，也一样。下面以对称配筋截面为例建立 $N_u - M_u$ 的相关曲线方程。

6.9.1　矩形截面对称配筋大偏心受压构件的 N_u-M_u 相关曲线

把 N_u、$A_s = A'_s$、$f_y = f'_y$ 代入式（6-10），得

$$N_u = \alpha_1 f_c b x \tag{6-53}$$

$$x = \frac{N_u}{\alpha_1 f_c b} \tag{6-54}$$

将式（6-54）、式（6-12）代入式（6-11），得

$$N_u \left(e_i + \frac{h}{2} - a_s \right) = \alpha_1 f_c b \frac{N_u}{\alpha_1 f_c b} \left(h_0 - \frac{N_u}{2\alpha_1 f_c b} \right) + f'_y A'_s (h_0 - a'_s) \tag{6-55}$$

整理后得

$$N_u e_i = -\frac{N_u^2}{2\alpha_1 f_c b} + \frac{N_u h}{2} + f'_y A'_s (h_0 - a'_s) \tag{6-56}$$

这里，$N_u e_i = M_u$，因此有

$$M_u = -\frac{N_u^2}{2\alpha_1 f_c b} + \frac{N_u h}{2} + f'_y A'_s (h_0 - a'_s) \tag{6-57}$$

这就是矩形截面大偏心受压构件对称配筋条件下 $N_u - M_u$ 的相关曲线方程。由式（6-57）可以看出 M_u 是 N_u 的二次函数，且随着 N_u 的增大 M_u 也增大，如图 6-30 中水平虚线以下的曲线所示。

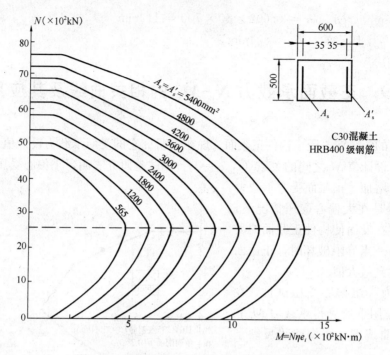

图 6-30 对称配筋时 N_u-M_u（N-M）相关曲线

6.9.2 矩形截面对称配筋小偏心受压构件的 N_u-M_u的相关曲线

假定截面为局部受压，把 N_u、σ_s、$x = \xi h_0$ 代入式（6-17），将 N_u、$x = \xi h_0$ 代入式（6-18），可得

$$N_u = \alpha_1 f_c bh_0 \xi + f'_y A'_s - \left(\frac{\xi - \beta_1}{\xi_b - \beta_1}\right) f_y A_s \tag{6-58}$$

$$N_u e = \alpha_1 f_c bh_0^2 \xi(1 - 0.5\xi) + f'_y A'_s(h_0 - a'_s) \tag{6-59}$$

将 $A_s = A'_s$、$f_y = f'_y$ 代入式（6-58）整理后则得

$$N_u = \frac{\alpha_1 f_c bh_0(\xi_b - \beta_1) - f'_y A'_s}{\xi_b - \beta_1} \xi - \left(\frac{\xi_b}{\xi_b - \beta_1}\right) f'_y A'_s$$

由上式解得

$$\xi = \frac{\beta_1 - \xi_b}{\alpha_1 f_c bh_0(\beta_1 - \xi_b) + f'_y A'_s} N_u - \frac{\xi_b f'_y A'_s}{\alpha_1 f_c bh_0(\beta_1 - \xi_b) + f'_y A'_s} \tag{6-60a}$$

令

$$\lambda_1 = \frac{\beta_1 - \xi_b}{\alpha_1 f_c bh_0(\beta_1 - \xi_b) + f'_y A'_s} \tag{6-60b}$$

$$\lambda_2 = -\frac{\xi_b f'_y A'_s}{\alpha_1 f_c bh_0(\beta_1 - \xi_b) + f'_y A'_s} \tag{6-60c}$$

则

$$\xi = \lambda_1 N_u + \lambda_2$$

将式（6-60b）、式（6-60c）、式（6-12）代入式（6-59）可得

$$N_u\left(e_i + \frac{h}{2} - a_s\right) = \alpha_1 f_c bh_0^2(\lambda_1 N_u + \lambda_2)\left(1 - \frac{\lambda_1 N_u + \lambda_2}{2}\right) + f'_y A'_s(h_0 - a'_s)$$

整理后并注意 $N_u e_i = M_u$ 则得

$$M_u = \alpha_1 f_c b h_0^2 [(\lambda_1 N_u + \lambda_2) - 0.5(\lambda_1 N_u + \lambda_2)^2] - \left(\frac{h}{2} - a_s\right) N_u + f'_y A'_s (h_0 - a'_s)$$

$$(6-61)$$

这即为矩形截面小偏心受压构件对称配筋条件下 $N_u - M_u$ 的相关方程。从式（6-61）可以看出，M_u 也是 N_u 的二次函数，但随着 N_u 的增大而 M_u 将会减小，如图 6-29 中水平虚线以上的曲线所示。

6.9.3 N_u-M_u 相关曲线的特点和应用

整个曲线分为大偏心受压破坏和小偏心受压破坏两个曲线段，其特点为：

（1）$M_u = 0$ 时，N_u 最大；$N_u = 0$ 时，M_u 不是最大；当界限破坏时，M_u 最大。

（2）小偏心受压时，N_u 随 M_u 的增大而减小；而当大偏心受压时，N_u 随 M_u 的增大而增大。

（3）对称配筋时，若截面形状和尺寸相同，混凝土强度等级和钢筋级别也相同，但配筋数量不同，则在界限破坏时，它们的 N_u 是相同的（因为 $N_u = \alpha_1 f_c b x_b$），所以各条 $N_u - M_u$ 曲线的界限破坏点在同一水平处，如图 6-28 中所示的虚线。

利用这些特点，即能对单层厂房排架柱的内力组合进行评判。

应用 N_u-M_u 的相关方程，可对一些特定的截面尺寸、特定的混凝土强度等级以及特定的钢筋类别的偏心受压构件，通过计算机预先绘制出一系列图表。设计时能够直接查图求得所需的配筋面积，以简化计算，节省大量的计算工作。如图 6-30 所示为按照截面尺寸 $b \times h$ $= 500\text{mm} \times 600\text{mm}$、混凝土强度等级 C30 以及钢筋采用 HRB400 而绘制的对称配筋矩形截面偏心受压构件正截面承载力计算图表。设计时，先计算 e_i，然后查与设计条件完全对应的图表，通过 N 和 Ne_i 值便可查出所需的 A_s 和 A'_s。

6.10 偏心受压构件斜截面受剪承载力计算

6.10.1 轴向压力对构件斜截面受剪承载力的影响

偏心受压构件，通常情况下剪力值相对较小，可不进行斜截面受剪承载力的计算；但对于有较大水平力作用下的框架柱，有横向力作用下的桁架上弦压杆，剪力影响相对比较大，必须予以考虑。

试验表明，轴压力的存在，可推迟垂直裂缝的出现，并使裂缝宽度减小；产生压区高度增大，斜裂缝倾角变小而水平投影长度基本不变，纵筋拉力降低的现象，导致构件斜截面受剪承载力要高一些。但是有一定限度，当轴压比 $N/f_c bh = 0.3 \sim 0.5$ 时，如图 6-31 所示，再增加轴向压力将转变为带有斜裂缝的小偏心受压的破坏情况，斜截面受剪承载力达到最大值。

试验研究说明，当 $N < 0.3 f_c bh$ 时，不同剪跨比构件的轴压力影响相差不多，如图 6-32 所示。

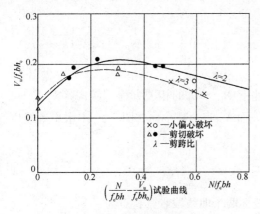

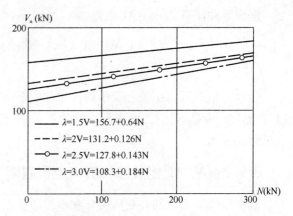

图 6-31　相对轴压力和剪力关系　　　图 6-32　不同剪跨比时 V_u 和 N 的回归公式对比图

6.10.2　偏心受压构件斜截面受剪承载力的计算公式

通过试验资料分析与可靠度计算，规范建议对承受轴压力和横向力作用的矩形 T 形和 I 形截面偏心受压构件，其斜截面受剪承载力应按以下公式计算：

$$V_u = \frac{1.75}{\lambda + 1.0} f_t b h_0 + 1.0 f_{yv} \frac{A_{sv}}{s} h_0 + 0.07N \tag{6-62}$$

式中　λ——偏心受压构件计算截面的剪跨比；对于各类结构的框架柱，取 $\lambda = M/Vh_0$；当框架结构中柱的反弯点在层高范围内时，可以取 $\lambda = H_n/2h_0$（H_n 为柱的净高）；当 $\lambda < 1$ 时，取 $\lambda = 1$；当 $\lambda > 3$ 时，取 $\lambda = 3$；此处，M 是计算截面上与剪力设计值 V 相应的弯矩设计值，H_n 是柱净高；对其他偏心受压构件，当承受均布荷载时，取 $\lambda = 1.5$；当承受集中荷载时（包括作用有多种荷载、并且集中荷载对支座截面或者节点边缘所产生的剪力值占总剪力的 75% 以上的情况），取 $\lambda = a/h_0$；当 $\lambda < 1.5$ 时，取 $\lambda = 1.5$；当 $\lambda > 3$ 时，取 $\lambda = 3$；此处，a 是集中荷载至支座或节点边缘的距离；

　　N——与剪力设计值 V 相应的轴向压力设计值；当 $N > 0.3 f_c A$ 时，取 $N = 0.3 f_c A$；A 为构件的截面面积。

若满足下列公式的要求时，则可不进行斜截面受剪承载力计算，而仅需根据构造要求配置箍筋。

$$V \leqslant \frac{1.75}{\lambda + 1.0} f_t b h_0 + 0.07N \tag{6-63}$$

偏心受压构件的受剪截面尺寸尚应满足《混凝土结构设计规范》（GB 50010—2010）的有关规定。

6.11　型钢混凝土柱和钢管混凝土柱简介

6.11.1　型钢混凝土柱简介

1. 型钢混凝土柱概述

型钢混凝土柱又叫做钢骨混凝土柱，前苏联称之为劲性钢筋混凝土柱。在型钢混凝土柱中，除了主要配置轧制或者焊接的型钢外，还配有少量的纵向钢筋与箍筋。

按配置的型钢形式，型钢混凝土柱分为实腹式与空腹式两类。如图 6-33 所示为实腹式型钢混凝土柱的截面形式。空腹式型钢混凝土柱中的型钢是不贯通柱截面的宽度和高度的，例如在柱截面的四角设置角钢，角钢间用钢缀条或者钢缀板连接而成的钢骨架。

震害表明，实腹式型钢混凝土柱有比较好的抗震性能，而空腹式型钢混凝土柱的抗震性能较差。所以工程中大多采用实腹式型钢混凝土柱。

由于含钢率较高，所以型钢混凝土柱与同等截面的钢筋混凝土柱相比，承载力大大提高。另外，混凝土中配置型

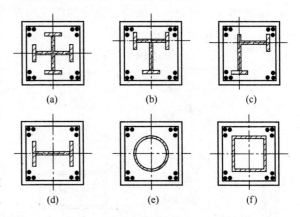

图 6-33 实腹式型钢混凝土柱的截面形式

(a) 十字形；(6) 丁字形；(c) L 形；(d) H 形；
(P) 圆钢管；(f) 方钢管

钢以后，混凝土与型钢相互约束。钢筋混凝土包裹型钢使其受到约束，从而致使型钢基本不发生局部屈曲；同时，型钢又对柱中核心混凝土起着约束作用。又由于整体的型钢构件比钢筋混凝土中分散的钢筋刚度大得多，因此型钢混凝土柱比钢筋混凝土柱的刚度明显提高。

实腹式型钢混凝土柱，不仅承载力高，刚度大，而且有良好的延性及韧性。所以，它更加适合用于要求抗震及要求承受较大荷载的柱子。

2. 型钢混凝土柱承载力的计算

（1）轴心受压柱承载力计算公式

在型钢混凝土柱轴心受压试验中，无论是短柱还是长柱，因为混凝土对型钢的约束，均未发现型钢有局部屈曲现象。所以，在设计中不予考虑型钢局部屈曲。其轴心受压柱的正截面承载力可按下式计算：

$$N_u = 0.9\varphi(f_c A_c + f'_y A'_s + f'_s A_{ss}) \tag{6-64}$$

式中 N_u——轴心受压承载力设计值；

  φ——型钢混凝土柱稳定系数；

  f_c——混凝土轴心抗压强设计值；

  A_c——混凝土的净面积；

  A_{ss}——型钢的有效截面面积，即应扣除因孔洞削弱的部分；

  A'_s——纵向钢筋的截面面积；

  f'_y——纵向钢筋的抗压强度设计值；

  f'_s——型钢的抗压强度设计值；

  0.9——系数，考虑到与偏心受压型钢柱的正截面承载力计算具有相近的可靠度。

（2）型钢混凝土偏心受压柱正截面承载力计算

对于配置实腹型钢的混凝土柱，其偏心受压柱正截面承载力的计算，可按照《型钢混凝土组合结构技术规程》(JGJ 138—2001) 进行，其计算方法如下。

1）基本假定

根据实验分析型钢混凝土偏心受压柱的受力性能和破坏特点，型钢混凝土柱正截面偏心

145

承载力计算，采用下列基本假定：

① 在截面中型钢、钢筋与混凝土的应变均保持平面；

② 不考虑混凝土的抗压强度；

③ 受压区边缘混凝土极限压应变 ε_{cu} 取 0.0033，而相应的最大应力取混凝土轴心抗压强度设计值为 f_c；

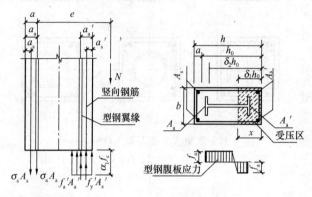

图 6-34　偏心受压柱的截面应力图形

（a）全截面应力；（b）型钢腹板应力

④ 受压区混凝土的应力图形简化为等效的矩形，其高度取按照平截面假定中确定的中和轴高度乘以系数 0.8；

⑤ 型钢腹板的拉、压应力图形都是梯形，设计计算时，简化为等效的矩形应力图形；

⑥ 钢筋的应力等于其应变与弹性模量的乘积，但是不应大于其强度设计值，受拉钢筋和型钢受拉翼缘的极限拉应变取 $\varepsilon_{cu}=0.01$。

2）承载力计算公式

如图 6-34 所示为型钢混凝土柱正截面受压承载力计算简图。

$$N_u = f_c bx + f'_y A'_s + f'_a A'_a - \sigma_s A'_s - \sigma_a A_\alpha + N_{aw} \tag{6-65}$$

$$N_u e = f_c bx \left(h - \frac{x}{2} \right) + f'_y A'_s (h-a) + f'_a A'_a (h-a) + M_{aw} \tag{6-66}$$

式中　N——轴向压力设计值；

　　　e——轴向力作用点至受拉钢筋和型钢受拉翼缘的合力点之间的距离，按式（6-12）和式（6-13）计算；

f'_y、f'_a——分别为受压钢筋、型钢的抗压强度设计值；

A'_s、A'_a——分别为竖向受压钢筋、型钢受压翼缘的截面面积；

A_s、A_a——分别为竖向受拉钢筋、型钢受拉翼缘的截面面积；

　b、x——分别为柱截面宽度和柱截面受压区高度；

a'_s、a'_a——分别为受压纵筋合力点、型钢受压翼缘合力点到截面受压边缘的距离；

a_s、a_a——分别为受拉纵筋合力点、型钢受拉翼缘合力点到截面受拉边缘的距离；

　　　a——受拉纵筋和型钢受拉翼缘合力点到截面受拉边缘的距离。

N_{aw}、M_{aw} 按《型钢混凝土组合结构技术规程》（JGJ 138—2001）6.1.2 节计算。受拉边或受压较小边的钢筋应力 σ_s 和型钢翼缘应力 σ_a 可按以下条件计算：

当 $x \leqslant \xi_b h_0$ 时，为大偏心受压构件，取 $\sigma_s = f_y$，$\sigma_a = f_a$；

当 $x \geqslant \xi_b h_0$ 时，为小偏心受压构件，取

$$\sigma_s = \frac{f_y}{\xi_b - 0.8} \left(\frac{x}{h_0} - 0.8 \right) \tag{6-67}$$

$$\sigma_a = \frac{f_a}{\xi_b - 0.8} \left(\frac{x}{h_0} - 0.8 \right) \tag{6-68}$$

其中，ξ_b 为柱混凝土截面的相对界限受压区高度，也就是

$$\xi_b = \frac{0.8}{1 + \frac{f_y + f_a}{2 \times 0.003 E_s}} \qquad (6-69)$$

6.11.2　钢管混凝土柱简介

1. 钢管混凝土柱概述

钢管混凝土柱是指在钢管中填充混凝土而形成的构件。根据钢管截面形式的不同，分为方钢管混凝土柱、圆钢管混凝土柱以及多边形钢管混凝土柱。常用的钢管混凝土组合柱为圆钢管混凝土柱，其次是方形截面、矩形截面钢管混凝土柱，如图 6-35 所示。为了使抗火性能提高，有时还在钢管内设置纵向钢筋和箍筋。钢管混凝土的基本原理为：首先借助内填混凝土增强钢管壁的稳定性；其次借助钢管对于核心混凝土的约束（套箍）作用，使核心混凝土处于三向受压状态，从而使混凝土具有更高的抗压强度与压缩变形能力，不仅使混凝土的塑性和韧性性能大为改善，而且能够避免或延缓钢管发生局部屈曲。所以，与钢筋混凝土柱相比钢管混凝土柱具有承载力高、重量轻、塑性好、耐疲劳、耐冲击、省工、省料以及施工速度快等优点。

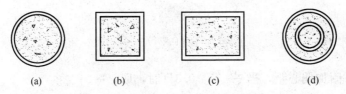

图 6-35　钢管混凝土柱的截面形式
（a）圆钢管；（b）方钢管；（c）矩形钢管；（d）双重钢管

对于钢管混凝土柱，最能发挥其特长的是轴心受压，所以，钢管混凝土柱最适合于轴心受压或小偏心受压构件。当轴心力偏心比较大时或采用单肢钢管混凝土柱不够经济合理时，宜采用双肢或者多肢钢管混凝土组合柱结构，如图 6-36 所示。

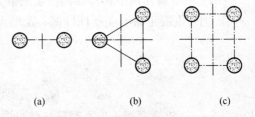

图 6-36　截面形式
（a）等截面双肢柱；（b）等截面三肢柱；（c）等截面四肢柱

2. 钢管混凝土受压柱承载力计算公式

（1）钢管混凝土轴心受压承载力计算公式

钢管混凝土轴心受压柱的承载力设计值通过下式计算

$$N_u = \varphi(f_s A_s + k_1 f_c A_c) \qquad (6-70)$$

式中　N_u——轴心受压承载力设计值；

　　　φ——钢管混凝土轴心受压稳定系数；

　　　A_s——钢管截面面积；

　　　f_s——钢管钢材抗压强度设计值；

　　　A_c——钢管内核心混凝土截面面积；

　　　f_c——混凝土轴心抗压强度设计值；

　　　k_1——核心混凝土轴心抗压强度提高系数。

（2）钢管混凝土偏心受压柱正截面承载力计算

1）钢管混凝土偏心受压杆件承载力设计值可通过下式计算：

$$N_u = \gamma \varphi_e (f_s A_s + k_1 f_c A_c) \tag{6-71}$$

式中　N_u——轴向力设计值；

　　　　φ_e——钢管混凝土偏心受压杆件设计承载力折减系数；

　　　　k_1——核心混凝土强度提高系数；

　　　　γ——φ_e的修正值，按下式计算：

$$\gamma = 1.124 \frac{2t}{D} - 0.0003f$$

　　　　D、t——分别为钢管的外直径和厚度；

　　　　f——钢管钢材抗压强度设计值。

2）钢管混凝土偏心受压杆件在外荷载作用下的设计计算偏心距 e_i 通过下列公式计算：

$$e_i = \eta e_1 \tag{6-72}$$

$$e_1 = e_0 + e_a \tag{6-73}$$

$$e_0 = \frac{M}{N_e} \tag{6-74}$$

$$e_a = 0.12\left(0.3D - \frac{M}{N_e}\right) \tag{6-75}$$

式中　e_a——杆件附加偏心距，当 $\dfrac{M}{N_e}$ 等 $\geqslant 0.3D$ 时，取 $e_a = 0$；

　　　　e_0——杆件初始偏心距；

　　　　η——偏心距增大系数，按公式（6-76）计算；

　　　　M——荷载作用下在杆件内产生的最大弯矩设计值。

3）钢管混凝土偏心受压杆件偏心距增大系数 η 通过下式计算：

$$\eta = \frac{1}{1 - \dfrac{N_e}{N_k}} \tag{6-76}$$

$$N_k = \varphi(A_s f_{sk} + k_1 A_c f_{ck}) \tag{6-77}$$

式中　N_e——钢管混凝土偏心受压杆件纵向压力设计值；

　　　　N_k——相同杆件在轴心受压下极限承载力；

　　　　φ——钢管混凝土轴心受压稳定系数；

　　　　f_{sk}——钢材抗压、抗拉、抗弯强度设计值。

习　题

6-1　试分析轴心受压普通箍筋柱与螺旋箍筋柱的正截面受压承载力计算有何不同，轴心受压短柱与长柱破坏形态有何不同，轴心受压柱的稳定系数 φ 是如何确定的。

6-2　试对比分析偏心受压构件正截面承载力计算与受弯构件正截面承载力计算有何异同？试比较不对称大偏心受压构件截面的设计方法与双筋梁设计方法的异同。

6-3　试对比分析矩形偏心受压非对称配筋与对称配筋截面设计方法，对比各自配筋量的区别。

6-4 简述轴心受压构件短柱和长柱的破坏特点。

6-5 为什么轴心受压构件长柱的承载力比短柱的小？影响稳定系数的主要因素包括哪些？

6-6 试说明偏心距增大系数的意义，为什么要考虑偏心距的影响？

6-7 简述钢筋混凝土偏心受压构件的破坏形态与破坏类型。

6-8 钢筋混凝土偏心受压构件，截面尺寸为 $b \times h = 250mm \times 500mm$，两个方向的计算长度均为 $l_0 = 4.5m$；轴向力组合设计值为 $N_d = 500kN$，相应的弯矩组合设计值为 $M_d = 300kN \cdot m$；混凝土强度等级为 C20，纵向受力钢筋为 HRB335，环境类别为一类，安全等级为二级，试按非对称截面进行截面设计，并进行截面复核。

6-9 矩形截面偏心受压构件，截面尺寸为 $b \times h = 400mm \times 600mm$，两个方向的计算长度均为 $l_0 = 4.5m$；轴向力组合设计值为 $N = 1500kN$，相应的弯矩组合设计值为 $M = 180kN \cdot m$；混凝土强度等级为 C20，纵向受力钢筋为 HRB335，环境类别为一类，安全等级为二级，试按对称配筋进行截面设计。

6-10 已知某现浇框架结构底层内柱，轴心压力设计值 $N = 1500kN$；柱计算高度 $H = 4.5m$；柱截面尺寸为 $b \times h = 400mm \times 450mm$；混凝土强度等级为 C35，采用 HRB400 级钢筋。计算所需纵筋面积。

6-11 已知某单层工业厂房的工字型截面边柱，下柱高 5.1m；柱截面控制内力设计值 $N = 980kN$，杆端弯矩设计值 $M_1 = 0.95M_2$，$M_2 = 480kN \cdot m$；截面尺寸 $b = 100mm$，$h = 750mm$，$b_f = b_f' = 400mm$，$h_f = h_f' = 120mm$，$a_s = a_s' = 40mm$；混凝土强度等级为 C40，采用 HRB400 级钢筋，对称配筋。求钢筋截面面积 A_s 及 A_s'。

6-12 已知矩形截面柱 $b \times h = 300mm \times 700mm$，$a_s = a_s' = 47mm$，$l_0 = 6m$，采用 C25 混凝土，HRB400 级钢筋，荷载作用下产生的轴向压力设计值 $N = 130kN$，柱上下端弯矩设计值相等为 $M_1 = M_2 = 210kN \cdot m$，已知选用受压钢筋为 4 φ 22（$A_s' = 1720m^2$）。求柱的纵向受拉钢筋截面面积 A_s 并选配钢筋。

第七章 钢筋和混凝土受拉构件的截面承载力计算

本章要点

本章主要叙述受拉构件的截面受拉承载力的计算方法，介绍轴心受拉构件斜截面与偏心受拉构件承载力的计算方法。

7.1 轴心受拉构件正截面承载力计算

在工程实际中，理想的轴心受拉构件实际上是不存在的。但是，有些构件如桁架式屋架或者托架的受拉弦杆和腹杆以及拱的拉杆，当自重和节点约束引起的弯矩很小时，能近似地按轴心受拉构件计算。此外，圆形水池的池壁，在净水压力的作用下，池壁的垂直截面在水平方向处在环向受拉状态，也可以按轴心受拉构件计算。

由于混凝土的抗拉强度很低，所以钢筋混凝土轴心受拉构件在较小的拉力作用下就会开裂，而且随着拉力的增加，构件的裂缝宽度不断加大。因此，用普通钢筋混凝土构件承受拉力是不合理的。对承受拉力的构件采用预应力混凝土结构或钢结构。在实际工程中，钢筋混凝土屋架或者托架结构的受拉弦杆以及拱的拉杆仍采用钢筋混凝土，这样做可以将施工的不便免去，并且使构件的刚度增大。但在设计时应采取措施控制构件的裂缝开展宽度。

轴心受拉构件的受力特点近似于适筋梁，轴心受拉构件由于开始加载到破坏，其受力过程也可分为三个阶段。第 I 阶段为从加载到混凝土受拉开裂前；第 II 阶段为混凝土开裂到受拉钢筋即将屈服；第 III 阶段为受拉钢筋开始屈服到全部受拉钢筋屈服；此时，混凝土裂缝开展很大，可认为构件达到破坏状态，即达到极限荷载。

轴心受拉构件破坏时，混凝土早已被拉裂，全部拉力由钢筋承受，直到钢筋受拉屈服。故轴心受拉构件正截面受拉承载力计算公式如下：

$$N \leqslant N_u = f_y A_s \tag{7-1}$$

式中 N——轴心拉力设计值；

N_u——轴心受拉承载力设计值；

f_y——钢筋抗拉强度设计值，按《混凝土结构设计规范》（GB 50010—2010）表 4.3.2-1 取用；

A_s——受拉钢筋的全部截面面积。

【例 7-1】某钢筋混凝土屋架下弦，截面尺寸 $b \times h = 200\text{mm} \times 150\text{mm}$，其所受的轴心拉力设计值为 360kN，混凝土强度等级 C30，纵向钢筋采用 HRB335 级，求钢筋截面面积并配筋。

解: 由《混凝土结构设计规范》（GB 50010—2010）表 4.3.2-1 查得 $f_y = 300\text{MPa}$，代入式（7-1），得

$$A_s = \frac{N}{f_y} = \frac{360 \times 1000}{300} = 1200(\text{mm}^2)$$

选用 4 Φ 20，$A_s = 1256\text{mm}^2$。

7.2 偏心受拉构件承载力计算

1. 大偏心受拉构件

大偏心受拉构件轴心拉力 N 的偏心距 e_0 较大，$e_0 \geq \dfrac{h}{2} - a_s$，受荷载作用时，截面是部分受拉部分受压，也就是离 N 近的一侧 A_s 受拉，离 N 远的一侧 A'_s 受压。受拉区混凝土开裂后，裂缝不会贯通整个截面。随荷载继续增加，受拉钢筋 A_s 满足受拉屈服，受压侧混凝土压碎破坏，A'_s 受压屈服，构件达到极限承载力而破坏。其破坏形态与大偏心受压破坏情况类似，见图 7-1。

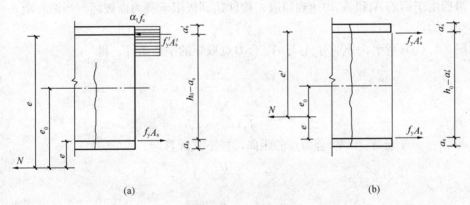

图 7-1 偏心受拉构件
(a) 大偏心受拉构件；(b) 小偏心受拉构件

由图 7-1（a）截面平衡条件可得大偏心受拉构件承载力计算基本公式为

$$N \leq N_u = f_y A_s - f'_y A'_s - \alpha_1 f_c b x \tag{7-2a}$$

$$Ne \leq \alpha_1 f_c b x \left(h_0 - \frac{x}{2}\right) + f'_y A'_s (h_0 - a'_s) \tag{7-2b}$$

式中　e——轴向力 N 至受拉钢筋 A_s 合力点的距离，$e = e_0 - \dfrac{h}{2} + a_s$。

式（7-2）的使用条件为：

1）为确保受拉钢筋 A_s 达到屈服强度 f_y，应满足 $\xi \leq \xi_b$。

2）为确保受压钢筋 A_s 达到屈服强度 f'_y，应满足 $x \geq a'_s$。

3）A_s 应不小于 $\rho_{min} bh$，其中 $\rho_{min} = \max~(0.45 f_t / f_y, 0.002)$。

当 $\xi > \xi_b$ 时，受拉钢筋不屈服，这是受拉钢筋 A_s 的配筋率过大导致的，类似于受弯构件超筋梁，应避免采用。

当 $x<a'_s$ 时，可取 $x=a'_s$，对受压钢筋形心取矩有

$$Ne' \leqslant f_y A_s (h_0 - a'_s) \tag{7-3a}$$

则

$$A_s = \frac{Ne'}{f_y(h_0 - a'_s)} \tag{7-3b}$$

$$e' = e_0 + \frac{h}{2} - a'_s$$

当为对称配筋时，由式（7-2）可知，当 $x<0$ 时，则可以按 $x<2a'_s$ 的情况及式（7-3）计算配筋。

大偏心受拉构件的配筋计算方法与大偏心受压构件情况类似。在截面设计时，如果 A_s 与 A'_s 均未知，需补充条件来求解。为使总钢筋用量（$A_s + A'_s$）最小，可以取 $\xi = \xi_b$ 为补充条件，然后由式（7-2a）和式（7-2b）即可求解。

2. 小偏心受拉构件

小偏心受拉构件轴向拉力 N 的偏心距 e_0 较小，也就是 $0<e_0<\frac{h}{2}-a'$，轴向拉力的位置在 A_s 与 A'_s 之间。在轴向拉力作用下，全截面均受拉应力，近 N 侧钢筋 A_s 拉应力较大，远 N 侧钢筋 A_s 拉应力较小。随着荷载继续增加，近 N 侧混凝土首先开裂，裂缝很快贯通整个截面，最后由于钢筋 A_s 和 A'_s 均达到屈服，构件达到极限承载力而破坏。当偏心距 $e_0=0$ 时，是轴心受拉构件。

如图 7-1（b）所示，分别对 A_2 与 A'_s 合力点取矩的平衡条件，得

$$A'_s = \frac{Ne}{f_y(h_0 - a'_s)} \tag{7-4a}$$

$$A_s = \frac{Ne'}{f_y(h_0 - a'_s)} \tag{7-4b}$$

式中　e、e'——N 至 A_2 和 A'_s 合力点的距离，按下式计算

$$e = e_0 + \frac{h}{2} - a_s \tag{7-5a}$$

$$e' = e_0 + \frac{h}{2} - a'_s \tag{7-5b}$$

将 e 和 e' 代入式（7-4a）和式（7-4b），取 $M=Ne_0$，且取 $a_s=a'_s$，则可得

$$A_s = \frac{N(h - 2a'_s)}{2f_y(h_0 - a'_s)} + \frac{M}{f_y(h_0 - a'_s)} = \frac{N}{2f_y} + \frac{M}{f_y(h_0 - a'_s)} \tag{7-6a}$$

$$A'_s = \frac{N(h - 2a'_s)}{2f_y(h_0 - a'_s)} + \frac{M}{f_y(h_0 - a'_s)} = \frac{N}{2f_y} + \frac{M}{f_y(h_0 - a'_s)} \tag{7-6b}$$

由上式可见，右边第一项代表轴心受拉所需要的配筋，第二项反映了弯矩 M 于对配筋的影响。显然，M 的存在使 A_2 增大，使 A'_s 减小。所以，在设计中如果有不同的内力组合（N，M）时，应按（N_{max}，M_{max}）的内力组合计算 A'_s。

当为对称配筋时，为保持截面内外力的平衡，远离轴向力 N 一侧的钢筋 A'_s 达不到屈服，所以设计时可按式（7-4b）计算配筋，即取

$$A'_s = A_s = \frac{Ne'}{f_y(h_0 - a'_s)} \tag{7-7}$$

以上计算的配筋均应符合受拉配筋的最小配筋率的要求，即

$$A_s \geqslant \rho_{\min} bh \left.\right\}$$
$$A'_s \geqslant \rho_{\min} bh \left.\right\} \tag{7-8}$$

其中，$\rho_{\min} = \max(0.45 f_t/f_y, 0.002)$。

在轴心受拉与小偏心受拉构件中，钢筋的接头应采用可靠焊接。

【例 7-2】 某矩形水池，壁板厚是 200mm，每米板宽上承受轴向拉力设计值为 $N=200$kN，承受弯矩设计值 $M=100$kN·m，混凝土采用 C25 级，钢筋 HRB400 级，设 $a_s=a'_s=30$mm，试设计水池壁板配筋。

解：（1）设计参数

查《混凝土结构设计规范》（GB 50010—2010）表 4.3.2-1 和混凝土强度设计值表得 $f_c=11.9$N/mm²，$f_t=1.27$N/mm²，$f_y=f'_y=360$N/mm²。$h_0=200$mm-30mm$=170$mm，$\xi_b=0.518$，$\alpha_{s,\max}=0.384$，$\alpha_1=1.0$，$b=1000$mm。

（2）判别大小偏心受拉构件

$$e_0 = \frac{M}{N} = \frac{100 \times 10^6}{200 \times 10^3} \text{mm} = 500\text{mm} > \frac{h}{2} - a_s = 100\text{mm} - 30\text{mm} = 70\text{mm}$$

为大偏心受拉构件。

$$e = e_0 + \frac{h}{2} - a_s = (500 - 100 + 30)\text{mm} = 430\text{mm}$$

（3）计算钢筋

取 $x = \xi_b h_0$ 可使总配筋最小，即 $\alpha_{s,\max} = 0.384$ 带入式（7-2）有

$$A'_s = \frac{Ne - \alpha_1 f_c bx \left(h_0 - \dfrac{x}{2}\right)}{f'_y(h_0 - a'_s)} = \frac{Ne - \alpha_{s,\max}\alpha_1 f_c bh_0^2}{f'_y(h_0 - a'_s)}$$
$$= \frac{200 \times 10^3 \times 435 - 0.384 \times 1.0 \times 11.9 \times 1000 \times 170^2}{360 \times (160 - 30)} \text{mm}^2 < 0$$

按最小配筋率配置受压钢筋，有

$$\rho_{\min} = \max(0.45 f_t/f_y, 0.002) = 0.002$$

则由式（7-8）有

$$A'_s = \rho_{\min} bh = 0.002 \times 1000\text{mm} \times 200\text{mm} = 400\text{mm}^2$$

查《混凝土结构设计规范》（GB 50010—2010）附表 A.0.1，选配 Φ 10@180，$A'_s = 436$mm²，满足要求。

再按 A'_s 已知的情况计算

$$\alpha_s = \frac{Ne - f'_y A'_s(h_0 - a'_s)}{\alpha_1 f_c bh_0^2} = \frac{200 \times 10^3 \times 430 - 360 \times 436 \times (170 - 30)}{1.0 \times 11.9 \times 1000 \times 170^2} = 1.186$$

$$\xi = 1 - \sqrt{1 - 2\alpha_s} = 0.208$$

$$x = \xi h_0 = 35.4 < 2a'_s = 60\text{mm}$$

取 $x = a'_s = 60$mm，按式（7-3）计算受拉钢筋有

$$e' = e_0 + \frac{h}{2} - a'_s = (500 + 100 - 30)\text{mm} = 570\text{mm}$$

$$A_s = \frac{Ne'}{f_y(h_0 - a'_s)} \frac{200 \times 10^3 \times 570}{360 \times (170 - 30)} \text{mm}^2 = 2262\text{mm}^2$$

查《混凝土结构设计规范》（GB 50010—2010）附表 A.0.1，选配 Φ 18@100，$A_s = 2545$mm²。

【例 7-3】 矩形截面偏心受拉构件截面尺寸为 $b \times h = 250\text{mm} \times 500\text{mm}$，承受轴向拉力设计值 $N = 500\text{kN}$，弯矩设计值 $M = 50\text{kN} \cdot \text{m}$，混凝土采用 C30 级，钢筋采用 HRB335 级，$a_s = a'_s = 45\text{mm}$，试设计构件的配筋。

解： （1）设计参数

查《混凝土结构设计规范》（GB 50010—2010），可知，$f_c = 14.3\text{N/mm}^2$，$f_t = 1.43\text{N/mm}^2$，$f_y = f'_y = 300\text{N/mm}^2$。$h_0 = 500\text{mm} - 45\text{mm} = 455\text{mm}$。

（2）判别大小偏心受拉

$$e_0 = \frac{M}{N} = \frac{50 \times 10^6}{500 \times 10^3}\text{mm} = 100\text{mm} < \frac{h}{2} - a_s = 250\text{mm} - 45\text{mm} = 215\text{mm}$$

为小偏心受拉构件。

（3）计算钢筋

$$e = \frac{h}{2} - e_0 - a'_s = (250 - 100 - 45)\text{mm} = 105\text{mm}$$

$$e' = \frac{h}{2} + e_0 - a'_s = (250 + 100 - 45)\text{mm} = 315\text{mm}$$

带入式（7-4）有

$$A'_s = \frac{Ne}{f_y(h_0 - a'_s)} = \frac{500 \times 10^3 \times 105}{300 \times (455 - 45)}\text{mm}^2 = 432\text{mm}^2$$

$$A_s = \frac{Ne'}{f_y(h_0 - a'_s)} = \frac{500 \times 10^3 \times 315}{300 \times (455 - 45)}\text{mm}^2 = 1296.2\text{mm}^2$$

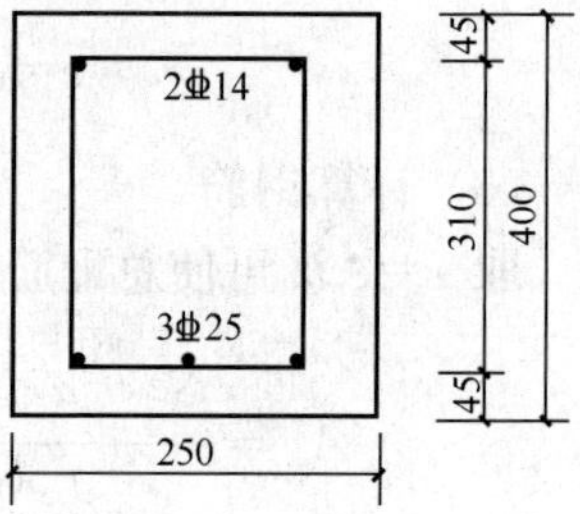

查《混凝土结构设计规范》（GB 50010—2010）附表 A.0.1，受拉侧选配 3 Φ 25 钢筋，$A_s = 1473\text{mm}^2$；受压侧选配 2 Φ 14 钢筋，$A'_s = 308\text{mm}^2$。

$$\rho_{min} = \max(0.45 f_t / f_y, 0.002) = 0.00215$$

$$\rho_{min} bh = 268.75\text{mm}^2 < A_s \text{ 且} < A'_s$$

满足最小配筋率要求，截面配筋如图 7-2 所示。

图 7-2 例 7-3 配筋图

习 题

7-1 如何判断大小偏心受拉？它们的受力特点和破坏特征有何不同？

7-2 大偏心受拉构件承载力计算公式的适用条件有哪些？

7-3 简述大偏心受拉构件非对称配筋截面设计的基本计算步骤，并分析大偏心受拉构件与大偏心受压构件的异同。

7-4 一偏心受拉构件截面尺寸为 $b \times h = 300\text{mm} \times 400\text{mm}$；轴向拉力组合设计值 $N_d = 400\text{kN}$，弯矩组合设计值 $M_d = 50\text{kN} \cdot \text{m}$；环境类别一类，结构安全等级为二级；混凝土采用 C20，钢筋采用 HRB335，试进行构件截面配筋设计。

7-5 某钢筋混凝土矩形水池，池壁厚 $h = 300\text{mm}$，根据水池荷载组合计算出的最大轴向拉力设计值 $N = 280\text{kN}$，弯矩设计值 $M = 140\text{kN} \cdot \text{m}$，混凝土采用 C30，钢筋采用 HRB335 级，水池沿池壁高度方向取 $b = 1000\text{mm}$，试计算池壁截面配筋。

第八章　构件正常使用阶段验算及结构的耐久性

本章要点

本章主要讲述构件正常使用阶段验算及结构的耐久性。主要内容包括受弯构件变形验算；裂缝出现、分布和发展的机理及最大裂缝宽度公式的建立；混凝土结构耐久性概念及结构耐久性劣化现象和耐久性的设计。

8.1　受弯构件变形验算

8.1.1　验算公式

进行受弯构件的挠度验算时，要求满足以下条件

$$f_{max} \leqslant [f] \tag{8-1}$$

式中　f_{max}——受弯构件按荷载的准永久组合并考虑长期作用影响所计算的挠度最大值；

　　　$[f]$——受弯构件的挠度限值，一般建筑结构中受弯构件的挠度限值见《混凝土结构设计规范》（GB 50010—2010）表 3.4.3。

8.1.2　受弯构件最大挠度的计算

1. 受弯构件挠度与刚度的特点

匀质弹性材料受弯构件的挠度可通过材料力学公式求出，如分别承受均布荷载 q 或跨中一个集中荷载 P，计算跨度为 l 的简支梁跨中挠度分别为：

均布荷载

$$f = \frac{5}{384} \frac{ql^4}{EI} = \frac{5}{48} \frac{Ml^2}{MI} \tag{8-2}$$

集中荷载

$$f = \frac{1}{48} \frac{Pl^3}{EI} = \frac{1}{12} \frac{Ml^2}{MI} \tag{8-3}$$

则

$$f = S \frac{Ml^2}{MI} = S\phi l^2$$

式中　M——梁的跨中最大弯矩；

　　　S——与荷载形式、支承条件等有关的挠度系数；

　　　EI——截面抗弯刚度；

　　　ϕ——截面曲率。

截面抗弯刚度与截面曲率的关系为

$$\phi = \frac{M}{EI} \rightarrow EI = \frac{M}{\phi} \tag{8-4}$$

由上式可见，截面抗弯刚度 EI 体现了截面抵抗弯曲变形的能力，同时也反映了截面弯矩和曲率之间的物理关系。对于弹性匀质材料截面，EI 是常量，弯矩与曲率的关系为直线。钢筋混凝土受弯构件由于混凝土开裂、纵向钢筋屈服研究非线性的应力-应变关系等因素的影响，适筋梁的弯矩-曲率不再是一条直线，而是随着弯矩的增大，截面曲率成曲线变化，曲率的增长速度逐渐加快，在混凝土开裂后，曲线有明显的转折，纵筋屈服之后，弯矩-曲率曲线趋向于水平。可见，钢筋混凝土梁的抗弯刚度不是一个始终不变的常数，而是随着荷载或者弯矩的增加而不断降低的，一般采用 B 来表示钢筋混凝土受弯构件的抗弯刚度。

2. 受弯构件短期刚度 B_s 的计算

对于普通钢筋混凝土受弯构件来讲，在正常使用荷载作用下，一般处于带裂缝工作的第 Ⅱ 阶段。图 8-1 所示为钢筋混凝土梁在弯矩作用下出现裂缝后截面应变和曲率分布的情况。能够看出，开裂截面混凝土的受压区高度比未开裂截面的要小，随着趋近于均匀的裂缝分布，梁的中和轴呈波浪形变化；受压区混凝土的压应变 ε_c、受拉区纵筋的拉应变 ε_s、截面的曲率 ϕ 都沿构件长度而变化，开裂截面的曲率较大，而未开裂截面的曲率比较小。

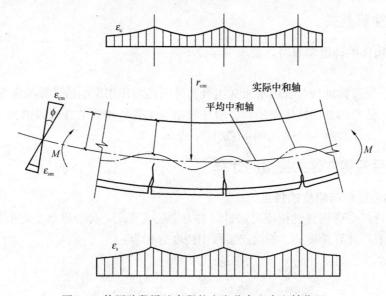

图 8-1　使用阶段梁纯弯段的应变分布和中和轴位置

试验研究表明，钢筋混凝土梁出现裂缝后平均应变满足平截面假定，平均曲率可表示为

$$\phi = \frac{\varepsilon_{cm} + \varepsilon_{sm}}{h_0} \tag{8-5}$$

式中　ε_{cm}——受压区边缘混凝土的平均压应变；

　　　ε_{sm}——纵向受拉钢筋的平均拉应变。

根据公式（8-4），截面的短期刚度为

$$B_s = \frac{M}{\phi} = \frac{Mh_0}{\varepsilon_{cm} + \varepsilon_{sm}} \tag{8-6}$$

可见，只要能求出 ε_{cm} 与 ε_{sm}，就可确定梁的短期刚度 B_s。图 8-2 为带裂缝工作阶段梁在

准永久组合弯矩 M_q 作用下裂缝截面钢筋和混凝土的应力图，受压区混凝土的压力合力 C 与纵向受拉钢筋的合力 T 可表示为

$$C = T = \frac{M_q}{\eta h_0} \tag{8-7}$$

式中　ηh_0——裂缝截面的内力臂，一般取 $\eta' = 0.87$。

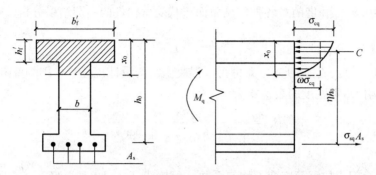

图 8-2　使用阶段梁裂缝截面钢筋和混凝土的应力图

把曲线变化的混凝土压应力等效为均匀分布，则受压区混凝土的压力合力 C 为

$$C = \omega\sigma_{cq}[(b'-b_f)h'_f + b\xi_0 h_0] = \omega\sigma_{cq}\left[\frac{(b'_f-b)h'_f}{bh_0} + \xi_0\right] = \omega\sigma_{cq}(\gamma'_f + \xi_0)bh_0 \tag{8-8}$$

式中　C——混凝土压应力图形丰满程度系数；

　　ξ_0——裂缝截面处混凝土受压区相对高度；

　　γ'_f——受压翼缘的加强系数，$\gamma'_f = (b'_f - b)h'_f/bh_0$。

受拉区纵向钢筋的拉力合力 T 为

$$T = \sigma_{sq}A_s \tag{8-9}$$

据公式（8-7）～式（8-9）计算，则裂缝截面处受压区边缘混凝土与纵向钢筋的应变分别为

$$\varepsilon_{cq} = \frac{\sigma_{cq}}{\nu E_c} = \frac{M_q}{\omega(\gamma'_f + \xi_0)\eta bh_0^2 \nu E_c} \tag{8-10}$$

$$\varepsilon_{sq} = \frac{\sigma_{sq}}{E_s} = \frac{M_q}{A_s \eta h_0 E_s} \tag{8-11}$$

式中　E_c，E_s——混凝土和钢筋的弹性模量；

　　ν——混凝土受压时的塑性变形系数。

钢筋的应变不均匀系数是 ψ，设受压区边缘混凝土的压应变不均匀系数为 ψ_c，则裂缝截面处混凝土和钢筋的平均应变是

$$\varepsilon_{cm} = \psi_c \varepsilon_{cq} = \psi_c \frac{M_q}{\omega(\gamma'_f + \xi_0)\eta bh_0^2 \nu E_c} \tag{8-12}$$

$$\varepsilon_{sm} = \psi \varepsilon_{sq} = \psi \frac{M_q}{A_s \eta h_0 E_s} \tag{8-13}$$

令 $\xi = \omega\nu(\gamma'_f + \varepsilon_0)\eta/\psi_c$，则式（8-12）能够简化为

$$\varepsilon_{cm} = \frac{M_q}{\zeta bh_0^2 E_c} \tag{8-14}$$

式中　ζ——受压区边缘混凝土平均应变综合系数。

将式（8-12）与式（8-13）代入式（8-5），分子和分母同乘以 $E_s A_s h_0^2$，并取 $\alpha_E = E_s / E_c$，$\rho = A_s / bh_0$，即可求得受弯构件短期刚度是

$$B_s = \frac{E_s A_s h_0^2}{\dfrac{\psi}{\eta} + \dfrac{E_s A_s h_0^2}{\zeta E_c bh_0^3}} = \frac{E_s A_s h_0^2}{\dfrac{\psi}{\eta} + \dfrac{\alpha_E \rho}{\zeta}}$$

近似取 $\eta = 0.87$，并借助对各种常见截面形状受弯构件的实测结果分析，可取

$$\frac{\alpha_E \rho}{\zeta} = 0.2 + \frac{6\alpha_E \rho}{1 + 3.5\gamma_f} \tag{8-15}$$

将式（8-15）代入式（8-13），即可得《混凝土结构设计规范》（GB 50010—2010）的钢筋混凝土受弯构件短期刚度的表达式为

$$B_s = \frac{E_s A_s h_0^2}{1.15\psi + 0.2 + \dfrac{6\alpha_E \rho}{1 + 3.5\gamma_f}} \tag{8-16}$$

式中　ψ——裂缝间受拉钢筋应变不均匀系数，可按式（$\psi = 1.1 - 0.65 \times \dfrac{f_{tk}}{\rho_{te}\sigma_{sq}}$）计算；

　　　α_E——钢筋与混凝土的弹性模量之比；

　　　ρ——纵向受拉钢筋配筋率。

3. 受弯构件截面弯曲刚度 B 的计算

在荷载长期作用下，构件截面弯曲刚度将会降低，导致构件的挠度增大。在实际工程中，总是有部分荷载长期作用在构件上，所以计算挠度时必须采用按荷载效应的标准组合并考虑荷载效应的长期作用影响的刚度 B。

（1）荷载长期作用下刚度降低的原因

在荷载长期作用下，受压混凝土将发生徐变，也就是荷载不增加而变形却随时间增长。在配筋率不高的梁中，因为裂缝间受拉混凝土的应力松弛以及混凝土和钢筋的徐变滑移，导致受拉混凝土不断退出工作，因而受拉钢筋平均应变和平均应力亦将随时间而增大。同时，因为裂缝不断向上发展，使其上部原来受拉的混凝土脱离工作，以及由于受压混凝土的塑性发展，导致内力臂减小，也将引起钢筋应变和应力的增大。上述这些情况都会导致曲率增大、刚度降低。此外，由于受拉区和受压区混凝土的收缩不一致，使梁发生翘曲，也将导致曲率的增大和刚度的降低。总之，凡是影响混凝土徐变和收缩的因素均将导致刚度的降低，使构件挠度增大。

（2）截面弯曲刚度

在结构设计使用期间，荷载的值不随时间而变化，或者其变化与平均值相比可以忽略不计的，称为永久荷载或恒荷载，比如结构的自身重力等。在结构设计使用期间，荷载的值随时间而变化，或其变化与平均值相比不可忽略的荷载，叫做可变荷载或活荷载，例如楼面活荷载等。

不过，活荷载中也会有一部分荷载值是随时间变化不大的，这部分荷载叫做准永久荷载，例如住宅中的家具等。而书库等建筑物的楼面活荷载中，准永久荷载值占的比例将会达到 80%。

作用在结构上的荷载往往有多种，比如作用在楼面梁上的荷载有结构自重（永久荷载）和楼面活荷载。由永久荷载产生的弯矩与由活荷载中的准永久荷载产生的弯矩组合起来，就叫做弯矩的准永久组合。

受弯构件挠度验算时采用的截面弯曲刚度 B，是在它的短期刚度 B_s 的基础上，通过弯矩的准永久组合值 M_q 对挠度增大的影响系数 θ 来考虑荷载长期作用部分的影响。所以，仅需对在 M_q 作用下的那部分长期挠度乘以 θ，而在 (M_k-M_q) 作用下产生的短期挠度部分是不必增大的。根据式（8-17），则受弯构件的挠度

$$f = S\frac{(M_k-M_q)l_0^2}{B_s} + S\frac{M_ql_0^2}{B_s}\theta \tag{8-17}$$

式中　　θ——考虑荷载长期作用对挠度增大的影响系数。

若上式仅用刚度 B 表达时，有

$$f = S\frac{M_kl_0^2}{B} \tag{8-18}$$

当荷载作用形式相同时，使式（8-18）等于式（8-17），就可得截面刚度 B 的计算公式

$$B = \frac{M_k}{M_q(\theta-1)+M_k}B_s \tag{8-19}$$

该式就是弯矩的标准组合并考虑荷载长期作用影响的刚度，实质上是考虑荷载长期作用部分使刚度降低的因素之后，对短期刚度 B_s 进行修正。

关于 θ 的取值，根据相关试验的结果，考虑了受压钢筋在荷载长期作用下对混凝土受压徐变及收缩所起的约束作用，从而使刚度的降低减小了，《混凝土结构设计规范》（GB 50010—2010）建议对混凝土受弯构件，当 $\rho'=0$ 时，$\theta=2.0$；当 $\rho'=\rho$ 时，$\theta=1.6$；当 ρ' 为中间数值时，θ 按照直线内插，即

$$\theta = 2.0 - 0.4\frac{\rho'}{\rho} \tag{8-20}$$

式中　　ρ 和 ρ'——分别为受拉及受压钢筋的配筋率。

上述 θ 值适用于一般情况下的矩形、T 形和 I 形截面梁。因为 θ 值与温、湿度有关，对于干燥地区，收缩影响大，所以建议 θ 应酌情增加 $15\% \sim 25\%$。对翼缘位于受拉区的倒 T 形梁，由于在荷载标准组合作用下受拉混凝土参加工作比较多，而在荷载准永久组合作用下退出工作的影响比较大，《混凝土结构设计规范》（GB 50010—2010）建议 θ 应当增大 20%（但当按此求得的挠度大于按肋宽为矩形截面计算得的挠度时，应取后者）。此外，对于由于水泥用量较多等导致混凝土的徐变和收缩较大的构件，也应考虑使用经验，将 θ 的酌情增大。

4. 受弯构件挠度的计算

如上所述，钢筋混凝土受弯构件截面的抗弯刚度随弯矩增大而减小，通常钢筋混凝土受弯构件的截面弯矩沿构件长度是变化的，这就是说，即便是等截面的钢筋混凝土受弯构件，其各个截面的抗弯刚度也是不相等的。图 8-3 所示一承受均布荷载作用的钢筋混凝土简支梁，当梁开裂后，弯矩较大的跨中截面的抗弯刚度比较小，而靠近支座弯矩较小截面的抗弯刚度比较大。显然，按照沿梁长变化的刚度来计算挠度是十分烦琐且没有必要的，为使计算简化，《混凝土结构设计规

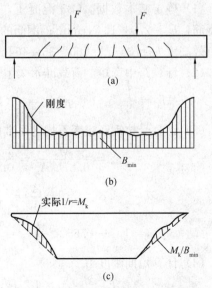

图 8-3　沿梁长的刚度和曲率分布

范》（GB 50010—2010）规定：对于等截面受弯构件，可假定各同号弯矩区段内的刚度相等，并取用该区段内最大弯矩截面处的刚度作为该区段的抗弯刚度，也即最小刚度计算挠度。

这就是受弯构件挠度计算中的最小刚度原则。

对于有正负弯矩作用的连续梁或者伸臂梁，当计算跨度内的支座截面刚度不大于跨中截面刚度的两倍或者不小于跨中截面刚度的二分之一时，该跨也可按照等刚度构件进行计算，其构件刚度可取跨中最大弯矩截面的刚度。采用最小刚度原则按照等刚度方法计算构件挠度，相当于使近支座截面刚度比实际刚度减小，使计算挠度值会偏大。但实际情况为，在接近支座处的剪跨区段内还存在着剪切变形，甚至可能会出现少量斜裂缝，这些都会使梁的挠度增大。通常情况下，这些使挠度增大的影响与按最小刚度计算时的偏差大致可相抵。经对国内外数百根梁的试验数据进行对比分析，结果显示，计算值与试验值符合较好。这表明采用最小刚度原则，用等刚度法计算钢筋混凝土受弯构件的挠度是可以符合工程要求的。

受弯刚度确定后，就可按结构力学的方法计算钢筋混凝土受弯构件的挠度，并按照公式（8-1）验算挠度是否符合要求。

8.1.3 减小受弯构件挠度的措施

减小受弯构件挠度最有效的措施是增加构件的截面高度，提高抗弯刚度，以使变形减小；其次，减小 θ 也可以增加刚度，可以通过配置受压钢筋以使混凝土的徐变减小，降低 θ 值；但选择合理的截面形状、增加纵向受拉钢筋的截面面积或者提高混凝土的强度等级的效果不明显。

【例 8-1】 已知某试验楼钢筋混凝土楼面简支梁，计算跨度 $l_0 = 6.2\text{m}$，梁的截面尺寸 $b \times h = 250\text{mm} \times 500\text{mm}$，永久荷载（包括梁自重）标准值 $g_k = 16.5\text{kN/m}$，可以变荷载标准值 $q_k = 8.2\text{kN/m}$，准永久系数 $\psi_q = 0.5$，混凝土强度等级为 C35，HRB400 级钢筋，已配置 2 Φ 20＋2 Φ 16 的纵向受拉钢筋，环境等级为一类。试验算梁的挠度是否满足要求。

解：

（1）确定基本数据。C35 混凝土，$f_{tk} = 2.2\text{N/mm}^2$，$E_c = 3.15 \times 10^4 \text{N/mm}^2$；HRB400 级钢筋，$E_s = 2.0 \times 10^5 \text{N/mm}^2$；钢筋的混凝土最小保护层厚度 $c = 20\text{mm}$，$a_s = 36\text{mm}$，则梁的有效高度 $h_0 = h - a_s = 500 - 36 = 464\text{mm}$，$A_s = 628 + 402 = 1030\text{mm}^2$。

（2）计算跨中弯矩。荷载准永久组合下的弯矩值为

$$M_q = \frac{1}{8}(g_k + \psi_q q_k)l_0^2 = \frac{1}{8}(16.5 + 0.5 \times 8.2) \times 6.2^2 = 98.983\text{kN} \cdot \text{m}$$

（3）计算受拉钢筋应变不均匀系数曲。

$$\sigma_{sq} = \frac{M_q}{0.87h_0 A_s} = \frac{98.983 \times 10^6}{0.87 \times 464 \times 1030} = 238.05\text{N/mm}^2$$

$$\rho_{te} = \frac{A_s}{A_{te}} = \frac{1030}{1.5 \times 250 \times 500} = 0.0165$$

$$\psi = 1.1 - 0.65 \times \frac{f_{tk}}{\rho_{te}\sigma_{sq}} = 1.1 - 0.65 \times \frac{2.2}{0.0165 \times 245.80} = 0.747$$

（4）计算短期刚度 B_s。

$$\alpha_E = \frac{E_s}{E_c} = \frac{2.0 \times 10^5}{3.15 \times 10^4} = 6.35, \rho = \frac{A_s}{bh_0} = \frac{1030}{250 \times 464} = 0.0089$$

$$B_s = \frac{E_s A_s h_0^2}{1.15\psi + 0.2 + \frac{6\alpha_E \rho}{1 + 3.5\gamma'_f}} = \frac{2.0 \times 10^5 \times 1030 \times 464^2}{1.15 + 0.747 + 0.2 + \frac{6 \times 6.35 \times 0.0089}{1 + 3.5 \times 0}}$$

$$= 31721.41 \times 10^9 \text{N} \cdot \text{mm}^2$$

（5）计算长期刚度 B。

$\rho' = 0$，取 $\theta = 2.0$

$$B = \frac{B_s}{\theta} = \frac{31721.41 \times 10^9}{2} = 15860.71 \times 10^9 \text{N} \cdot \text{mm}^2$$

（6）计算跨中挠度。

$$F = \frac{5}{48} \cdot \frac{M_q l_0^2}{B} = \frac{5 \times 98.983 \times 10^6 \times 6200^2}{48 \times 15860.71 \times 10^9} = 25.0 \text{mm}$$

查《混凝土结构设计规范》（GB 50010—2010）可知梁的挠度限值为

$$l_0/200 = 6200/200 = 31.0 \text{mm}$$

则 $f = 25.0 \text{mm} < f_{\text{lim}} = 31.5 \text{mm}$

满足要求。

8.2 裂缝宽度验算

目前混凝土构件裂缝宽度计算模式主要有三种：第一，按照粘结滑移理论推得；第二，按无滑移理论推得；第三，基于试验的统计公式。我国《混凝土结构设计规范》（GB 50010—2010）中裂缝宽度计算公式是综合了粘结滑移理论、无滑移理论的模式，利用试验确定有关系数得到的。

8.2.1 裂缝的出现、分布与开展

以受弯构件为例，如图 8-4（a）所示，在裂缝出现前，受拉区由钢筋和混凝土共同受力，各截面的受拉钢筋和受拉混凝土应力大体相等。随着荷载的增加，截面应变不断增大，当受拉区外边缘达到其抗拉强度 f_t 时，因为混凝土材料的非均匀性，在某一薄弱截面处，应变达到混凝土极限拉应变，首先出现第一条（批）裂缝，第一条（批）裂缝出现的位置是随机的。当裂缝出现之后，裂缝截面处的混凝土不再承受拉力，应力降到零。原先由受拉混凝土承担的拉力由钢筋承担，使开裂截面处钢筋的应力突然增大，如图 8-4（b）所示。

在裂缝出现的瞬间，原受拉张紧的混凝土突然断裂回缩，使混凝土与钢筋之间产生相对滑移和粘结应力。因受钢筋与混凝土粘结作用的影响，混凝土的回缩受到约束。离裂缝截面越远，粘结力累计越大，混凝土回缩就越小。通过粘结力的作用，钢筋的拉应力部分传递给混凝土，使钢筋的拉应力随着离裂缝截面距离的增大而逐渐减小。混凝土的应力从裂缝处为零随着离裂缝截面距离的增大而逐渐增大。当达到某一距离 l 后，粘结应力消失，钢筋和混凝土又具有相同的拉伸应变，各自的应力又呈均匀分布，如图 8-4（b）所示。此处，l 就是粘结应力作用长度，也叫做传递长度。

当荷载稍稍增加时，在其他一些薄弱截面将出现新的裂缝，同样，裂缝截面处混凝土会退出工作，应力下降为零，钢筋应力突增，由于粘结应力作用，钢筋和混凝土的应力将随离裂缝的距离而变化。中和轴也不保持在一个水平面上，而是随着裂缝的位置呈波浪形变化，

161

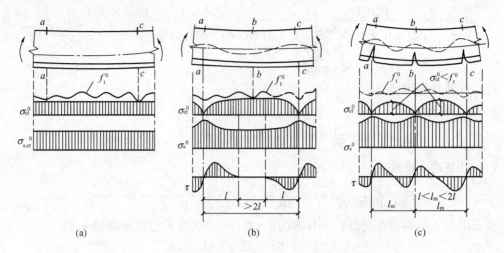

图 8-4 裂缝的出现、分布和展开

（a）受拉区由钢筋和混凝土共同受力；（b）各自的应力呈均匀分布；（c）呈波浪形变化

如图 8-4（c）所示。

显然，在已有裂缝两侧 l 的范围内或间距小于 $2l$ 的已有裂缝间，将不可能再出现裂缝了。由于在这些范围内，通过粘结应力传递的混凝土拉应力将小于混凝土的实际抗拉强度，不足以使混凝土开裂。当荷载增大到一定程度后，裂缝会基本出齐，裂缝间距趋于稳定。从理论上讲，最小裂缝间距为 l，最大裂缝间距为 $2l$，平均裂缝间距 l_m 则为 $1.5l$。

试验证明，因为混凝土质量的不均匀性及粘结强度的差异，裂缝间距有疏有密。粘结强度高，则粘结应力传递长度 l 短，裂缝分布较密。裂缝间距与混凝土表面积大小也有关，钢筋面积相同时，小直径钢筋的表面积较大，所以 l 就较短。裂缝间距与配筋率有关，低配筋率时钢筋应力增量较大，将使 τ 应力图形峰值超过粘结强度而出现裂缝附近局部粘结破坏，从而使滑移量增大，使 l 较长，裂缝分布较疏。大概在荷载大于开裂荷载的 50% 以上时，裂缝间距才趋于稳定。对正常配筋率或配筋率较高的梁来说，在正常使用时期，可认为裂缝间距已基本稳定，此后荷载再继续增加时，构件不再出现新的裂缝，而只是使原有的裂缝扩展及延伸，荷载越大，裂缝越宽。在荷载长期作用下，混凝土的滑移徐变和拉应力的松弛，将导致裂缝间受拉混凝土不断退出工作，造成裂缝开展宽度增大；此外，由于荷载的变动使钢筋直径时胀时缩等因素，也将导致粘结强度的降低，导致裂缝宽度的增大。

裂缝的出现具有某种程度的偶然性，裂缝的分布及宽度也是不均匀的。但是，平均裂缝间距和平均裂缝宽度具有一定的规律性。

8.2.2 平均裂缝间距

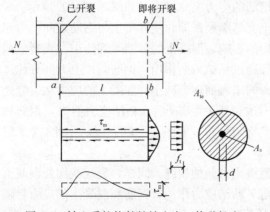

图 8-5 轴心受拉构件粘结应力、传递长度

如上节所述，平均裂缝间距 l_m 为 $1.5l$，传递长度 l 可由平衡条件求得。图 8-5 所示为一轴心受拉构件，在截面 $a-a$ 出现第一条裂缝，并即将在距离裂缝为 l 的截面 $b-b$ 出现第二条相邻裂缝时的一段隔离体应

力图形。在截面 $a-a$ 处，混凝土应力为零，钢筋应力是 σ_{s1}，在截面 $b-b$ 处，通过粘结应力的传递，混凝土应力从截面 $a-a$ 处的零提高至 f_t，钢筋应力则降到 σ_{s2}。通过平衡条件得

$$\sigma_{s1}A_s = \sigma_{s2}A_s + f_tA_{te} \tag{8-21}$$

取 l 段内钢筋的截离体，钢筋两端的不平衡力有粘结力平衡。考虑到粘结应力的不均匀分布，在此取平均粘结应力 τ_m。通过平衡条件得

$$\sigma_{s1}A_s = \sigma_{s2}A_s + \tau_m\mu l \tag{8-22}$$

将式（8-22）代入式（8-21）得

$$l = \frac{f_tA_{te}}{\tau_m\mu} \tag{8-23}$$

式中　A_{te}——有效受拉区混凝土面积；

　　　τ_m——l 范围内纵向受拉钢筋与混凝土的平均粘结应力；

　　　μ——纵向受拉钢筋总周长，$\mu = n\pi d$，n 和 d 为钢筋的根数和直径。

由于 $A_s = \pi d^2/4$，截面有效配筋率 $\rho_{te} = A_s/A_{te}$ 平均裂缝间距为

$$l_m = 1.5l = \frac{1.5}{4}\frac{f_t}{\tau_m\rho_{te}} = k_2\frac{d}{\rho_{te}} \tag{8-24}$$

k_2 值与 f_t、τ_m 有关。试验研究表明，粘结应力平均值 τ_m 与混凝土的抗拉强度 f_t 成正比，它们的比值可取为常值，所以 k_2 为一常数；纵向受拉钢筋的有效配筋率 ρ_{te} 主要取决于有效受拉混凝土截面面积 A_{te} 的取值。有效受拉混凝土截面面积不是指全部受拉混凝土的截面面积，由于对于裂缝间距和裂缝宽度而言，钢筋的作用仅仅影响到它周围的有限区域，裂缝出现之后只是钢筋周围有限范围内的混凝土受到钢筋的约束。

但式（8-24）中，当 $\dfrac{d}{\rho_{te}}$ 趋于零时，裂缝间距趋于零，这并不符合实际情况。试验证实，当 $\dfrac{d}{\rho_{te}}$ 趋于零时，裂缝间距不会趋于零而是保持一定的间距。另外，混凝土保护层厚度对裂缝间距有一定的影响，保护层厚度大时，l_m 也比较大。考虑到这两种情况，以及不同种类钢筋和混凝土的粘结特性的不同，通过等效直径 d_{ep} 来表示纵向受拉钢筋的直径，则构件的平均裂缝间距一般表达式为

$$l_m = \beta\left(k_1c_s + k_2 \cdot \frac{d_{eq}}{\rho_{te}}\right) \tag{8-25}$$

根据试验结果，确定 k_1、k_2。式（8-25）又可以修正为

$$l_m = \beta\left(1.9c_s + 0.808\frac{d_{eq}}{\rho_{te}}\right) \tag{8-26}$$

$$d_{eq} = \frac{\sum n_id_i^2}{\sum n_iv_id_i} \tag{8-27}$$

式中　c_s——最外层纵向受拉钢筋外边缘到受拉区底边的距离（mm）；当 $c_s < 20$mm 时，取 $c_s = 20$mm；当 $c_s > 65$mm 时，取 $c_s = 65$mm；

　　　ρ_{te}——按有效受拉混凝土截面面积 A_{te}（图 8-6）计算的纵向受拉钢筋配筋率，当 $\rho_{te} < 0.01$ 时，取 $\rho_{te} = 0.01$，A_{te} 为有效受拉混凝土截面面积，A_{te} 可按下列规定取用：对轴心受拉构件取构件截面面积 $A_{te} = bh$，对受弯、偏心受压和偏心受拉构件，取 $A_{te} = 0.5bh + (b_f - b)h_f$；

　　　b_f、h_f——翼缘板宽度和高度（mm），如图 8-6 所示；

d_{ep}——纵向受拉钢筋的等效直径（mm），按式（8-27）计算；

d_i——第 i 种纵向受拉钢筋的直径（mm）；

n_i——第 i 种纵向受拉钢筋的根数；

v_i——第 i 种纵向受拉钢筋的相对粘结特性系数，光圆钢筋 $v_i = 0.7$；带肋钢筋 $v_i = 1.0$；

β——与构件受力状态有关的系数，轴心受拉构件 $\beta = 1.1$，其他构件 $\beta = 1.0$。

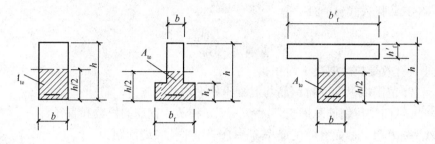

图 8-6　有效受拉混凝土截面面积

8.2.3　平均裂缝宽度

裂缝宽度是受拉钢筋重心水平处构件侧表面上的裂缝宽度。试验表明，裂缝宽度的离散程度比裂缝间距更大些，所以，平均裂缝宽度的计算是建立在稳定的平均裂缝间距基础上的。

裂缝开展后，其宽度是由裂缝间混凝土的回缩导致的，由于裂缝间的混凝土与钢筋粘结作用的存在，受拉区混凝土并未完全回缩。所以，裂缝宽度 W_m 应等于裂缝平均间距范围内钢筋重心处的钢筋的平均伸长值和混凝土的平均伸长值之差，如图 8-7 所示，即

$$w_m = \varepsilon_{sm} l_m - \varepsilon_{cm} l_m = \varepsilon_{sm}\left(1 - \frac{\varepsilon_{cm}}{\varepsilon_{sm}}\right) l_m = \alpha_c \varepsilon_{sm} l_m \tag{8-28}$$

式中　ε_{sm}、ε_{cm}——裂缝间钢筋的平均应变和混凝土的平均应变；

　　　　α_c——裂缝间混凝土自身伸长对裂缝宽度的影响系数，对于受弯和偏心受压构件 $\alpha_c = 0.77$，其余构件 $\alpha_c = 0.85$。

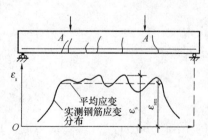

图 8-7　纯弯段内受拉钢筋的应变分布图

ε_{sm} 为裂缝间钢筋的平均应变。从图 8-7 所示的试验梁纯弯段内实测纵向受拉钢筋应变分布图可以看出，钢筋应变是不均匀的，裂缝截面处最大，非裂缝截面的钢筋应变逐渐减小，这是由于裂缝之间的混凝土仍然能够承担拉力的缘故。图中的水平虚线表示平均应变 ε_{sm}。设 ψ 为裂缝之间钢筋应变不均匀系数，其值是裂缝间钢筋的平均应变 ε_{sm} 与开裂截面处钢筋的应变 ε_s 之比，即 $\psi = \varepsilon_{sm}/\varepsilon_s$，因为 $\varepsilon_s = \sigma_s/E_s$，则平均裂缝宽度 w_m 可表示为

$$w_m = 0.85\psi\frac{\sigma_{sq}}{E_s}l_m \tag{8-29}$$

对于钢筋混凝土构件裂缝宽度应按照荷载准永久组合计算，所以式（8-29）中把裂缝处的应力 σ_s 改记为 σ_{sp}。

1. 裂缝面处的钢筋应力 σ_{sp}

σ_{sp}是按荷载准永久组合计算的钢筋混凝土构件裂缝截面处纵向受拉钢筋的应力。对于受弯、轴心受拉、偏心受拉以及偏心受压构件，σ_{sp}都可按使用阶段（Ⅱ阶段）裂缝截面处应力状态，按平衡条件求得。

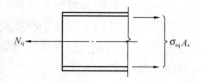

图 8-8　使用阶段轴心受拉构件裂缝处应力图

（1）轴心受拉

构件在正常使用荷载作用下，图 8-8 所示为裂缝截面的应力图形，则

$$\sigma_{sq} = \frac{N_q}{A_s} \tag{8-30}$$

式中　N_q——按荷载的准永久组合计算的轴向拉力；

A_s——纵向受拉钢筋截面面积，对轴心受拉构件，取全部纵向钢筋截面面积。

（2）受弯构件

受弯构件在正常使用荷载作用下，8-9 所示为裂缝截面的应力图形，受压区混凝土的作用忽略不计，对受压区合力点取矩，得

$$\sigma_{sq} = \frac{M_q}{A_s \eta h_0} \tag{8-31}$$

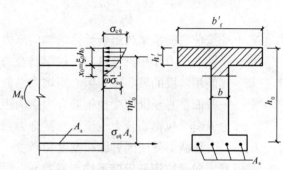

图 8-9　使用阶段受弯构件裂缝处应力图

式中　M_q——按荷载的准永久组合计算的弯矩；

A_s——纵向受拉钢筋截面面积；

η——裂缝截面内力臂长度系数，近似取 0.87；

h_0——截面有效高度。

（3）偏心受拉构件

图 8-10 所示为大小偏心受拉构件裂缝截面应力图形。当截面有受压区存在时，假定受压区合力点位于受压钢筋合力点处，则近似取大偏心受拉构件截面内力臂长 $\eta h_0 = h_0 - a'_s$，把大小偏心受拉构件的 σ_{sp} 统一写成

$$\sigma_{sq} = \frac{N_q e'}{A_s(h_0 - a'_s)} \tag{8-32}$$

$$e' = e_0 + y_c - a'_s \tag{8-33}$$

式中　N_q——按荷载的准永久组合计算的轴向拉力；

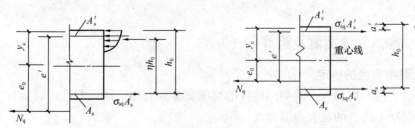

图 8-10　使用阶段偏心受拉构件裂缝处应力图

A_s——纵向受拉钢筋截面面积，取受拉较大边的纵向钢筋截面面积；

e'——轴向拉力作用点至受压区或受拉较小边纵向钢筋合力点的距离；

y_c——截面重心至受压或较小受拉边缘的距离。

（4）偏心受压构件

图 8-11 所示为偏心受压构件的裂缝截面应力图形，对受压区合力点取矩，得

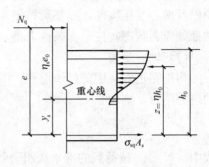

$$\sigma_{sq} = \frac{N_q(e-z)}{A_s z} \qquad (8\text{-}34)$$

$$z = \left[0.87 - 0.12(1-\gamma'_f)\left(\frac{h_0}{e}\right)^2\right]h_0 \qquad (8\text{-}35)$$

$$\eta_s = 1 + \frac{1}{4000e_0/h_0}\left(\frac{l_0}{h}\right) \quad \eta_s \leqslant 1 \qquad (8\text{-}36)$$

$$\gamma'_f = \frac{(b'_f - b)h'_f}{bh_0} \qquad (8\text{-}37)$$

图 8-11　使用阶段偏心受压
构件裂缝处应力图

式中　N_q——按荷载的准永久组合计算的轴向压力；

e——轴向压力作用点至纵向受拉钢筋合力点的距离，$e = \eta_s e_0 + y_s$；

η_s——使用阶段的轴心压力偏心距增大系数，当 $l_0/h \leqslant 14$ 时，$\eta_s = 1.0$；

y_s——截面重心至纵向受拉钢筋合力点的距离；

z——纵向受拉钢筋合力点至受压区合力点的距离，且 $z \leqslant 0.87h_0$；

b'_f、h'_f——T 形截面受压区翼缘板宽度和高度，当 $h > 0.2h_0$ 时取 $0.2h_0$。

2. 裂缝间纵向受拉钢筋应变不均匀系数 ψ

钢筋应变不均匀系数 ψ 为钢筋平均应变与裂缝截面处钢筋应变的比值，即 $\psi = \dfrac{\varepsilon_{sm}}{\varepsilon_s}$，反映了裂缝截面之间的混凝土参与受拉对钢筋应变的影响程度。ψ 越小，就表示混凝土参与承受拉力的程度越大；ψ 越大，表示混凝土参与受拉程度越小，各截面中钢筋的应变就比较均匀；当 $\psi = 1$ 时，表明此时裂缝间受拉混凝土全部退出工作。ψ 的大小同以有效受拉混凝土截面面积计算的纵向受拉钢筋配筋率 ρ_{te} 有关。这是由于参加工作的受拉混凝土主要指钢筋周围的那部分有效受拉混凝土面积。当 ρ_{te} 较小时，说明钢筋周围的混凝土参加受拉的有效相对面积比较大，它所承担的总拉力也相对较大，对纵向受拉钢筋应变的影响程度也相应较大，所以 ψ 值较小。根据试验资料，ψ 可通过式（8-38）近似计算

$$\psi = 1.1 - \frac{0.65f_{tk}}{\rho_{te}\sigma_{sq}} \qquad (8\text{-}38)$$

当 ψ 计算值比较小时会过高地估计了混凝土的作用，因而规定当 $\psi < 0.2$ 时，取 $\psi = 0.2$；当 $\psi > 1$ 时是没有物理意义的，因此当 $\psi > 1$ 时，取 $\psi = 1$；对直接承受重复荷载作用的构件，取 $\psi = 1$。

8.2.4　最大裂缝宽度及验算

1. 最大裂缝宽度的确定

因为混凝土的不均匀性，混凝土构件的裂缝宽度具有很大的离散性，对所有工程具有实际意义的是混凝土构件的最大裂缝宽度。

最大裂缝宽度是由平均裂缝宽度乘以短期裂缝宽度扩大系数得来的。扩大系数依据试验

结果的统计分析并参照使用经验确定，主要考虑了两个方面的情况：一是混凝土构件在荷载效应准永久组合下裂缝宽度的离散性；二是荷载长期作用下，因为混凝土的收缩、徐变以及钢筋与混凝土之间的滑移徐变等因素的影响，导致混凝土构件中已有裂缝发生变化。

根据统计分析确定，在保证率 95% 以下的相对最大裂缝宽度，也就是超过这个宽度的裂缝出现概率不大于 5%。试验表明，受弯构件裂缝宽度的频率基本上呈正态分布。相对最大裂缝宽度对可通过下式求得，即

$$w_{max} = \tau \cdot \tau_l w_m = (1 + 1.645\delta)\tau_l w_m \tag{8-39}$$

式中 δ——裂缝宽度的变异系数。

对于受弯构件与偏心受压构件，可以取 δ 的平均值 0.4，取裂缝扩大系数 $\tau = 1.66$；轴心受拉和偏心受拉构件的试验表明，裂缝宽度的频率分布曲线是偏态的，因此 w_{max} 与 w_m 的比值比受弯构件大，取裂缝扩大系数 $\tau = 1.9$。

长期荷载作用下，由于混凝土的滑移徐变和拉应力的松弛，会造成裂缝间混凝土不断退出受拉工作，钢筋平均应变增大，导致裂缝随时间推移逐渐增大。混凝土的收缩也使裂缝间混凝土的长度缩短，引起裂缝随时间推移不断增大。荷载的变动，环境温度的变化，都会使钢筋与混凝土之间的粘结力受到削弱，也将导致裂缝宽度不断增大。根据长期观测结果，长期荷载下裂缝的扩大系数为 $\tau_l = 1.5$。

因此，《混凝土结构设计规范》规定按荷载准永久组合，考虑裂缝宽度分布不均匀性和荷载长期作用影响的最大裂缝宽度可按下式计算

$$w_{max} = \alpha_{cr} \psi \frac{\sigma_{sq}}{E_s}\left(1.9c_s + 0.08\frac{d_{eq}}{\rho_{te}}\right) \tag{8-40}$$

式中 α_{cr}——构件受力特征系数，对与受弯和偏心受压构件 $\alpha_{cr} = 1.9$，对偏心受拉构件 $\alpha_{cr} = 2.4$、对于轴心受拉构件 $\alpha_{cr} = 2.7$；

E_s——钢筋的弹性模量（见《混凝土结构设计规范》（GB 50010—2010）表 4.3.5）。

2. 最大裂缝宽度的验算

验算最大裂缝宽度时，应满足

$$w_{max} \leqslant w_{lim} \tag{8-41}$$

式中 w_{max}——按荷载效应准永久组合并考虑长期作用影响计算的最大裂缝宽度；

w_{lim}——《混凝土结构设计规范》规定的最大裂缝宽度限值。

《混凝土结构设计规范》（GB 50010—2010）规定，对直接承受起重机荷载但不需要做疲劳验算的构件，可把计算求得的最大裂缝宽度乘以 0.85；对按《混凝土结构设计规范》（GB50010—2010）要求配置表层钢筋网片的梁，最大裂缝宽度可乘以 0.7 的折减系数；对于 $e_0/h_0 \leqslant 0.55$ 的偏心受压构件，可不验算裂缝宽度。

式（8-40）表明，最大裂缝宽度主要与钢筋应力、有效配筋率及钢筋直径等有关。裂缝宽度的验算是在满足构件承载力的前提下进行的，此时构件的截面尺寸、配筋率等都已确定。在验算时，可能会出现满足了截面强度要求，不符合裂缝宽度要求的情况，这通常在配筋率较低，而钢筋选用的直径较大的情况下出现。所以，当计算最大裂缝宽度超过允许值不大时，常可用减小钢筋直径的方法解决，必要时适当增加配筋率。

对于受拉及受弯构件，当承载力要求比较高时，常常会出现不能同时满足裂缝宽度或变形限值要求的情况，这时增大截面尺寸或者增加用钢量是不经济也是不合理的。对此，有效的措施是施加预应力。

【例 8-2】 已知一矩形截面简支梁的截面尺寸 $b \times h = 210\text{mm} \times 500\text{mm}$，混凝土强度等级采用 C30，纵向受拉钢筋为 3 Φ 20 的 HRB500 级钢筋，箍筋为 $\phi 8 @ 150\text{mm}$，混凝土保护层厚度 $c = 20\text{mm}$，按荷载准永久组合计算的跨中弯矩值 $M_q = 100\text{kN} \cdot \text{m}$，环境类别为一类。试验算最大裂缝宽度是否满足要求。

解：（1）查表确定各类参数与系数

C30：$f_{tk} = 2.01\text{N/mm}^2$；钢筋：$E_s = 2 \times 10^5\text{N/mm}^2$；3 Φ 20：$A_s = 942\text{mm}^2$；环境类别一类：最大裂缝宽度限值 $w_{lim} = 0.3\text{mm}$，$c = 20\text{mm}$，$c_s = 28\text{mm}$。

（2）计算有关参数

$$h_0 = 500\text{mm} - (28 + 20/2)\text{mm} = 462\text{mm}$$

$$\rho_{te} = \frac{A_s}{0.5bh} = \frac{942}{0.5 \times 210 \times 500} = 0.0188 > 0.01$$

$$\sigma_{sq} = \frac{M_q}{0.87h_0A_s} = \frac{100 \times 10^6}{0.87 \times 462 \times 942}\text{N/mm}^2 = 264.11\text{N/mm}^2$$

$$\alpha_{sq} = 1.1 - \frac{0.65f_{tk}}{\rho_{te}\sigma_{sq}} = 1.1 - \frac{0.65 \times 2.01}{0.0188 \times 264.11} = 0.837$$

（3）计算最大裂缝宽度

$$w_{max} = \alpha_{cr}\psi\frac{\sigma_{sq}}{E_s}\left(1.9c + 0.08\frac{d}{\rho_{te}}\right)$$

$$= 1.9 \times 0.837 \times \frac{264.11}{2 \times 10^5} \times \left(1.9 \times 28 + 0.08 \times \frac{20}{0.0179}\right)\text{mm} = 0.256\text{mm}$$

（4）验算裂缝

$w_{max} = 0.256\text{mm} < w_{lim} = 0.3\text{mm}$（满足要求）

讨论：该梁在正常使用阶段的最大裂缝宽度满足规范要求。若不符合要求，应采取措施减少最大裂缝宽度。

8.3 混凝土结构的耐久性

8.3.1 耐久性的概念与结构耐久性劣化现象

1. 混凝土结构的耐久性

长期以来，土木工程领域研究的重点是如何使结构的设计理论和方法更合理，而对现有结构重视不够。在设计上，过分地追求初始造价最低，而忽略了结构的长期损伤，对结构的耐久性考虑不足。在长期使用过程中，材料老化、不利环境（如高温、高湿以及腐蚀介质等）的影响以及使用、管理不当，会对结构造成某种程度的损伤，这种损伤的积累必然造成结构性能退化、承载力降低、耐久性降低以及寿命缩短，影响结构的安全使用。国内外许多工程结构由于耐久性不足而导致结构出现破坏，并且为此付出了惊人的代价。我国是一个发展中的大国，正在从事着世界瞩目的大规模基本建设，而我国财力有限，能源短缺，资源并不丰富，所以要高瞻远瞩，有效地利用资金，节约能源。既要科学地设计出安全、适用且耐久的新建工程项目，还要充分地、合理地、安全地延续利用现有房屋资源及工程设施。

结构耐久性指的是结构和结构构件在其设计使用年限内，应当能够承受所有可能的荷载和环境作用，而不发生过度的腐蚀、损坏或者破坏。可见，混凝土结构的耐久性主要由混凝土、钢筋材料本身的特性以及所处使用环境的侵蚀性两方面共同决定的。

2. 引起结构耐久性损伤的原因

产生耐久性损伤的原因可分为内部原因与外部原因。

内部原因是指混凝土自身的一些缺陷，如混凝土内部存在气泡与毛细管孔隙，这些孔隙为空气中的二氧化碳（CO_2）、水分以及氧气（O_2）向混凝土内部的扩散提供了通道。另外，当混凝土中掺加氯盐或者使用含盐的骨料时，氯离子（Cl^-）的作用将会使混凝土中的钢筋产生锈蚀；当混凝土的碱含量过高时，水泥中的碱会同活性骨料发生反应，也就是在混凝土中产生碱-骨料反应，造成混凝土开裂。使混凝土自身存在缺陷的主要原因来自混凝土结构的设计、材料以及施工的不足。

产生损伤的外部原因主要指的是自然环境和使用环境引起的劣化，可以分为一般环境、特殊环境及灾害环境。一般环境中的二氧化碳、环境温度与环境湿度以及酸雨等将导致混凝土中性化，并使其中的钢筋产生锈蚀，而环境温度和环境湿度等则是影响钢筋锈蚀的最主要因素；特殊环境中的酸、碱、盐是造成混凝土腐蚀破坏和钢筋锈蚀破坏的最主要原因，如沿海地区的盐害、寒冷地区的冻害、腐蚀性土壤以及工业环境中的酸碱腐蚀等；灾害环境主要指的是地震、火灾等对结构造成的偶发损伤，这种损伤随环境损伤等因素的共同作用，也将使结构性能随时间劣化。

3. 结构耐久性损伤与结构劣化现象

从混凝土结构耐久性损伤的机理来看，可以把混凝土耐久性损伤分为化学作用引起的损伤和物理作用引起的损伤两大类，另外，生物作用对于混凝土耐久性也有一定的影响。

化学作用和电化学作用使结构产生的劣化现象主要有混凝土的碳化、混凝土中钢筋的锈蚀、碱-骨料反应及混凝土的化学侵蚀（如硫酸盐侵蚀及酸侵蚀等）；物理作用使结构产生的破坏现象主要有混凝土冻融破坏、磨损、碰撞以及冲蚀等。

从混凝土结构耐久性损伤的劣化现象分，主要有下列几种类型：混凝土的碳化、混凝土中钢筋的锈蚀、混凝土冻融破坏、裂缝，混凝土强度降低以及结构的过大变形等。

（1）混凝土的碳化

空气、土壤和地下水等环境中的酸性气体或者液体侵入混凝土中，同水泥石中的碱性物质发生反应，使混凝土 pH 值下降的过程叫做混凝土的中性化过程。其中，由大气环境中的二氧化碳引起的中性化过程称为混凝土的碳化。因为大气中均有一定含量的二氧化碳，所以碳化是最普遍的混凝土中性化过程。

混凝土碳化反应产生的碳酸钙（$CaCO_3$）与其他固态产物堵塞在孔隙中，使已碳化混凝土的密实度和强度提高。另一方面，碳化使混凝土脆性变大，但是总体上讲，碳化对混凝土力学性能和构件受力性能的负面影响不大，混凝土碳化最大的危害是造成钢筋锈蚀。碳化是一般大气环境混凝土中钢筋锈蚀的前提条件。衡量混凝土碳化的指标是碳化深度。

（2）混凝土中的钢筋锈蚀

混凝土中的水泥水化后在钢筋表面形成一层致密的钝化膜，所以在正常情况下钢筋不会锈蚀，但钝化膜一旦遭到破坏，在有足够水及氧气的条件下会发生电化学腐蚀。钢筋锈蚀的直接结果是钢筋的截面面积减小，不均匀锈蚀导致钢筋表面凹凸不平，产生应力集中现象，导致钢筋的力学性能退化，如强度降低、脆性增大、延性变差，造成构件承载能力降低。

混凝土中钢筋锈蚀会使钢筋表面生成一层疏松的锈蚀产物，并且向周围混凝土孔隙中不断扩散。因锈蚀产物最终形式不同，锈蚀产物的体积比未腐蚀钢筋的体积要大得多，通常可达钢筋腐蚀量的 2～4 倍。锈蚀产物的体积膨胀使钢筋外围混凝土产生环向拉应力，当环向拉应力满足混凝土的抗拉强度时，钢筋和混凝土交界处将出现内部径向裂缝，随着钢筋锈蚀的进一步加剧及钢筋锈蚀量的增加，径向内裂缝向混凝土表面发展，直至混凝土保护层开裂产生顺筋方向的锈胀裂缝，甚至保护层剥落，严重影响了钢筋混凝土结构的安全性及正常使用。

混凝土碳化之后，在适当的条件下钢筋产生锈蚀。另外，有氯离子存在时（如在海洋环境、工业建筑的盐环境、混凝土中掺加氯盐及除冰盐的路桥等），即使混凝土仍保持强碱性，氯离子也能破坏钝化膜，导致钢筋发生锈蚀。氯离子有很强的穿透氧化膜的能力，在氧化物内层形成易溶的氯化铁（$FeCl_2$），造成氧化膜局部溶解，形成坑蚀现象。若氯离子在钢筋表面分布较均匀，这种坑蚀现象便会广泛地发生，蚀坑扩大、合并，将会发生大面积的腐蚀。

钢筋锈蚀可用钢筋锈蚀面积率、钢筋锈蚀截面损失率以及钢筋锈蚀深度等指标表示。

（3）混凝土冻融破坏

混凝土在饱水状态下由于冻融循环产生的破坏作用称为冻融破坏，混凝土的抗冻耐久性（简称"抗冻性"）指的是饱水混凝土抵抗冻融循环作用的性能。混凝土处于饱水状态和冻融循环交替作用是发生冻融破坏的必要条件，所以，混凝土的冻融破坏通常发生于寒冷地区经常与水接触的混凝土结构物，比如水位变化区的海工、水工混凝土结构物、水池、发电站冷却塔以及与水接触部位的道路、建筑物勒脚以及阳台等。我国东北、华北以及西北地区的水利大坝，尤其是东北严寒地区的混凝土结构物，绝大多数工程局部或者大面积地遭受不同程度的冻融破坏，有的工程在施工过程中或竣工后不久即发生严重的冻害。经调查研究发现，混凝土冻融破坏不仅在上述地区存在，在长江以北、黄河以南的中部地区，混凝土结构物的冻融破坏现象也较为普遍。

造成混凝土冻融剥蚀的主要原因为混凝土微孔隙中的水在温度正负交互作用下形成冰胀压力和渗透压力联合作用的疲劳应力，从而造成混凝土产生由表及里的剥蚀破坏，并导致混凝土强度降低。冻融破坏属于物理作用，混凝土产生冻融破坏必须有两个条件，一是混凝土必须与水接触或混凝土中有一定的含水量；二是混凝土结构必须经受交替出现的正负温度。

（4）碱-骨料反应

碱-骨料反应指的是混凝土中所含有的碱与具有碱活性的骨料间发生的膨胀性反应。这种反应会引起明显的混凝土体积膨胀与开裂，改变混凝土的微结构，使混凝土的抗压强度、抗折强度以及弹性模量等力学性能明显下降，严重影响结构的安全使用性，而且反应一旦发生就很难阻止，更不容易修补和挽救，被叫做混凝土的"癌症"。

混凝土结构碱-骨料反应引起的开裂与破坏必须同时具备下列三个条件：混凝土含碱量超标、骨料是碱活性的、混凝土暴露在潮湿环境中。缺少其中任何一个，其破坏可能性会减弱。所以，对潮湿环境下的重要结构及部位，设计时应采取一定的措施加以保护。如果骨料是碱活性的，则应尽量选用低碱水泥；在混凝土拌合时，适当掺加比较好的掺合料或引气剂和降低水灰比等措施都是有利的。

（5）混凝土裂缝

混凝土的收缩、温度应力、地基的不均匀沉降及荷载的作用，会导致混凝土产生裂缝；混凝土中的钢筋锈蚀将造成混凝土产生沿钢筋的纵向裂缝；混凝土冻融和碱-骨料反应也会使混凝土产生裂缝。混凝土裂缝通常采用裂缝宽度作为度量指标。

（6）混凝土强度降低

随着结构服役时间的增长，混凝土的强度将下降。混凝土强度的劣化主要受使用环境的影响，如一般大气环境下混凝土强度在相当长时间以后才会开始下降，而海洋环境的混凝土强度在 30 年时约降低 50％。另外，混凝土冻融和碱-骨料反应也将使混凝土的强度降低。

8.3.2　耐久性设计

同承载能力极限状态设计相比，耐久性极限状态设计的重要性似乎应低一些。但是，若结构因耐久性不足而失效，或者为了维持其正常使用而进行比较大的维修、加固或改造，则不仅要付出较多的额外费用，也必然会影响结构的使用功能以及结构的安全性。所以，对于混凝土结构，除应进行承载力计算、变形以及裂缝宽度验算外，还必须进行耐久性设计。

1. 混凝土结构耐久性极限状态设计

同承载能力极限状态和正常使用极限状态设计相似，也可建立结构耐久性极限状态方程。目前已有一些类似的研究成果，如耐久性极限状态设计实用方法、耐久性极限状态设计法以及基于近似概率法的耐久性极限状态设计法等。目前这些方法尚不便应用于工程。《混凝土结构耐久性设计规范》（GB/T 50476—2008）中规定结构构件耐久性极限状态按正常使用下的适用性极限状态考虑，且不应该损害到结构的承载能力和可修复性要求。

混凝土结构构件的耐久性极限状态可分为下列三种。

（1）钢筋开始发生锈蚀的极限状态

钢筋开始发生锈蚀的极限状态应为混凝土碳化发展到钢筋表面，或者氯离子侵入混凝土内部并在钢筋表面积累的浓度达到临界浓度。

对锈蚀敏感的预应力钢筋、冷加工钢筋或者直径不大于 6mm 的普通热轧钢筋作为受力主筋时，应以钢筋开始发生锈蚀状态作为极限状态。

（2）钢筋发生适量锈蚀的极限状态

钢筋发生适量锈蚀的极限状态应为钢筋锈蚀发展致使混凝土构件表面开始出现顺筋裂缝，或钢筋截面径向锈蚀深度达到 0.1mm。

普通热轧钢筋（直径小于或者等于 6mm 的细钢筋除外）可把发生适量锈蚀状态作为极限状态。

（3）混凝土表面发生轻微损伤的极限状态

混凝土表面发生轻微损伤的极限状态应为不影响结构外观、不明显损害构件的承载能力以及表层混凝土对钢筋的保护。

在混凝土结构耐久性极限状态设计中，环境作用需要定量表示，然后选择适当的材料劣化数学模型求出环境作用效应，列出耐久性极限状态下的环境作用效应与耐久性抗力的关系式，可以求得相应的使用年限。结构的设计使用年限应有规定的安全度，因此在耐久性极限状态的关系式中应引入相应的安全系数，当用概率可靠度方法设计时应当满足所需的保证率。

目前，环境作用下耐久性极限状态设计方法尚未成熟到能在工程中普遍应用的程度，还达不到完全进行定量设计。在各种劣化机理的计算模型中，可供使用的还只局限于定量估算钢筋开始发生锈蚀的年限。国内外现行的混凝土结构设计规范所采用的耐久性设计方法仍然是概念设计方法。

2. 混凝土结构耐久性概念设计

混凝土结构耐久性概念设计是根据混凝土结构的设计使用年限、所处环境类别及作用等级，采取不同的技术措施和构造要求，确保结构的耐久性。

混凝土结构耐久性概念设计包括下列内容。

（1）混凝土结构的环境类别与作用等级

结构所处的环境按其对钢筋和混凝土材料的腐蚀机理可分为 5 类，见表 8-1。

表 8-1　环境类别

环境类别	名称	腐蚀机理
Ⅰ	一般环境	保护层混凝土碳化引起钢筋锈蚀
Ⅱ	冻融环境	反复冻融导致混凝土损伤
Ⅲ	海洋氯化物环境	氯盐引起的钢筋锈蚀
Ⅳ	除冰盐等其他氯化物环境	氯盐引起的钢筋锈蚀
Ⅴ	化学腐蚀环境	硫酸盐等化学物质对混凝土的腐蚀

注：一般环境系指无冻融、氯化物和其他化学腐蚀物质作用。

环境对配筋混凝土结构的作用程度应采用环境作用等级表达，并应符合表 8-2 的规定。

表 8-2　环境作用等级

环境作用等级 环境类别	A 轻微	B 轻度	C 中度	D 严重	E 非常严重	F 极端严重
一般环境	Ⅰ-A	Ⅰ-B	Ⅰ-C	—	—	—
冻融环境	—	—	Ⅱ-C	Ⅱ-D	Ⅱ-E	—
海洋氯化物环境	—	—	Ⅲ-C	Ⅲ-D	Ⅲ-E	Ⅲ-F
除冰盐等其他氯化物环境	—	—	Ⅳ-C	Ⅳ-D	Ⅳ-E	—
化学腐蚀环境	—	—	Ⅴ-C	Ⅴ-D	Ⅴ-E	—

（2）结构构造设计

1）不同环境作用下钢筋主筋、箍筋以及分布钢筋，其保护层厚度应满足钢筋防锈、耐火以及与混凝土之间粘结力传递的要求，且混凝土保护层厚度的设计值不得小于钢筋的公称直径。

2）具有连续密封套管的后张预应力钢筋，其混凝土保护层厚度同等同于普通钢筋，且不应小于孔道直径的 1/2；否则，其厚度应当比普通钢筋增加 10mm，先张法构件中预应力钢筋在全预应力状态下的保护层厚度可等同于普通钢筋，否则应比普通钢筋增加 10mm。直径大于 16mm 的热轧预应力钢筋保护层厚度可与普通钢筋相同。

3）工厂预制的混凝土构件，其普通钢筋与预应力钢筋的混凝土保护层厚度可比现浇构件减少 5mm。

4）当环境作用等级为 D、E、F 级时，应当减少混凝土结构构件表面的暴露面积，并应避免表面的凹凸变化；构件的棱角宜做成圆角。

5）施工缝及伸缩缝等连接缝的设置宜避开局部环境作用不利的部位，否则应采取有效的防护措施。

6）暴露在混凝土结构构件外的吊环、紧固件以及连接件等金属部件，表面应采用可靠的防腐措施；后张法预应力体系应当采取多重防护措施。

（3）混凝土结构材料要求

混凝土材料应根据结构所处的环境类别、作用等级以及结构设计使用年限，按同时符合混凝土最低强度等级、最大水胶比和混凝土原材料组成的要求确定。配筋混凝土结构符合耐久性要求的混凝土最低强度等级应符合表 8-3 的规定。

表 8-3　满足耐久性要求的混凝土最低强度等级

环境类别与作用等级	设计使用年限		
	100 年	50 年	30 年
Ⅰ-A	C30	C25	C25
Ⅰ-B	C35	C35	C25
Ⅰ-C	C40	C35	C30
Ⅱ-C	C35，C45	C30，C45	C30，C40
Ⅱ-D	C40	C_a35	C_a35
Ⅱ-E	C45	C_a40	C_a40
Ⅲ-C，Ⅳ-C，Ⅴ-C，Ⅲ-D，Ⅳ-D	C45	C40	C40
Ⅴ-D，Ⅲ-E，Ⅳ-E	C50	C45	C45
Ⅴ-E，Ⅲ-F	C55	C50	C50

注：1. 预应力混凝土构件的混凝土最低强度等级不应低于 C40；

2. 如能加大钢筋的保护层厚度，大截面受压墩、柱的混凝土强度等级可以低于表 8-3 规定的数值。

3. C_a35 指强度等级为 C35 的引气混凝土，余同。

（4）混凝土裂缝控制要求

在荷载作用下配筋混凝土构件的表面裂缝最大宽度计算值不应当超过表 8-4 中的限值。对裂缝宽度无特殊外观要求的，当保护层设计厚度超过 30mm 时，可把厚度取为 30mm 来计算裂缝的最大宽度。

表 8-4　表面裂缝计算宽度限值（mm）

环境作用等级	钢筋混凝土构件	有粘结预应力混凝土构件
A	0.40	0.20
B	0.30	0.20（0.15）
C	0.20	0.10
D	0.20	按二级裂缝控制或按部分预应力 A 类构件控制
E，F	0.15	按一级裂缝控制或按全预应力类构件控制

注：括号中的宽度适用于采用钢丝或钢绞线的先张法预应力构件。

（5）防水排水等构造措施

混凝土结构构件的形状和构造应有效地避免水、汽以及有害物质在混凝土表面的积聚，并应采取以下构造措施：

1）受雨淋或可能积水的露天混凝土构件顶面，宜做成斜面，并应考虑结构挠度和预应力反拱对排水的影响；

2）受雨淋的室外悬挑构件侧边下沿，应做滴水槽、鹰嘴或采取其他避免雨水流向构件底面的构造措施；

3）屋面、桥面应专门设置排水系统，并且不得将水直接排向下部混凝土构件表面；

4）在混凝土结构构件与上覆的露天面层之间，应当设置可靠的防水层。

（6）耐久性所需的施工养护制度和保护层厚度的施工质量验收要求

根据结构所处的环境类别与作用等级，混凝土耐久性所需的施工养护应满足表 8-5 的规定要求。

表 8-5　施工养护制度要求

环境作用等级	混凝土类型	养护制度
Ⅰ-A	一般混凝土	至少养护 1d
	大掺量矿物掺合料混凝土	浇筑后立即覆盖并加湿养护，至少养护 3d
Ⅰ-B，Ⅰ-C，Ⅱ-C，Ⅲ-C，Ⅳ-C，V-C，Ⅱ-D，V-D，Ⅱ-E，V-E	一般混凝土	养护至现场混凝土的强度不低于 28d 标准强度的 50%，且不少于 3d
	大掺量矿物掺合料混凝土	浇筑后立即覆盖并加湿养护，养护至现场混凝土的强度不低于 28d 标准强度的 50%，且不少于 7d
Ⅲ-D，Ⅳ-D，Ⅲ-E，Ⅳ-E，Ⅲ-F	大掺量矿物掺合料混凝土	浇筑后立即覆盖并加湿养护，养护至现场混凝土的强度不低于 28d 标准强度的 50%，且不少于 7d。加湿养护结束后应继续用养护喷涂或覆盖保湿、防风一段时间至现场混凝土的强度不低于 28d 标准强度的 70%

注：1. 表中要求适用于混凝土表面大气温度不低于 10℃的情况，否则应延长养护时间；

　　2. 有盐的冻融环境中混凝土施工养护应按Ⅲ、Ⅳ类环境的规定执行；

　　3. 大掺量矿物掺合料混凝土在Ⅰ-A 环境中用于永久浸没于水的构件。

处于Ⅰ-A、Ⅰ-B 环境下的混凝土结构构件，其保护层厚度的施工质量验收要求根据现行国家标准《混凝土结构工程施工验收规范》（GB 50204—2015）的规定执行；环境作用等级为 C、D、E、F 的混凝土结构构件，应按现行国家标准《混凝土结构耐久性设计规范》（GB/T 50476—2008）的规定进行保护层厚度的施工质量验收。

【例 8-3】如图 8-12 所示为某钢筋混凝土不上人屋面挑檐剖面。屋面板混凝土强度等级采用 C30。屋面面层荷载相当于 100mm 厚水泥砂浆的质量，梁的转动忽略不计。板受力钢筋保护层厚度 $c_s=30mm$，板顶按受弯承载力要求配置的受力钢筋为 $\Phi 12@150$（HRB400级）。试问，该悬挑板的最大裂缝宽度 ω_{max}（mm），与下列何项数值最为接近？

A. 0.10　　　　　　　　　　B. 0.15

C. 0.20　　　　　　　　　　D. 0.25

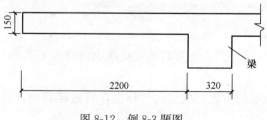

图 8-12　例 8-3 题图

解：依据《建筑结构荷载规范》（GB 50009—2012）表 A 可知，水泥砂浆重度为 20kN/m³。依据第 5.3.1 条，不上人屋面活荷载为 0.5kN/m²，准永久值系数为 0。

取单位宽度计算，作用于梁上的荷载准永久组合值为

$$25 \times 0.15 + 20 \times 0.1 = 5.75 \ (\text{kN/m})$$

梁根部的准永久组合弯矩值 $M_q = \dfrac{ql^2}{2} = \dfrac{5.75 \times 2.2^2}{2} = 13.915 \ (\text{kN} \cdot \text{m})$。

依据《混凝土结构设计规范》（GB 50010—2010）第 7.1.2 条，$\omega_{\max}$ 应按下式计算：

$$w_{\max} = \alpha_{cr} \psi \frac{\sigma_s}{E_s} \left(1.9 c_s + 0.08 \frac{d_{eq}}{\rho_{te}} \right)$$

$$\sigma_s = \frac{M_q}{0.87 h_0 A_s} = \frac{16.94 \times 10^6}{0.87 \times (150 - 30 - 6) \times 754} = 186.1 (\text{MPa})$$

$$= \rho_{te} = \frac{A_s}{0.5bh} = \frac{754}{0.5 \times 1000 \times 150} = 0.010$$

$$\psi = 1.1 - 0.65 \frac{f_{tk}}{\rho_{te}} = 1.1 - 0.65 \times \frac{2.01}{0.01 \times 186.1} = 0.398, \text{且} < 1.0$$

HRB400 级钢筋，$E_s = 2.0 \times 10^5 \text{MPa}$；$\alpha_{cr} = 1.9$，故

$$w_{\max} = 1.9 \times 0.398 \times \frac{186.1}{2 \times 10^5} \times \left(1.9 \times 30 + 0.08 \times \frac{12}{0.01} \right) = 0.0108$$

正确答案：A

【例 8-4】 某钢筋混凝土框架结构多层办公楼，局部平面布置如图 8-13 所示（均为办公室），梁、板、柱混凝土强度等级均为 C30，梁、柱纵向钢筋为 HRB400 钢筋，楼板纵向钢筋及梁、柱箍筋均为 HRB335 钢筋。框架梁 KL2 的截面尺寸为 300mm×800mm，跨中截面底部纵向钢筋为 4Φ25。已知该截面处由永久荷载和可变荷载产生的弯矩标准值 M_{Gk}、M_{Qk} 分别为 250kN·m、100kN·m，试问，该梁跨中截面考虑长期作用影响的最大裂缝宽度 $\omega_{\max}$（mm）与以下何项数值最为接近？

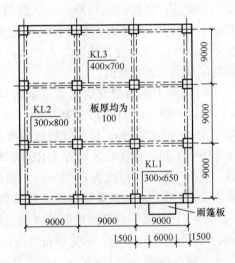

提示： $c_s = 30\text{mm}$，$h_0 = 755\text{mm}$。

A. 0.26　　　　　　　　　　B. 0.29

C. 0.34　　　　　　　　　　D. 0.38

图 8-13　例 8-4 题图

解：依据《建筑结构荷载规范》（GB 50009—2012）表 5.1.1，办公楼活荷载准永久值系数为 0.4，于是

$$M_q = 250 + 0.4 \times 100 = 290 \ (\text{kN} \cdot \text{m})$$

依据《混凝土结构设计规范》（GB 50010—2010）第 7.1.2 条计算 $\omega_{\max}$。

$$\rho_{te} = \frac{A_p + A_s}{A_{te}} = \frac{1963}{0.5 \times 300 \times 800} = 0.0164$$

$$\sigma_{sq} = \frac{M_q}{0.87 \times h_0 A_s} = \frac{290 \times 10^6}{0.87 \times 755 \times 1963} = 224.8 (\text{MPa})$$

$$\psi = 1.1 - \frac{0.65 \times 2.01}{0.0164 \times 224.8} = 0.746$$

则 $0.2 < \psi < 1.0$

$$w_{max} = \alpha_{cr}\psi\frac{\sigma_{sq}}{E_s}\left(1.9c_s + 0.08\frac{d_{eq}}{\rho_{te}}\right)$$

$$= 1.9 \times 0.746 \times \frac{224.8}{2.0 \times 10^5} \times \left(1.9 \times 30 + 0.08 \times \frac{25}{0.0164}\right) = 0.285$$

正确答案：B

习　题

8-1　影响混凝土裂缝宽度的因素有哪些？

8-2　如何计算混凝土构件的最大裂缝宽度？

8-3　怎样理解受拉钢筋的配筋率对受弯构件的挠度、裂缝宽度的影响？

8-4　影响混凝土结构耐久性的主要因素有哪些？

8-5　什么是混凝土结构的耐久性？

8-6　怎样理解混凝土结构的耐久性？如何理解混凝土的碳化？研究混凝土结构的耐久性有何意义？

8-7　某矩形截面简支梁，截面尺寸为 $b \times h = 250mm \times 600mm$，计算跨度 $l_0 = 6.0m$。承受均布荷载，恒荷载 $g_k = 8kN/m$、活荷载 $q_k = 10kN/m$，活荷载的准永久值系数 $\psi_q = 0.5$。混凝土强度等级为 C20，在受拉区配置 HRB335 级钢筋 2 Φ 20+2 Φ 16。混凝土保护层厚度为 $c = 25mm$，梁的允许挠度为 $l_0/200$，允许出现的最大裂缝宽度限值 $\omega_{lim} = 0.3mm$。验算梁的挠度和最大裂缝宽度。

8-8　某工字形截面简支梁，截面尺寸是 $b \times h = 80mm \times 1200mm$、$b'_f \times h'_f = b_f \times h_f = 200mm \times 150mm$，计算跨度为 $l_0 = 9.0m$。承受均布荷载，跨中按荷载效应标准组合计算的弯矩 $M_k = 490kN \cdot m$，按照荷载效应准永久组合计算的弯矩值 $M_q = 400kN \cdot m$。混凝土强度等级为 C30，在受拉区配置 HRB335 级钢筋 6 Φ 20，在受压区配置 HRB335 级钢筋 6 Φ 14，混凝土保护层厚度为 $c = 30mm$，梁的允许挠度为 $l_0/300$、允许出现的最大裂缝宽度的限值 $\omega_{lim} = 0.3mm$。验算梁的挠度和最大裂缝宽度。

8-9　已知某学校教学楼钢筋混凝土楼面简支梁，计算跨度 $l_0 = 5.4m$，梁的截面尺寸 $b \times h = 200mm \times 450mm$，承受均布荷载，其中永久荷载（包括梁自重）标准值 $g_k = 5kN/m$，可变荷载标准值 $q_k = 10kN/m$，准永久系数 $\psi_q = 0.5$，混凝土强度等级为 C30，HRB335 级钢筋，已配置 3 Φ 16 的纵向受拉钢筋，环境等级为一类。最大裂缝宽度限值 $\omega_{lim} = 0.3mm$，试验算梁的最大裂缝宽度是否满足要求？

第九章 预应力构件的计算方法

> **本章要点**
>
> 本章主要讲述预应力混凝土构件的计算方法。主要内容包括张拉控制应力及预应力损失；预应力混凝土轴心受拉构件；预应力受弯构件各受力阶段的验算以及预应力混凝土轴心构件的一般构造要求。

9.1 概　　述

9.1.1 预应力混凝土的概念

钢筋混凝土受拉和受弯等构件，因为混凝土的抗拉强度及极限拉应变值都很低，其极限拉应变为 $0.1 \times 10^{-3} \sim 0.15 \times 10^{-3}$，也就是每米只能拉长 $0.1 \sim 0.15$mm，在使用荷载作用下，通常是带裂缝工作的。所以对使用上不允许开裂的构件，受拉钢筋的应力只能用到 $20 \sim 30$N/mm^2，不能充分利用其强度。对于允许开裂的构件，一般当受拉钢筋应力达到 250N/mm^2 时，裂缝宽度已达 $0.2 \sim 0.3$mm，构件耐久性有所降低，所以不宜用于高湿度或侵蚀性环境中。为了满足变形和裂缝控制的要求，则需增大构件的截面尺寸和用钢量，这将造成自重过大，使钢筋混凝土结构用于大跨度或承受动力荷载的结构成为不可能或很不经济。若采用高强度钢筋，在使用荷载作用下，其应力可达 $500 \sim 1000$N/mm^2，但此时的裂缝宽度将会很大，无法满足使用要求。因而，钢筋混凝土结构中采用高强度钢筋是不能充分发挥其作用的。而提高混凝土强度等级对提高构件的抗裂性能与控制裂缝宽度的作用也不大。

为了防止钢筋混凝土结构的裂缝过早出现，充分利用高强度钢筋及高强度混凝土，可以设法在结构构件受荷载作用前，通过预加外力，使它受到预压应力来减小或者抵消荷载所引起的混凝土拉应力，从而导致结构构件截面的拉应力不大，甚至处于受压状态，以达到控制受拉混凝土不过早开裂的目的。在构件承受荷载以前预先对混凝土施加压应力的方法有多种，有配置预应力筋，再借助张拉或者其他方法建立预加应力的；也有的在离心制管中采用膨胀混凝土生产的自应力混凝土等。本章所讨论的预应力混凝土构件指的是常用的张拉预应力筋的预应力混凝土构件。

现通过图 9-1 所示预应力混凝土简支梁为例，说明预应力混凝土的概念。

在荷载作用前，预先在梁的受拉区施加偏心压力 N，使梁截面下边缘混凝土产生预压应力 σ_c，梁上边缘产生预拉应力 σ_{ct}，如图 9-1（a）所示。当荷载 q（包括梁自重）作用时，设梁跨中截面下边缘产生拉应力 σ_{ct}，梁上边缘产生压应力 σ_c，如图 9-1（b）所示。这样，

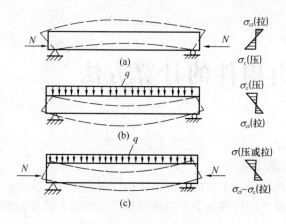

在预压力 N 和荷载 q 的共同作用下，梁的下边缘拉应力将减小到 $\sigma_{ct} - \sigma_c$；梁上边缘应力为 $\sigma_c - \sigma_{ct}$，通常为压应力，但也有可能为拉应力，如图 9-1（c）所示。若增大预压力 N，则在荷载作用下梁下边缘的拉应力还可减小，甚至变成压应力。由此可见，预应力混凝土构件能够延缓混凝土构件的开裂，提高构件的抗裂度和刚度。高强度钢筋和高强度混凝土的应用，可达到节约钢筋、减轻构件自重的目的，克服了钢筋混凝土的主要缺点。

图 9-1 预应力混凝土简支梁

（a）预压力作用下；（b）外荷载作用下；

（c）预压力与外荷载共同作用下

预应力混凝土构件具有很多的优点，以下结构物宜优先采用预应力混凝土：

（1）要求裂缝控制等级比较高的结构；

（2）大跨度或者受力很大的构件；

（3）对构件的刚度和变形控制要求较高的结构构件，比如工业厂房中的吊车梁、码头以及桥梁中的大跨度梁式构件等。

预应力混凝土构件的缺点是构造、施工和计算均较钢筋混凝土构件复杂，且延性也差些。

9.1.2 预应力混凝土的分类

按照预加应力值对构件截面裂缝控制程度的不同，预应力混凝土构件分为全预应力的与部分预应力的两类。

在使用荷载作用下，不允许截面上混凝土出现拉应力的构件，一般叫做全预应力混凝土，大致相当于《混凝土结构设计规范》（GB 50010—2010）中裂缝的控制等级是一级，即严格要求不出现裂缝的构件。

在使用荷载作用下，允许出现裂缝，但最大裂缝宽度不超过允许值的构件，一般叫做部分预应力混凝土，大致相当于《混凝土结构设计规范》（GB 50010—2010）中裂缝的控制等级是三级，即允许出现裂缝的构件。

在使用荷载作用下根据荷载组合情况，不同程度地保证混凝土不开裂的构件，则叫做限值预应力混凝土，大致相当于《混凝土结构设计规范》（GB 50010—2010）中裂缝的控制等级是二级，即一般要求不出现裂缝的构件。

限值预应力混凝土也属部分预应力混凝土。

9.1.3 张拉预应力筋的方法

张拉预应力筋的方法主要有先张法与后张法两种。

1. 先张法

在浇灌混凝土之前张拉预应力筋的方法称为先张法。制作先张法预应力构件通常都需要台座、拉伸机、传力架以及夹具等设备，其工序如图 9-2 所示。当构件尺寸不大时，可不用台座，而在钢模上直接进行张拉。

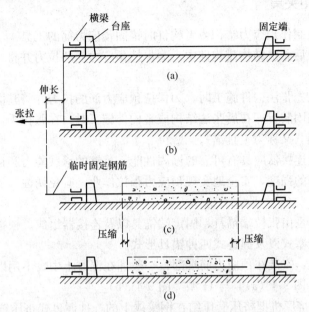

图 9-2 先张法主要工序示意图

（a）预应力筋就位；（b）张拉预应力筋；（c）临时固定预应力筋，浇灌混凝土并

养护；（d）放松预应力筋，预应力筋回缩，混凝土受预压

先张法预应力混凝土构件，预应力是靠预应力筋和混凝土之间的粘结力来传递的。

2. 后张法

在结硬后的混凝土构件上张拉预应力筋的方法叫做后张法。其工序如图 9-3 所示。张拉预应力筋后，在孔道内灌浆，使预应力筋与孔道内混凝土产生粘结力形成整体构件，如图 9-3（d）所示。张拉预应力筋之后，也可以不灌浆，完全通过锚具传递预压力，形成无粘结的预应力构件。后张法预应力混凝土构件，预应力主要是通过预应力筋端部的锚具来传递的。

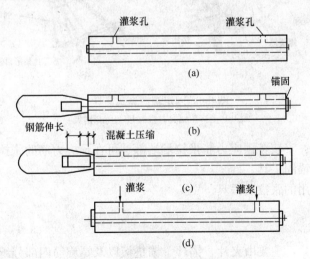

图 9-3 后张法主要工序示意图

（a）制作构件，预留孔道，穿入预应力筋；（b）安装千斤顶；

（c）张拉预应力筋；（d）锚住预应力筋，拆除千斤顶，孔道压力灌浆

9.1.4　锚具和夹具

锚具和夹具是在制作预应力结构或者构件时锚固预应力筋的工具。

锚具：指的是在后张法结构或构件中，为保持预应力筋的拉力并将其传递至混凝土内部的永久性锚固装置。

夹具：指的是在先张法构件施工时，为保持预应力筋的拉力并将其固定在生产台座（或设备）上的临时性锚固装置；在后张法结构或者构件施工时，在张拉千斤顶或设备上夹持预应力筋的临时性装置（又称为工具锚）。

锚具、夹具以及连接器应具有可靠的锚固性能、足够的承载能力和良好的适用性，以保持充分发挥预应力筋的强度，安全地实现预应力张拉作业，避免锈蚀、沾污以及遭受机械损伤或散失。

预应力筋锚固体系由张拉端锚具、固定端锚具以及连接器组成。根据锚固形式的不同有夹片式、支承式、锥塞式以及握裹式四种锚具形式。

（1）固定端锚具：安装在预应力筋端部，一般埋在混凝土中，不用以张拉的锚具。常用的锚具形式有 P 型 [图 9-4（a）] 与 H 型 [图 9-4（b）]。

P 型锚具：是用挤压机把挤压套压结在钢绞线上的一种握裹式挤压锚具，适用于构件端部设计应力大或者群锚构件端部空间受到限制的情况。

H 型锚具：是把钢绞线一端用压花机压成梨状之后，固定在支架上，可排列成长方形或者正方形，适用于钢绞线数量比较少、梁的断面比较小的情况。

两种锚具属握裹式形式，都是预先埋在混凝土内，待混凝土凝固到设计强度之后，再进行张拉，通过握裹力将预应力传递给混凝土。

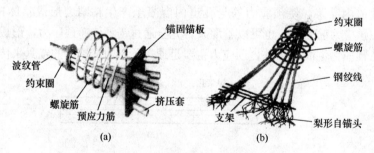

图 9-4　固定端握裹式锚具

(a) P 型挤压锚具；(b) H 型压花锚具

（2）张拉端锚具：安装在预应力筋张拉端端部、可在预应力筋的张拉过程中始终对预应力筋保持锚固状态的锚固工具。

以下简要介绍常用的张拉端锚具。

1. 夹片式锚具

（1）圆柱体锚具

圆柱体夹片式锚具，主要由夹片、锚环、锚垫板以及螺旋筋四部分组成。夹片是锚固体系的关键零件，由优质合金钢制造。圆柱体夹片式锚具有单孔 [图 9-5（a）] 与多孔 [图 9-5（b）] 两种形式。锚固性能稳定、可靠，适用范围比较广，并具有良好的放张自锚性能，施工操作简便，适用的钢绞线根数可由 1 根至 55 根。

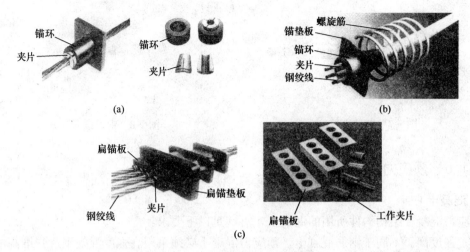

图 9-5　圆柱体夹片式锚具

（a）圆形单孔锚具；（b）圆形多孔锚具；（c）长方体扁形锚具

（2）长方体扁形锚具 ［图 9-5（c）］

长方体扁形锚具由扁锚板、工作夹片以及扁锚垫板等组成。当预应力钢绞线配置在板式结构内时，如空心板、低高度箱梁等，为避免由于配索而增大板厚，可采取扁形锚具将预应力钢绞线布置成为扁平放射状。使应力分布更加均匀合理，进一步减薄结构厚度。

2. 支承式锚具

（1）镦头锚具（图 9-6）

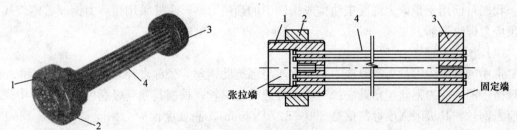

图 9-6　镦头锚具

1—锚环；2—螺母；3—固定端锚板；4—钢丝束

镦头锚具可用于张拉端，也可以用于固定端。张拉端采用锚环，固定端采用锚板。

镦头锚具由锚板（或锚环）与带镦头的预应力筋组成。先将钢丝穿过固定端锚板及张拉端锚环中圆孔，然后通过镦头器对钢丝两端进行镦粗，形成镦头，通过承压板或疏筋板锚固预应力钢丝，可锚固极限强度标准值为 1570MPa 与 1670MPa 的高强钢丝束。

（2）螺母锚具（图 9-7）

用于锚固高强精轧螺纹钢筋的锚具，由螺母、垫板以及连接器组成，具有性能可靠、回缩损失小、操作方便的特点。

3. 锥塞式锚具

锥塞式锚具之一的钢质锥形锚具（图 9-8），主要由锚环及锚塞组成。其工作原理是通过张拉预应力钢丝顶压锚塞，将钢丝束揳紧在锚环与锚塞之间，利用摩擦力传递张拉力。同时利用钢丝回缩力带动锚塞向锚环内滑进，而使钢丝进一步揳紧。

图 9-7 螺母锚具　　　　　　　　　　图 9-8 钢质锥形锚具

9.1.5 预应力混凝土材料

1. 混凝土

预应力混凝土结构构件所用的混凝土，需满足以下要求：

（1）强度高。不同于钢筋混凝土，预应力混凝土必须采用高强度混凝土。强度高的混凝土对采用先张法的构件可以提高钢筋与混凝土之间的粘结力，对于采用后张法的构件，可提高锚固端的局部承压承载力。

（2）收缩、徐变小。以减少由于收缩、徐变引起的预应力损失。

（3）快硬、早强。可尽早施加预应力，加快台座、锚具以及夹具的周转率，以利加快施工进度。

所以，《混凝土结构设计规范》（GB 50010—2010）规定，预应力混凝土结构的混凝土强度等级不宜低于 C40，且不应低于 C30。

2. 钢材

我国目前用于预应力混凝土结构或构件中的预应力筋，主要采用预应力钢丝、钢绞线以及预应力螺纹钢筋。

（1）预应力钢丝

常用的预应力钢丝为消除应力光面钢丝与螺旋肋钢丝，公称直径有 5mm、7mm 和 9mm 等规格。消除应力钢丝包括低松弛钢丝和普通松弛钢丝；根据其强度级别可分类为：中强度预应力钢丝，其极限强度标准值是 $800\sim1270N/mm^2$；高强度预应力钢丝是 $1470\sim1860N/mm^2$ 等。成品钢丝不得存在电焊接头。

（2）钢绞线

钢绞线是由冷拉光圆钢丝，按照一定数量（有 2 根、3 根、7 根等）捻制而成钢绞线，再经过消除应力的稳定化处理（为减少应用时的应力松弛，钢绞线在一定的张力条件下，进行的短时热处理），以盘卷状供应。其中常用三根钢丝捻制的钢绞线表示为 1×3，公称直径有 $8.6\sim12.9mm$，用七根钢丝捻制的标准型钢绞线表示为 1×7，公称直径有 $9.5\sim21.6mm$。

预应力筋往往由多根钢绞线组成。比如有 15-7φ9.5、12-7φ9.5 以及 9-7φ9.5 等型号规格的预应力钢绞线。现以 15-7φ9.5 为例，φ9.5 表示公称直径是 9.5mm 的钢丝，7φ9.5 表示 7 条这种钢丝组成一根钢绞线，而 15 表示 15 根这种钢绞线组成一束钢筋，总的含义即为"一束由 15 根 7 丝（每丝直径 9.5mm）钢绞线组成的钢筋"。

钢绞线的主要特点为强度高（极限强度标准值可达 $1960N/mm^2$）和抗松弛性能好，展开时较挺直。钢绞线要求内部不应有折断、横裂以及相互交叉的钢丝，表面不得有油污、润滑脂等物质，以免降低钢绞线与混凝土之间的粘结力。钢绞线表面可允许有轻微的浮锈，但是不得有目视的锈蚀麻坑。

（3）预应力螺纹钢筋

预应力混凝土用螺纹钢筋（也叫做精轧螺纹钢筋），是采用热轧、轧后余热处理或者热处理等工艺制作成带有不连续无纵筋的外螺纹的直条钢筋，该钢筋在任意截面处都可用带有匹配形状的内螺纹的连接器或者锚具进行连接或锚固。直径是 $18\sim50\text{mm}$，具有高强度及高韧性等特点。要求钢筋端部应平齐，不影响连接件通过。表面不得有横向裂纹、结疤，但是允许有不影响钢筋力学性能及连接的其他缺陷。

9.2 张拉控制应力和预应力损失

9.2.1 预应力钢筋的张拉控制应力

张拉控制应力指的是千斤顶液压表控制的总张拉力除以钢筋截面面积所得的应力，用 σ_{con} 表示。

从构件使用阶段的抗裂性能分析，张拉控制应力 σ_{con} 越高，在混凝土中建立的预应力就会越大，所以 σ_{con} 不宜取值过低。但若 σ_{con} 过高，将使构件开裂时的承载力与破坏时的承载力很接近，这就意味着构件开裂后不久即告破坏；同时 σ_{con} 过高，因为钢筋的离散性及施工时可能超张拉等原因，会使张拉控制应力 σ_{con} 达到或超过预应力筋的抗拉强度标准值 f_{ptk}，产生过大的塑性变形而达不到预期的预应力效果，甚至还有可能由于张拉力不准确或钢筋焊接质量不好使钢筋发生脆断。所以，为充分发挥预应力筋的作用，保证操作和使用安全，预应力筋的张拉控制应力不宜超过表 9-1 规定的数值。

表 9-1 张拉控制应力

项次	钢种	张拉方法	
		先张法	后张法
1	预应力钢丝、钢绞线	$0.75f_{ptk}$	$0.75f_{ptk}$
2	热处理钢筋	$0.70f_{ptk}$	$0.65f_{ptk}$

注：1. 预应力筋的强度标准值 f_{ptk} 按《混凝土结构设计规范》（GB 50010—2010）表 4.2.2-2 采用；

2. 预应力钢丝、钢绞线、热处理钢筋张拉控制应力 σ_{con} 不应小于 $0.4f_{ptk}$。

9.2.2 预应力损失 σ_l

预应力混凝土构件在制作过程中，因为张拉工艺和材料特性等原因，钢筋中的张拉控制应力将随时间的延续而逐渐降低，我们将降低的这部分应力叫做预应力损失。预应力损失的大小是影响构件抗裂性能和刚度的关键，预应力损失过大，不仅会减小混凝土的预压应力，使构件的抗裂能力降低，降低构件的刚度，而且可能导致预应力的失败。所以，正确了解和准确地掌握各项预应力损失的计算，对于设计和制作预应力混凝土构件是十分重要的。

1. 张拉端锚具变形和钢筋内缩引起的预应力损失 σ_{l1}

（1）直线预应力钢筋

构件施工时，张拉钢筋到 σ_{con} 后立即锚固，钢筋的张拉力借助锚具承受，此时钢筋在锚

（夹）具内将产生微小的滑移，而锚具也因受力而变形（锚具、垫板以及螺帽间缝隙被挤紧），这些因素都将使被张紧的钢筋产生回缩而引起预应力损失 σ_{l1}，其值通过下式计算，即

$$\sigma_{l1} = \frac{a}{l}E_s \tag{9-1}$$

式中　a——张拉端锚具变形与钢筋内缩值，mm，按表9-2选取；

　　　l——张拉端至锚固端之间的距离，mm；

　　　E_s——预应力筋的弹性模量，N/mm^2。

表9-2　锚具变形和钢筋内缩值

项次	锚具类别		a（mm）
1	支承式锚具（钢丝束镦头锚具）螺帽缝隙		1
	每块后加垫板的缝隙		1
2	锥塞式锚具（钢丝束的钢质锥形锚具等）		1
3	夹片式锚具	有顶压时	5
		无顶压时	6～8

注：1. 表中的锚具变形和钢筋内缩值也可根据实测数据确定；

　　2. 其他类型的锚具变形和钢筋内缩值应根据实测数据确定。

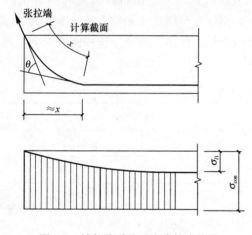

图9-9　端部孔道壁反向摩擦力影响

（2）曲线预应力筋

后张法构件当张拉曲线预应力筋到 σ_{con} 并在构件端部锚固时，预应力筋的回缩将会受到孔道壁反向摩擦力的影响，这种影响在一定长度内发生。由变形协调条件可知，端头锚具变形与钢筋内缩值等于反向摩擦力引起的预应力筋的变形值，于是可求得预应力损失 σ_{l1}（图9-9）。

对于常用的圆弧形曲线，当 $\theta \leqslant 30°$ 时，σ_{l1} 的计算公式为

$$\sigma_{l1} = 2\sigma_{con}l_f\left(\frac{\mu}{r_c}+k\right)\left(1-\frac{x}{l_f}\right) \tag{9-2}$$

反向摩擦影响长度 l_f（m），可通过下式计算，即

$$l_f = \sqrt{\frac{aE_s}{1000 \cdot \sigma_{con}\left(\dfrac{\mu}{r_c}-k\right)}} \tag{9-3}$$

式中　μ——预应力筋与孔道壁间的摩擦系数，按表9-3取用；

　　　r_c——圆弧形曲线预应力筋的曲率半径，m；

　　　k——考虑孔道每米长度局部偏差的摩擦系数，按表9-3取用；

　　　x——张拉端到计算截面的距离，m，且符合 $x<l_f$ 的规定；

　　a、E_s 的意义同前。

表 9-3 摩擦系数

项次	孔道成型方式	k	μ
1	预埋金属波纹管	0.0015	0.25
2	预埋钢管	0.0010	0.30
3	橡胶管或钢管抽芯成型	0.0014	0.55

注：1. 表中系数也可根据实测数据确定；

2. 当采用钢丝束的钢质锥形锚具及类似形式锚具时，还应考虑锚环口处的附加摩擦损失，其值可根据实测数据确定。

2. 预应力筋与孔道壁之间（后张法）和在转向装置处的（先张法）摩擦引起的预应力损失 σ_{l2}

后张法构件在张拉预应力筋时，由于施工中预留孔道的偏差、孔道壁表面的粗糙以及不平整等原因，使钢筋与孔道壁之间某些部位接触引起摩擦阻力（当孔道为曲线时摩擦阻力将更大），导致预应力筋的应力从张拉端开始沿孔道逐渐减小，这种应力差额叫做预应力损失 σ_{l2}，计算公式为

$$\sigma_{l2} = \sigma_{\text{con}}\left(1 - \frac{1}{e^{kx+\mu\theta}}\right) \tag{9-4}$$

式中 θ——从张拉端至计算截面曲线孔道部分切线的夹角，°；

x——从张拉端至计算截面的孔道长度，m，可近似地取该段孔道在纵轴上的投影长度；

k，μ 意义同前。

当 $kx+\mu\theta \leqslant 0.2$ 时，σ_{l2} 可近似地按下式计算，即

$$\sigma_{l2} = \sigma_{\text{con}}(kx + \mu\theta) \tag{9-5}$$

通过式（9-5）可知，计算截面到张拉端的孔道长度 x 越大，σ_{l2} 就越大，当一端张拉时，固定端的 σ_{l2} 最大，预应力筋的应力最低，所以构件的抗裂能力也将相应降低。

先张法构件中，预应力筋在转向装置处的摩擦损失 σ_{l2} 根据实际情况确定。

3. 混凝土加热养护时，受张拉的钢筋与承受拉力设备之间的温差引起的预应力损失 σ_{l3}

对于先张法构件，为了使生产周期缩短，提高张拉设备的周转次数，在浇筑混凝土后，用蒸气养护。升温时，混凝土尚未结硬，还未同钢筋粘结成整体，而张拉好的钢筋由于受热膨胀会自由地伸长，由于钢筋的温度比台座温度高得多，并且台座与大地相连基本不受温度影响，故两者间的温差将导致张拉钢筋放松，导致张拉应力降低。而降温时，混凝土已经和钢筋结合成整体，两者可以同时变形，此时，钢筋的应力已不能再恢复到升温前的应力，即产生了预应力损失 σ_{l3}。当预应力筋与承受拉力设备间的温差为 Δt 时，由于钢筋的线膨胀系数是 $a=0.00001/℃$，则钢筋的应变为 $\alpha\Delta t$，预应力损失为

$$\sigma_{l3} = \alpha\Delta t E_{\text{s}} = 0.00001 \times \Delta t \times 2.0 \times 10^5 = 2\Delta t (\text{N/mm}^2) \tag{9-6}$$

4. 钢筋应力松弛引起的预应力损失 σ_{l4}

钢筋在高应力作用下，钢筋应力保持不变，变形具有随时间增长而逐渐增大的性质。如果钢筋长度保持不变，钢筋的应力会随时间的增长而逐渐降低，这种现象称为钢筋的应力松弛。不论先张法还是后张法，钢筋的徐变和应力松弛都将导致预应力损失。一般，张拉开始

时期钢筋基本处于应力松弛阶段，钢筋一经锚固至构件已承受荷载时期，钢筋基本处于徐变阶段。实际上钢筋的徐变和应力松弛很难明确划分，所以在计算中统称为钢筋应力松弛损失。

预应力筋的应力松弛损失与张拉应力、张拉时间以及钢筋品种有关，张拉控制应力越大，钢筋的应力松弛损失越大，σ_{l4} 初期增长快，后期增长较慢，以后将会逐渐收敛。

钢筋的应力松弛损失 σ_{l4} 按式（9-7）～式（9-11）计算。

（1）热处理钢筋。

一次张拉
$$\sigma_{l4} = 0.05\sigma_{con} \tag{9-7}$$

超张拉
$$\sigma_{l4} = 0.035\sigma_{con} \tag{9-8}$$

2）预应力钢丝、钢绞线。

普通松弛
$$\sigma_{l4} = 0.4\psi\left(\frac{\sigma_{con}}{f_{ptk}} - 0.5\right)\sigma_{con} \tag{9-9}$$

一次张拉时，取 $\psi = 1.0$；超张拉时，取 $\psi = 0.9$。

低松弛：

当 $\sigma_{con}/f_{ptk} \leqslant 0.7$ 时，为

$$\sigma_{l4} = 0.125\left(\frac{\sigma_{con}}{f_{ptk}} - 0.5\right)\sigma_{con} \tag{9-10}$$

当 $0.7 < \sigma_{con}/f_{ptk} \leqslant 0.8$ 时，为

$$\sigma_{l4} = 0.20\left(\frac{\sigma_{con}}{f_{ptk}} - 0.575\right)\sigma_{con} \tag{9-11}$$

5. 混凝土收缩、徐变引起的受拉区和受压区预应力筋的应力损失 σ_{l5} 和 σ_{l5}'

常温条件下，混凝土在空气中结硬时，会发生体积收缩，而在预压力的作用下，混凝土还发生沿力的作用方向的徐变。收缩和徐变会使构件缩短，而被张拉的钢筋将随构件一起回缩，导致预应力损失。预应力筋的应力损失 σ_{l5}（σ_{l5}'），依据预应力筋合力点处混凝土的法向应力 σ_{l5}（σ_{l5}'）与预加应力时混凝土的立方体抗压强度 f_{cu}' 比值，分别按先张法与后张法计算。

对于先张法构件，可根据式（9-12）、式（9-13）计算。

受拉区预应力筋
$$\sigma_{l5} = \frac{60 + 340\dfrac{\sigma_{pc}}{f_{cu}'}}{1 + 15\rho} \tag{9-12}$$

受压区预应力筋：
$$\sigma_{l5}' = \frac{60 + 340\dfrac{\sigma_{pc}'}{f_{cu}'}}{1 + 15\rho'} \tag{9-13}$$

对于后张法构件，可通过式（9-14）、式（9-15）计算。

受拉区预应力筋
$$\sigma_{l5} = \frac{55 + 300\dfrac{\sigma_{pc}}{f_{cu}'}}{1 + 15\rho} \tag{9-14}$$

受压区预应力筋
$$\sigma'_{l5} = \frac{55 + 300\dfrac{\sigma'_{pc}}{f'_{cu}}}{1 + 15\rho'} \qquad (9\text{-}15)$$

式中　σ_{pc}、σ'_{pc}——受拉区、受压区预应力筋在各自合力点处混凝土的法向应力，这时仅考虑混凝土预压前（第一批）的损失。σ_{pc}、σ'_{pc} 应小于 $0.5f'_{cu}$，当 σ'_{pc} 为拉应力时，式（9-13）和式（9-15）中的 σ'_{pc} 取为零计算，MPa；

f'_{cu}——施加预应力时的混凝土立方体抗压强度，MPa；

ρ、ρ'——受拉区、受压区预应力筋和非预应力筋的配筋率，对先张法构件，$\rho = (A_p + A_s)/A_0$，$\rho' = (A'_p + A'_s)A_n$，对于后张法构件，$\rho = (A_p + A_s)/A_n$，$\rho' = (A'_p + A'_s)A_n$，对称配置预应力筋和非预应力筋构件，取 $\rho = \rho'$，此时，配筋率按钢筋截面面积的一半进行计算；

A_n——混凝土截面净面积，mm^2；

A_0——截面换算面积，mm^2；

A_c——混凝土截面面积，$A_n = A_c + \alpha E_s A_s$，$A_0 = A_n + \alpha_{E_p} \cdot A_p$，$\alpha_{E_s} = E_s/E_c$，$\alpha_{E_p} = E_p/E_c$，$mm^2$。

当结构处于年平均相对湿度低于 40% 的环境下，σ_{l5} 与 σ'_{l5} 应增加 30%。

在计算 σ_{pc} 时，通常要求 $\sigma_{pc} \leqslant 0.5f'_{cu}$，这时混凝土将发生线性徐变，$\sigma_{l5}$ 按线性比例增加；当 $\sigma_{pc} > 0.5f'_{cu}$，混凝土发生非线性徐变，σ_{l5} 将迅速增加，这对构件使用不利。

6. 螺旋预应力配筋对环形构件混凝土的局部挤压所引起的预应力损失 σ_{l6}

配置螺旋式预应力筋的后张法构件，混凝土受到预应力筋的局部挤压，使混凝土产生局部压陷变形（图 9-10），因而构件的直径相对减小导致预应力筋的预应力损失 σ_{l6}。σ_{l6} 的大小与环形构件的直径 D 成反比，D 越大，σ_{l6} 越小。当 $D \leqslant 3m$ 时，取 $\sigma_{l6} = 30N/mm^2$，当 $D > 3m$ 时，取 $\sigma_{l6} = 0$。

需要特别指出的是，后张法构件在制作过程中，一般对配置的多根预应力筋采用分批张拉，在分批张拉时应考虑后批张拉钢筋所产生的混凝土弹性压缩对前批张拉钢筋的影响。此时应把前批张拉钢筋的张拉应力值 σ_{con} 增加 $\alpha_E \sigma_{pci}$，此处 σ_{pci} 为张拉后批钢筋时在前批张拉钢筋重心处由预加应力产生的混凝土法向应力，$\alpha_E = E_s/E_c$。

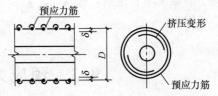

图 9-10　局部挤压的影响

9.2.3　预应力损失的组合

前节所述六项预应力损失并不对每一构件都同时产生，而与施工方法有关。实际上，应力损失是根据不同的张拉方法分两批产生的，对于先张法以放松预应力筋的时点来划分，对于后张法以刚锚固好预应力筋的瞬间来划分，其组合项目见表 9-4。

表 9-4　各阶段预应力损失的组合

项次	预应力损失的组合	先张法构件	后张法构件
1	混凝土预压前（第一批）的损失 σ_{lI}	$\sigma_{l1} + \sigma_{l2} + \sigma_{l3} + \sigma_{l4}$	$\sigma_{l1} + \sigma_{l2}$
2	混凝土预压后（第二批）的损失 σ_{lII}	σ_{l5}	$\sigma_{l4} + \sigma_{l5} + \sigma_{l6}$

考虑到应力损失计算值与实际损失值尚有误差，为了确保预应力构件的抗裂性能，《混凝土结构设计规范》（GB 50010—2010）规定，当计算求得的预应力总损失小于下列数值时，按以下数值采用：先张法构件，100N/mm²；后张法构件，80N/mm²。

9.2.4 减小各项预应力损失的措施

在各项预应力损失中，由混凝土收缩和徐变引起的预应力损失 σ_{l5} 是最大的一项，通常占总损失的 $30\%\sim60\%$。所以，减小 σ_{l5} 对有效地建立预应力是很关键的。减少各种预应力损失的具体措施如下：

1）选择变形小的锚具，尽量少用垫板，先张法构件增加台座长度，以使锚具变形和钢筋回缩损失减小。

2）采用两端张拉，孔道长度减小一半，σ_{l2} 可减小一半。采用超张拉（图 9-11），由于超张拉所建立的预应力筋的应力比较均匀，可以使 σ_{l2} 大大降低，超张拉的张拉程序是：

$$0 \xrightarrow{\quad 1.05\sigma_{con}\quad \overset{持荷\,2min}{\longrightarrow} } \sigma_{con}$$

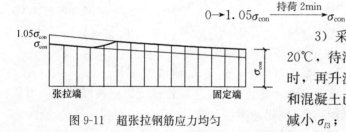

图 9-11 超张拉钢筋应力均匀

3）采用两阶段升温养护，首次升温到 20℃，待混凝土的强度等级达到 C7.5～C10 时，再升温至规定的养护温度。这样，钢筋和混凝土已粘结为一体，可以同时伸长，以减小 σ_{l3}；在钢模上张拉预应力筋，因钢模和混凝土一起加热养护，没有温差，所以不产生预应力损失 σ_{l3}。

4）采用超张拉，以减小应力松弛损失 σ_{l4}。

5）减少水泥用量，降低水胶比；提高混凝土的密实度，加强养护；施加预应力时，混凝土的强度不宜过低，通常 $f_{cu}/f'_{cu} \geqslant 0.75$，保证 $\sigma_{pc} \leqslant 0.5 f'_{cu}$，以减小由收缩和徐变引起的预应力损失。

9.3 预应力混凝土轴心受拉构件

9.3.1 轴心受拉构件各阶段的应力分析

预应力轴心受拉构件从张拉钢筋开始到构件破坏，截面中混凝土和钢筋应力的变化可分为两个阶段：施工阶段与使用阶段。各阶段中又包括若干个受力过程，其中各过程中的预应力钢筋和混凝土分别处于不同的应力状态。这样就需分析和掌握预应力构件从张拉钢筋到加荷破坏各过程中预应力筋及混凝土的应力状态，以及相应阶段的外荷大小。

对于预应力混凝土构件采用 A_p 与 A_s 表示预应力钢筋和非预应力钢筋的截面面积，A_c 为混凝土截面面积；以 σ_p、σ_s 及 σ_{pc} 来表示预应力钢筋、非预应力钢筋及混凝土的应力。以下的推导中规定：σ_p 以受拉为正，σ_s 及 σ_{pc} 以受压为正。

预应力混凝土构件在混凝土开裂或者钢筋屈服以前，若混凝土能与钢筋保持协调变形，则二者的应变变化量相等。钢筋屈服前完全弹性，混凝土开裂前可以看成弹性体，则

$$\frac{\Delta\sigma_c}{E_c} = \frac{\Delta\sigma_s}{E_s}$$

所以任意时段的钢筋应力变化量与混凝土的应力变化量成正比

$$\Delta\sigma_s = \frac{E_s}{E_c}\Delta\sigma_s = \alpha_E\Delta\sigma_c \qquad (9\text{-}16)$$

应用上式可求出任意"变形协调"时段预应力钢筋或非预应力钢筋的应力变化量，关键是根据混凝土应力的变化特点找好"变形协调"的起点。无论是发生了预应力损失还是产生了弹性回缩或者伸长，均能应用上式确定钢筋应力变化量的大小，方便预应力混凝土构件在各阶段的应力分析。

表 9-5 与表 9-6 分别为先张法和后张法预应力混凝土轴心受拉构件各阶段的截面应力分析。

1. 先张法构件

(1) 施工阶段。

① 在台座上张拉截面面积为 A_p 的预应力钢筋到张拉控制应力 σ_{con}，此时钢筋的总拉力为 $\sigma_{con}A_p$，见表 9-5 中的 b 项。若构件中布置有非预应力钢筋 A_s，则该阶段中它不承受任何应力。

② 在混凝土受到预压应力之前，构件完成第一批预应力损失 σ_{lI}，见表 9-5 中的 c 项。张拉钢筋完毕，把预应力钢筋锚固在台座上，因为锚具变形和钢筋回缩产生预应力损失 σ_{l1}，此时预应力钢筋的应力为 $\alpha_{con}-\sigma_{l1}$ 浇筑混凝土、养护构件，直到放松钢筋前，又产生温差损失 σ_{l3} 和部分钢筋松弛损失 σ_{l4}，第一批预应力损失 $\sigma_{lI} = \sigma_{l1}+\sigma_{l2}+\sigma_{l3}+0.5\sigma_{l4}$ 完成，这时预应力钢筋的应力降为 $\sigma_{con}-\sigma_{lI}$，由于混凝土尚未受力，因此混凝土应力 $\sigma_{pc}=0$，非预应力钢筋应力 $\sigma_s=0$。

③ 当混凝土达到 75% 以上的强度设计值之后，放松预应力钢筋，见表 9-5 中的 d 项。借助钢筋与混凝土之间的粘结力，使混凝土由于受压而产生回缩，钢筋亦将随着缩短，此时钢筋回缩对混凝土产生的预压应力若为 σ_{pcI}，通过钢筋与混凝土变形协调可知，此时混凝土、预应力钢筋以及非预应力钢筋的预压应力分别为

$$\sigma_{pc} = \sigma_{pcI}$$
$$\sigma_s = \alpha_{E_s}\sigma_{pcI}$$
$$\sigma_p = \sigma_{con} - \sigma_{lI} - \alpha_E\sigma_{pcI}$$

由截面内力平衡条件可得

$$\alpha_p A_p = \sigma_{pc}A_c + \sigma_s A_s \qquad (9\text{-}17)$$
$$(\sigma_{con} - \sigma_{lI} - \alpha_E\sigma_{pcI})A_p = \sigma_{pcI}A_c + \alpha_{E_s}\sigma_{pcI}A_s$$

整理后可得

$$\sigma_{pcI} = \frac{(\sigma_{con} - \sigma_{lI})A_p}{A_c + \alpha_{E_s}A_s + \alpha_E A_p} = \frac{N_{pI}}{A_0} \qquad (9\text{-}18)$$

式中 A_c——扣除预应力钢筋和非预应力钢筋截面面积后的混凝土截面面积；

$\quad\quad A_0$——构件换算截面面积，$A_0 = A_c + \alpha_{E_s}A_s + \alpha_E A_p$；

$\quad\quad N_{pI}$——完成第一批损失后，预应力钢筋的总预拉力，$N_{pI} = (\sigma_{con} - \sigma_{l1})A_p$。

表 9-5　先张法预应力混凝土轴心受拉构件各阶段的应力分析

	受力阶段	简图	预应力钢筋应力 σ_p	混凝土应力 σ_{pc}	非预应力钢筋应力 σ_s
施工阶段	a. 在台座上穿钢筋		0	—	—
	b. 张拉预应力钢筋		σ_{con}	—	—
	c. 完成第一批损失		$\sigma_{con}-\sigma_{lI}$	0	0
	d. 放松钢筋		$\sigma_{pI}=\sigma_{con}-\sigma_{lI}-\alpha_E\sigma_{pcI}$	$\sigma_{pcI}=\dfrac{(\sigma_{con}-\sigma_{lI})A_p}{A_0}$（压）	$\sigma_{sI}=\alpha_E\sigma_{pcI}$（压）
	e. 完成第二批损失		$\sigma_{pII}=\sigma_{con}-\sigma_{lII}-\alpha_E\sigma_{pcII}$	$\sigma_{pcII}=\dfrac{(\sigma_{con}-\sigma_l)A_p-\sigma_{l5}A_s}{A_0}$（压）	$\alpha_E\sigma_{pcII}+\sigma_{l5}$（压）
使用阶段	f. 加载至 $\sigma_{pc}=0$		$\sigma_{p0}=\sigma_{con}-\sigma_l$	0	σ_{l5}（压）
	g. 加载至裂缝即将出现		$\sigma_{pcr}=\sigma_{con}-\sigma_l-\alpha_E f_{tk}$	f_{tk}（拉）	$\alpha_E f_{tk}-\sigma_{l5}$（拉）
	h. 加载至破坏		f_{py}	0	f_y（拉）

表 9-6 后张法预应力混凝土轴心受拉构件各阶段的应力分析

受力阶段	简图	预应力钢筋应力 σ_p	混凝土应力 σ_{pc}	非预应力钢筋应力 σ_s
施工阶段 a. 穿钢筋		0	0	0
b. 张拉钢筋		$\sigma_{pI} = \sigma_{con} - \sigma_{l2}$	$\sigma'_{pc} = \dfrac{(\sigma_{con} - \sigma_{l2})A_p}{A_n}$ （压）	$\sigma_s = \alpha_{E_s}\sigma_{pc}$ （压）
c. 完成第一批损失		$\sigma_{pI} = \sigma_{con} - \sigma_{lI}$	$\sigma_{pcI} = \dfrac{(\sigma_{con} - \sigma_{lI})A_p}{A_n}$ （压）	$\sigma_{sI} = \alpha_{E_s}\sigma_{pcI}$
d. 完成第二批损失		$\sigma_{pII} = \sigma_{con} - \sigma_{l}$	$\sigma_{pcII} = \dfrac{(\sigma_{con} - \sigma_{lI})A_p - \sigma_{ls}A_s}{A_n}$ （压）	$\alpha_{E_s}\sigma_{pcII} + \sigma_{l5}$
e. 加载至 $\alpha_{pc} = 0$		$\sigma_{p0} = \sigma_{con} - \sigma_{l}$	0	σ_{l5} （压）
使用阶段 f. 加载至裂缝即将出现		$\sigma_{pcr} = \sigma_{con} - \sigma_{l} - \alpha_E\sigma_{pcII} - \alpha_E f_{tk}$	f_{tk} （拉）	$\alpha_E f_{tk} - \sigma_{l5}$ （拉）
g. 加载至破坏		f_{py}	0	f_y

公式（9-18）可理解为放松预应力钢筋时，预应力钢筋总拉力 N_{pI} 作用在整个构件的换算截面 A_0 上，由此所产生的预压应力为 σ_{pcI}。

④ 随着钢筋应力松弛损失 σ_{l4} 的完成以及混凝土收缩、徐变预应力损失 σ_{l5} 产生之后，见表 9-5 中的 e 项，第二批预应力损失 $\sigma_{lII}=0.5\sigma_{l4}+\sigma_{l5}$ 完成。此时，预应力钢筋的总预应力损失为 $\sigma_l=\sigma_{lI}+\sigma_{lII}$，混凝土的压应力由 σ_{pcI} 降为 σ_{pcII}，此时混凝土、预应力钢筋以及非预应力钢筋的预压应力分别为

$$\sigma_{pc}=\sigma_{pcII}$$
$$\sigma_p=\sigma_{con}-\sigma_{l1}-\alpha_E\sigma_{pcII}$$
$$\sigma_s=\alpha_{E_s}\sigma_{pcII}+\sigma_{l5}$$

通过截面平衡条件有

$$(\sigma_{con}-\sigma_l-\alpha_E\sigma_{pc})A_p-(\alpha_E\sigma_{pc}+\sigma_{l5})A_s=\sigma_{pc}A_c$$

则此时混凝土的有效预应力为

$$\sigma_{pcII}=\frac{(\sigma_{con}-\sigma_l)A_p-\sigma_{l5}A_s}{A_c+\alpha_{E_s}A_s+\alpha_E A_p}=\frac{(\sigma_{con}-\sigma_l)A_p-\sigma_{l5}A_s}{A_0}=\frac{N_{pII}}{A_0} \tag{9-19}$$

式中　σ_{pcII}——完成全部损失后混凝土最终建立起来的预压应力，称为混凝土有效预应力；

　　　N_{pII}——完成第二批损失后预应力钢筋的总预拉力，$N_{pII}=(\sigma_{con}-\sigma_l)A_p-\sigma_{l5}A_s$。

（2）使用阶段。

① 消压状态。在使用阶段，构件承受外荷载之后，混凝土的有效预应力逐渐减少，钢筋拉应力相应增大，当达到某一阶段时，由轴向拉力产生的混凝土拉应力恰好全部将混凝土的有效预压应力 σ_{pcII} 抵消掉，使截面处于消压状态，即 $\sigma_{pc}=0$，此时对应的外加荷载叫做"消压轴力" N_0。此时预应力钢筋应力增加，非预应力筋的应力减小为

$$\sigma_{pc}=0$$
$$\sigma_p=\sigma_{p0}=\sigma_{con}-\sigma_l$$
$$\sigma_s=\sigma_{l5}$$

由截面平衡条件可得消压轴力是

$$N_0=(\sigma_{con}-\sigma_l)A_p-\sigma_{l5}A_s \tag{9-20}$$

比较式（9-19）和式（9-20），则消压轴力可表达为

$$N_0=\sigma_{pcII}A_0 \tag{9-21}$$

② 即将开裂状态。当轴向拉力超过消压轴力 N_0 之后，混凝土开始受拉，随着荷载的增加，其拉应力亦不断增加。当外荷载增加 N_{cr} 时，也就是混凝土的拉应力达到混凝土轴心抗拉强度标准值 f_{tk} 时，混凝土即将开裂，此时

$$\sigma_{pc}=-f_{tk}$$
$$\sigma_p=\sigma_{con}-\sigma_l+\alpha_E f_{tk}$$
$$\sigma=\sigma_{l5}-\alpha_{E_s}f_{tk}$$

构件的开裂荷载 N_{cr} 也可以通过截面平衡条件求得，即

$$\begin{aligned}N_{cr}&=(\sigma_{con}-\sigma_l+\alpha_E f_{tk})A_p-(\sigma_{l5}-\alpha_{E_s}f_{tk})A_s-(-f_{tk})A_c\\&=(\sigma_{con}-\sigma_l)A_p-\sigma_{l5}A_s+A_0 f_{tk}\end{aligned} \tag{9-22}$$

将式（9-19）代入式（9-22）有

$$N_{cr}=(\sigma_{pcII}+f_{tk})A_0 \tag{9-23}$$

式 (9-23) 表明，因为有效预压应力的作用 (σ_{pcII} 比 f_{tk} 大得多)，使得预应力混凝土轴心受拉构件要比普通混凝土构件的开裂荷载大了许多，这即为预应力混凝土构件抗裂性能好的原因。

③ 构件破坏状态。当轴向拉力大于 N_{cr} 时，混凝土开裂，裂缝截面的混凝土退出工作，截面上拉力全部由预应力钢筋和非预应力钢筋承担，当预应力钢筋与非预应力钢筋分别达到其抗拉设计强度 f_{py} 与 f_y 时，构件破坏，此时的外荷载为 N_u，则

$$N_u = f_{py} A_p + f_y A_s \tag{9-24}$$

式 (9-24) 表明，对于相同截面、材料以及配筋的预应力构件，其和非预应力构件两者的极限承载能力相同，也就是说，预应力混凝土并不能提高构件的极限承载能力，但能确保高强钢筋充分发挥作用。

2. 后张法构件

后张法构件的应力状态与先张法构件有许多共同点，但因为张拉工艺不同，又具有自己的特点。

(1) 施工阶段。

① 浇筑混凝土后，养护直到钢筋张拉前，可认为截面中不产生任何应力，见表 9-6 中的 a 项。

② 张拉钢筋，见表 9-6 中 b 项。张拉钢筋的同时，千斤顶的反作用力借助传力架传给混凝土，使混凝土受到弹性压缩，并且在张拉过程中产生摩擦损失 σ_{l2}。把预应力钢筋张拉至 σ_{con} 时，设混凝土的应力为 σ_{cc}，则此时任意截面处有

$$\sigma_{pc} = \sigma_{cc}$$
$$\sigma_p = \sigma_{con} - \sigma_{l2}$$
$$\sigma_s = \alpha_{E_s} \sigma_{cc}$$

由截面内力平衡条件可得

$$(\sigma_{con} - \sigma_{l2}) A_p = \alpha_{E_s} \sigma_{cc} A_s + \sigma_{cc} A_c$$

整理后得

$$\frac{(\sigma_{con} - \sigma_{l2}) A_p}{A_c + \alpha_{E_s} A_s} = \frac{(\sigma_{con} - \sigma_{l2}) A_p}{A_n} \tag{9-25}$$

式中 σ_{cc}——混凝土预压应力；

A_n——构件扣除孔洞以后的换算截面面积，$A_n = A_c + \alpha_{E_s} A_s$。

在式 (9-25) 中，当 $\sigma_{l2} = 0$ (张拉端) 时，σ_{cc} 达到最大值，即

$$\sigma_{cc} = \frac{\sigma_{con} A_p}{A_n} \tag{9-26}$$

③ 混凝土受到预压应力前完成第一批损失，见表 9-6 中 c 项。预应力钢筋张拉完毕，用锚具在构件上锚固钢筋，锚具变形和钢筋回缩导致的应力损失为 σ_{l1}，此时第一批预应力损失 $\sigma_{lI} = \sigma_{l1} + \sigma_{l2}$ 完成，设此时混凝土上的压应力是 σ_{pcI}，则

$$\sigma_{pc} = \sigma_{pcI}$$
$$\sigma_p = \sigma_{con} - \sigma_{lI}$$
$$\sigma_s = \alpha_{E_s} \sigma_{pcI}$$

由平衡方程得

$$(\sigma_{con} - \sigma_{lI}) A_p = \sigma_{pcI} A_c + \alpha_{E_s} \sigma_{pcI} A_s$$

则

$$\sigma_{pcI} = \frac{(\sigma_{con} - \sigma_{lI})A_p}{A_c + \alpha_{E_s}A_s} = \frac{N_{pI}}{A_n} \Bigg) \tag{9-27}$$

④ 混凝土受到预压应力后，完成第二批损失，见表 9-6 中 d 项。随着时间的增长，将发生由于预应力钢筋松弛、混凝土的收缩以及徐变而引起的应力损失 σ_{l4}、σ_{l5}，第二批预应力损失完成，设此时混凝土上的压应力是 σ_{pcII}，则

$$\sigma_{pc} = \sigma_{pcII}$$
$$\sigma_p = \sigma_{con} - \sigma_l$$
$$\sigma_s = \alpha_{E_s}\sigma_{pcII} + \sigma_{l5}$$

由平衡方程得

$$(\sigma_{con} - \sigma_l)A_p = \sigma_{pcII}A_c + (\alpha_{E_s}\sigma_{pcII} + \sigma_{l5})A_s$$

则

$$\sigma_{pcII} = \frac{(\sigma_{con} - \sigma_l)A_p - \sigma_{l5}}{A_c + \alpha_{E_s}A_s} = \frac{(\sigma_{con} - \sigma_l)A_p - \sigma_{l5}}{A_n} = \frac{N_{pII}}{A_n} \tag{9-28}$$

σ_{pcII} 就是后张法构件最终建立起来的混凝土有效预压应力。

（2）使用阶段。

① 消压状态。加荷到消压轴力 N_0，此时，混凝土应力为零，见表 9-6 中 e 项。此时

$$\sigma_{pc} = 0$$
$$\sigma_p = \sigma_{p0} = \sigma_{con} - \sigma_l + \alpha_E\sigma_{pcII}$$
$$\sigma_s = \sigma_{l5}$$

通过截面平衡条件可得消压轴力，即

$$N_0 = (\sigma_{con} - \sigma_l + \alpha_E\sigma_{pcII})A_p - \sigma_{l5}A_s = (\sigma_{con} - \sigma_l)A_p - \sigma_{l5}A_s + \alpha_E\sigma_{pcII}A_p \tag{9-29}$$

将式（9-28）代入式（9-29），有

$$N_0 = \sigma_{pcII}A_n + \alpha_E\sigma_{pcII} + \alpha_E\sigma_{pcII}A_p = \sigma_{pcII}A_0 \tag{9-30}$$

② 即将开裂状态。当外荷载增加到 N_{cr} 时，混凝土的拉应力达到 f_{tk} 裂缝就将出现，见表 9-6 中 f 项。此时

$$\sigma_{pc} = -f_{tk}$$
$$\sigma_p = \sigma_{con} - \sigma_l + \alpha_E(\sigma_{pcII} + f_{tk})$$
$$\sigma = \sigma_{l5} - \alpha_{E_s}f_{tk}$$

通过截面平衡条件可得开裂轴力，即

$$N_{cr} = (\sigma_{con} - \sigma_l + \alpha_E\sigma_{pcII} + \alpha_E f_{tk})A_p - (\sigma_{l5} - \alpha_{E_s}f_{tk})A_s - (-f_{tk})A_c$$
$$= (\sigma_{con} - \sigma_l)A_p - \sigma_{l5}A_s + \alpha_E A_p\sigma_{pcII} + A_0 f_{tk}$$

参考式（9-28），开裂轴力 N_{cr}，通过混凝土有效压应力表示为

$$N_{cr} = (\sigma_{pcII} + f_{tk})A_0 = N_0 + f_{tk}A_0 \tag{9-31}$$

③ 构件破坏状态。见表 9-6 中 g 项，与先张法相同，开裂截面处钢筋承担全部荷载，所以，构件的荷载承载力

$$N_u = f_{py}A_p + f_yA_s \tag{9-32}$$

3. 先张法构件与后张法构件计算公式比较

（1）钢筋应力。先张法构件与后张法构件的非预应力钢筋各阶段计算公式的形式都相

同，这是因为两种方法中非预应力钢筋与混凝土协调变形的起点均是混凝土应力为零处。预应力钢筋应力公式中后张法比先张法的相应时刻应力多一项 $\alpha_E \sigma_{pc}$，这是由于后张法构件在张拉预应力钢筋的过程中，混凝土也同时受压。所以，在这两种施工工艺中，预应力钢筋和混凝土协调变形的起点不同。

（2）混凝土应力。在施工阶段，两种张拉方法的 σ_{pcI} 和 σ_{pcII}，计算公式形式相似，差别在于先张法公式中用构件的换算截面面积 A_0，而后张法通过构件的换算净截面面积 A_n。由于 $A_0 > A_n$，如果两者的张拉控制应力 σ_{con} 相同，则后张法预应力构件中混凝土有效预压应力要大于先张法构件；反之，若要求两种工艺生产的预应力构件具有相同的有效预压应力，则先张法构件的张拉控制应力 σ_{con} 应比后张法预应力构件大。

（3）轴向拉力。在使用阶段，先张法与后张法预应力混凝土构件的特征荷载 N_0、N_{cr} 以及 N_u 计算公式的表达形式完全相同，都采用构件的换算截面面积 A_0。通过开裂轴力 $N_{cr} = N_0 + f_{tk} A_0$ 可知，预应力构件的开裂荷载远比普通混凝土构件大。由构件极限荷载 $N_u = f_{py} A_p + f_y A_s$ 可知，预应力混凝土构件并不能提高构件的极限承载能力，但可以确保高强度钢筋能充分发挥作用。

9.3.2 预应力混凝土轴心受拉构件的设计

预应力混凝土轴心受拉构件计算包括使用阶段的承载力计算和裂缝控制验算、施工阶段的承载力计算以及后张法构件局部承压承载力验算等内容。

1. 使用阶段正截面承载力计算

构件破坏时，全部荷载由预应力钢筋与非预应力钢筋承担，破坏时的计算简图如图 9-12（a）所示，其正截面受拉承载力通过下式计算：

$$N \leqslant N_u = f_{py} A_p + f_y A_s \tag{9-33}$$

式中 N——轴向拉力设计值；

f_{py}，f_y——预应力钢筋、非预应力钢筋的抗拉强度设计值。

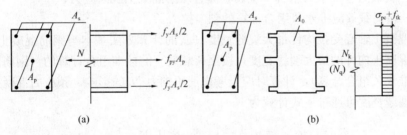

图 9-12 预应力轴心受拉构件使用阶段承载力计算

（a）预应力轴心受拉构件的承载力计算；（b）预应力轴心受拉构件的抗裂度验算

应用上式进行截面设计时，通常先按构造要求或经验定出非预应力钢筋的数量，然后按公式计算 A_p。

2. 使用阶段裂缝控制验算

《混凝土结构设计规范》（GB 50010—2010）按环境类别将结构构件正截面的受力裂缝控制等级分为三级。其中，一级是严格要求不出现裂缝的构件；二级是一般要求不出现裂缝的构件；三级是允许出现裂缝的构件。前两种构件要求进行抗裂验算。

预应力混凝土轴心受拉构件，应按照所处环境类别和结构类型选用相应的裂缝控制等级，并按以下规定进行混凝土拉应力或正截面裂缝宽度验算。因为属正常使用极限的验算，应采用荷载效应的标准组合或准永久组合，并且材料强度采用标准值。

（1）一级。严格要求不出现受力裂缝的构件。在荷载效应的标准组合下，构件受拉边缘混凝土不应产生拉应力，即

$$\sigma_{ck} - \sigma_{pc} \leqslant 0 \tag{9-34}$$

其中

$$\sigma_{ck} = \frac{N_k}{A_0} \tag{9-35}$$

式中　σ_{ck}——荷载效应标准组合下抗裂验算边缘的混凝土法向应力；

　　　σ_{pc}——扣除全部预应力损失后，在抗裂验算边缘混凝土的预压应力；

　　　N_k——按荷载效应标准组合计算的轴向拉力。

（2）二级。一般要求不出现受力裂缝的构件。在荷载效应的标准组合下，构件受拉边缘混凝土拉应力不应当大于混凝土抗拉强度的标准值，即

$$\sigma_{ck} - \sigma_{pc} \leqslant f_{tk} \tag{9-36}$$

（3）三级。允许出现受力裂缝的构件。预应力混凝土构件的最大裂缝宽度按照荷载效应的标准组合，并考虑长期作用效应影响计算的最大裂缝宽度不应大于规定的最大裂缝宽度限值，即

$$w_{max} \leqslant w_{lim} \tag{9-37}$$

对环境类别是二 a 类的预应力混凝土构件，在荷载效应的准永久组合下，构件受拉边缘混凝土拉应力尚应符合以下条件

$$\sigma_{cq} - \sigma_{pc} \leqslant f_{tk} \tag{9-38}$$

其中

$$\sigma_{cq} = \frac{N_q}{A_0} \tag{9-39}$$

式中　σ_{cq}——荷载效应准永久组合下抗裂验算边缘的混凝土法向应力；

　　　N_q——按荷载效应准永久组合计算的轴向拉力。

预应力混凝土轴心受拉构件最大裂缝宽度 w_{max} 的计算方法基本与钢筋混凝土构件相同，只是预应力混凝土构件的最大裂缝宽度是按照荷载效应的标准组合计算的（钢筋混凝土构件按荷载效应准永久组合计算），计算时应当考虑消压轴力 N_0 的影响。预应力混凝土轴心受拉构件的最大裂缝宽度可通过下式计算为

$$w_{max} = \alpha_{cr} \psi \frac{\sigma_{sk}}{E_s} \left(1.9 c_s + 0.08 \frac{d_{eq}}{\rho_{te}} \right) \tag{9-40}$$

其中

$$\sigma_{sk} = \frac{N_k - N_{p0}}{A_p + A_s} \tag{9-41}$$

$$\rho_{te} = \frac{A_s + A_p}{A_{te}} \tag{9-42}$$

式中　α_{cr}——构件受力特征系数，对预应力混凝土轴心受拉构件，取 2.2；

　　　N_k——按荷载效应标准组合计算的轴向拉力；

　　　N_{p0}——计算截面上预应力钢筋合力点处混凝土法向预应力等于零时预应力钢筋及非预应力钢筋的合力为

$$N_{p0} = \sigma_{p0} A_p - \sigma_{l5} A_s \qquad (9\text{-}43)$$

先张法

$$\sigma_{p0} = \sigma_{con} - \sigma_l$$

后张法

$$\sigma_{p0} = \sigma_{con} - \sigma_l + \alpha_E \sigma_{pcII}$$

其余符号含义及计算方法与普通钢筋混凝土构件相同。

3. 施工阶段的验算

当放张预应力钢筋（先张法）或者张拉预应力钢筋完毕（后张法）时，混凝土将受到最大的预压应力 σ_{cc}，而这时混凝土强度一般仅达到设计强度的 75%，构件强度是否足够，应予以验算。这包括两方面：

（1）施工阶段承载力验算。混凝土预压应力应满足以下条件

$$\sigma_{cc} \leqslant 0.8 f'_{tk} \qquad (9\text{-}44)$$

式中　σ_{cc}——放松或张拉预应力钢筋时混凝土承受的预压应力。对先张法按第一批损失出现后计算，即 $\sigma_{cc} = (\sigma_{con} - \sigma_{lI}) A_p / A_0$；对后张法按未加锚具前的张拉端计算，即不考虑锚具和摩擦损失，$\sigma_{cc} = \sigma_{con} A_p / A_n$；

　　f'_{tk}——放松或张拉预应力钢筋时，混凝土立方体抗压强度 f'_{cu} 相应的轴心抗压强度标准值，按《混凝土结构设计规范》（GB 50010—2010）以线性内插法确定。

（2）构件端部锚固区局部受压承载力验算。后张法混凝土的预压应力是借助锚头对端部混凝土的局部压力来维持的。因为张拉端钢筋比较集中，预留孔道对混凝土截面削弱甚多，锚头下垫板又不能很大，导致张拉时锚头下混凝土出现很大的局部压力，且需通过一定的距离才能比较均匀地扩散至整个截面上。根据理论分析及试验资料得知，锚固区的混凝土处于三向受力状态，近垫板处 σ_y 是压应力，距离端部较远处为拉应力，如图 9-13 所示。当横向拉应力大于混凝土抗拉强度时，构件端部将发生纵向裂缝，导致局部受压承载力不足而破坏。所以，需要进行锚具下混凝土的截面尺寸和承载能力的验算。

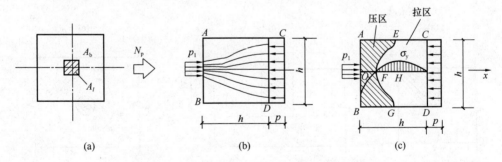

图 9-13　构件端部混凝土局部受压时的内力分布

① 局部受压区的截面尺寸验算。锚固区的抗裂性能主要取决于垫板及构件的端部尺寸。《混凝土结构设计规范》（GB 50010—2010）规定，局部受压区的截面尺寸应符合以下要求，即

$$F_l \leqslant 1.35 \beta_c \beta_l f_c A_{ln} \qquad (9\text{-}45)$$

$$\beta_l = \sqrt{\frac{A_b}{A_l}} \qquad (9\text{-}46)$$

式中　F_l——局部受压面上作用的局部荷载或局部压力设计值，对有粘结预应力混凝土构

件，取 1.2 倍张拉控制力；

β_c——混凝土强度影响系数，当混凝土强度等级不大于 C50 时，取 $\beta_c=1.0$，当混凝土强度等级为 C80 时，取 $\beta_l=0.8$，其间按线性内插法确定；

β_l——混凝土局部受压时的强度提高系数；

f_c——混凝土轴心抗压强度设计值，在后张法预应力混凝土构件的张拉阶段验算中，应根据相应阶段的混凝土立方体抗压强度 f'_{cu} 按《混凝土结构设计规范》（GB 50010—2010）以线性内插法确定；

A_l——混凝土局部受压面积；

A_{ln}——混凝土局部受压净面积，对后张法构件，应在混凝土局部受压面积中扣除孔道、凹槽部分的面积；

A_b——局部受压的计算底面积，可按局部受压面积与计算底面按同心、对称的原则确定。对常用情况，可按图 9-13 取用。

② 局部受压承载力计算。为确保端部局部承压承载能力，可配置方格网式或螺旋式间接钢筋，如图 9-14 所示，当配置方格网式或螺旋式间接钢筋，并且其核心面积 $A_{cor} \geqslant A_l$ 时，局部受压承载力应通过下式计算

$$F_l \leqslant 0.9(\beta_c\beta_l f_c + 2\alpha\rho_v\beta_{cor}f_{yv})A_{ln} \tag{9-47}$$

若为方格网式配筋，如图 9-15（a）所示，其体积配筋率

$$\rho_v = \frac{n_1 A_{s1} l_1 + n_2 A_{s2} l_2}{A_{cor} s} \tag{9-48}$$

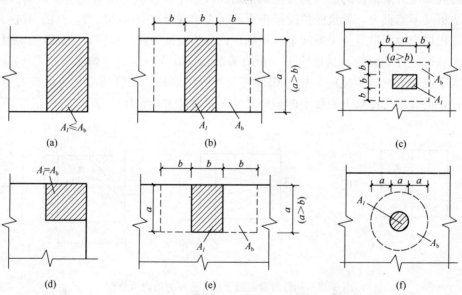

图 9-14 局部受压的计算底面积

此时，钢筋网两个方向上单位长度内钢筋截面面积的比值不宜大于 1.5。

若为螺旋式配筋，如图 9-15（b）所示，其体积配筋率

$$\rho_v = \frac{4 A_{ss1}}{d_{cor} s} \tag{9-49}$$

式中 β_{cor}——配置间接钢筋的局部受压承载力提高系数，按式（9-46）计算，但公式中 A_b 以 A_{cor} 代替，当 $A_{cor} > A_b$ 时，取 $A_{cor} = A_b$；

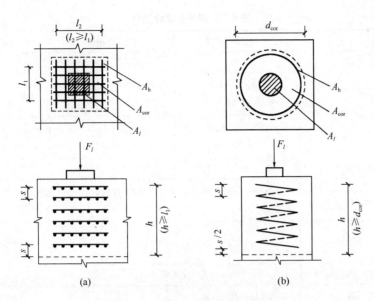

图 9-15　局部受压区的间接钢筋

（a）方格网式配筋；（b）螺旋式配筋

α——间接钢筋对混凝土约束的折减系数，当混凝土强度等级不大于 C50 时，取 $\alpha=$ 1.0，当混凝土强度等级为 C80 时，取 $\alpha=0.85$，其间按线性内插法确定；

f_{yv}——间接钢筋的抗拉强度设计值；

A_{cor}——方格网式或螺旋式间接钢筋内表面范围内的混凝土核心面积，其重心应与 A_l 的重心重合，计算中仍按同心、对称的原则取值；

ρ_v——间接钢筋的体积配筋率；

n_1、A_{s1}——方格网沿 l_1 方向的钢筋根数、单根钢筋的截面面积；

n_2、A_{s2}——方格网沿 l_2 方向的钢筋根数、单根钢筋的截面面积；

s——方格网式或螺旋式间接钢筋的间距，宜取 30~80mm；

A_{ss1}——螺旋式单根间接钢筋的截面面积；

d_{cor}——螺旋式间接钢筋内表面范围内的混凝土截面直径。

间接钢筋应配置在图 9-15 所规定的高度 h 范围内，对于方格网式钢筋，不应少于 4 片；对螺旋式钢筋，不应少于 4 圈。

【例 9-1】 某 18m 跨度的预应力混凝土拱形屋架下弦杆，如图 9-16 所示，采用后张法张拉，设计条件如表 9-7 所示。试对下弦杆进行使用阶段承载力计算、抗裂验算，施工阶段承载力验算及端部受压承载力计算。

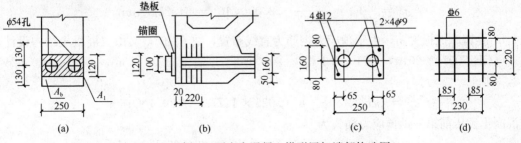

图 9-16　例 9-1 预应力混凝土拱形屋架端部构造图

表 9-7 例 9-1 设计条件

材料	混凝土	预应力钢筋	非预应力钢筋
品种和强度等级	C40	消除应力钢丝	HRB400
截面/mm²	250×160 孔道 2 Φ 54		4 Φ 12（A_s=452mm²）
材料强度/（N/mm²）	f_c=19.1　f_{ck}=26.8 f_{tk}=2.39	f_{ptk}=1570 f_{py}=1110	f_y=360
弹性模量/（N/mm²）	E_c=3.25×10⁴	E_p=2.05×10⁵	E_s=2.0×10⁵
张拉工艺	后张法，一端超张拉，采用 JM-12 锚具，孔道为充压橡皮管抽芯成型，一次张拉		
张拉控制应力/（N/mm²）	σ_{con}=0.75f_{ptk}=0.75×1570=1177.5		
张拉时混凝土强度/（N/mm²）	f'_{cu}=f_{cu}=40，f'_{ck}=26.8		
下弦杆拉力/kN	N=643，N_k=490		
裂缝控制等级	二级		
环境类别	二 b		
张拉端至锚固端之间的距离	l=20000mm		

解：（1）使用阶段正截面承载力计算。由式（9-33）得

$$A_p \geqslant \frac{N - f_y A_s}{f_{py}} = \frac{643 \times 10^3 - 360 \times 452}{1110} = 432.7 \text{mm}^2$$

选用预应力钢筋 2×4 Φᴾ9（光面消除应力钢丝，A_p=509mm²）。

（2）使用阶段裂缝控制计算。

① 截面几何特征。

$$A_n = A_c + \alpha_{E_s} A_s = 250 \times 160 - 2 \times \frac{3.14}{4} \times 54^2 - 452 + \frac{2.0 \times 10^5}{3.25 \times 10^4} \times 452 = 37750 \text{mm}^2$$

$$A_0 = A_n + \alpha_E A_p = 37750 + 2 \times \frac{2.0 \times 10^5}{3.25 \times 10^4} \times 509 = 40960 \text{mm}^2$$

② 张拉控制应力 σ_{con}。

$$\sigma_{con} = 0.75 f_{ptk} = 0.75 \times 1570 = 1177.5 \text{N/mm}^2$$

③ 预应力损失

a. 锚具变形及钢筋回缩损失 σ_{l1}。由于采用 JM-12 锚具，查《混凝土结构设计规范》（GB 50010—2010）表 10.2.2 得 a=5mm，有

$$\sigma_{l1} = \frac{a}{l} E_s = \frac{5}{20000} \times 2.05 \times 10^5 = 51.25 \text{N/mm}^2$$

b. 孔道摩擦损失 σ_l。由于预应力钢筋为直线布置，故 θ=0°，又由《混凝土结构设计规范》（GB 50010—2010）表 10.2.4 得 κ=0.0014，一端张拉 a=18m，$\kappa x + \mu\theta$=0.025<0.3，则

$$\sigma_{l2} = (\kappa x + \mu\theta)\sigma_{con} = 0.025 \times 1177.5 = 29.4 \text{N/mm}^2$$

则混凝土预压前第一批预应力损失为

$$\sigma_{l\text{I}} = \sigma_{l1} + \sigma_{l2} = 51.25 + 29.4 = 80.65 \text{N/mm}^2$$

代入式（9-27）得

$$\sigma_{pcI} = \frac{(\sigma_{con} - \sigma_{lI})A_p}{A_n} = \frac{(1177.5 - 80.65) \times 509}{37750}$$

$$= 14.79 \text{N/mm}^2 < 0.5 f'_{cu}$$

$$= 0.5 \times 10 = 20 \text{N/mm}^2$$

c. 预应力钢筋的松弛损失 σ_{l4}。因选用普通松弛的消除应力钢丝，则得

$$\sigma_{l4} = 0.4 \left(\frac{\sigma_{con}}{f_{ptk}} - 0.5 \right) \sigma_{con} = 0.4 \times (0.75 - 0.5) \times 1177.5 = 117.75 \text{N/mm}^2$$

d. 混凝土的收缩、徐变损失 σ_{l5}。由于对称配置预应力钢筋及非预应力钢筋，钢筋面积应减半计算，则

$$\rho = \frac{A_p + A_s}{A_n} = 0.5 \times \frac{509 + 452}{37750} = 1.27\%$$

因 $\sigma_{pc} = \sigma_{pcI} = 14.79 \text{N/mm}^2$，张拉时 $f'_{cu} = f_{cu} = 40 \text{N/mm}^2$，则得

$$\sigma_{l5} = \frac{55 + 300 \frac{\sigma_{pc}}{f'_{cu}}}{1 + 15\rho} = \frac{55 + 300 \times \frac{14.79}{40}}{1 + 15 \times 0.0127} = 139.37 \text{N/mm}^2$$

则第二批预应力损失为

$$\sigma_{lII} = \sigma_{l4} + \sigma_{l5} = 117.75 + 139.37 = 257.13 \text{N/mm}^2$$

总预应力损失为

$$\sigma_l = \sigma_{lI} + \sigma_{lII} = 80.65 + 257.13 = 337.78 \text{N/mm}^2 > 80 \text{N/mm}^2$$

④ 裂缝控制验算。由式（9-28）得

$$\sigma_{pc} = \sigma_{pcII} = \frac{(\sigma_{con} - \sigma_l)A_p - \sigma_{l5}A_s}{A_n}$$

$$= \frac{(1177.5 - 337.78) \times 509 - 139.37 \times 452}{37750}$$

$$= 9.65 \text{N/mm}^2$$

该下弦杆的环境类别为二 b，裂缝控制等级为二级，要求在荷载效应标准组合下，受拉边缘应力不应大于混凝土抗拉强度的标准值，则

$$\sigma_{ck} = \frac{N_k}{A_0} = \frac{490 \times 10^3}{40960} = 11.96 \text{N/mm}^2$$

$$\sigma_{ck} - \sigma_{pc} = 11.96 - 9.65 = 2.31 \text{N/mm}^2 < f_{tk} = 2.39 \text{N/mm}^2$$

满足要求。

（3）施工阶段承载力验算。由于采用一次张拉工艺，则由式（9-26）得

$$\sigma_{cc} = \frac{\sigma_{con}A_p}{A_n} = \frac{1177.5 \times 509}{37750} = 15.88 \text{N/mm}^2 < 0.8 f'_{ck} = 0.8 \times 26.8 = 21.44 \text{N/mm}^2$$

满足要求。

（4）张拉时锚具下局部受压承载力验算。

① 端部承压区截面尺寸验算。

$$A_l = 120 \times 250 = 30000 \text{mm}^2 （钢垫板尺寸）$$

$$A_{ln} = 120 \times 250 - 2 \times \frac{\pi}{4} \times 54^2 = 25422 \text{mm}^2$$

$$A_b = 250 \times 260 = 65000 \text{mm}^2$$

代入式（9-46）得

$$\beta_l = \sqrt{\frac{A_b}{A_l}} = \sqrt{\frac{65000}{30000}} = 1.472$$

$$F_l = 1.2\sigma_{con}A_p = 1.2 \times 1177.5 \times 509 = 719217N$$

当混凝土强度等级为 C40 时，取 $\beta_c = 1.0$。由式（9-45）得

1. $35\beta_c\beta_l f_c A_{ln} = 1.35 \times 1.0 \times 1.472 \times 19.1 \times 25422 = 964905N > F_l = 719217N$

截面尺寸满足要求。

② 局部受压承载力计算。如图 9-16（d）所示，钢筋网片为 HRB400 级钢筋，直径为 6mm，取 $n_1 = n_2 = 4$，$l_1 = 220mm$，$l_2 = 230mm$，间距 $s = 50mm$，$f_y = 360N/mm^2$。

$$A_{cor} = 220 \times 230 = 50600mm^2 < A_b = 65000mm^2$$

$$\beta_{cor} = \sqrt{\frac{A_{cor}}{A_l}} = \sqrt{\frac{50600}{30000}} = 1.30$$

代入式（9-48）得

$$\rho_v = \frac{n_1 A_{s1} l_1 + n_2 A_{s2} l_2}{A_{cor}s} = \frac{4 \times 28.3 \times 220 + 4 \times 28.3 \times 230}{50600 \times 50} = 0.02$$

由式（9-47）得

$$0.9(\beta_c\beta_l f_c + 2\alpha\rho_v\beta_{cor}f_y)A_{ln} = 0.9 \times (1.0 \times 1.472 \times 19.1 + 2 \times 1.0 \times 0.02 \times 1.3 \times 360) \times 25420$$
$$= 1071580N > F_l = 719217N$$

局部承压承载力满足要求。

9.4 预应力混凝土构造要求

1. 先张法构件

先张法预应力筋之间的净间距不应小于其公称直径或者等效直径的 2.5 倍和混凝土粗骨料最大直径的 1.25 倍（当混凝土振捣密实性具有可靠保证时，净间距可放宽至最大粗骨料直径的 1.0 倍），且应符合以下规定：对预应力钢丝，不应小于 15mm；对三股钢绞线，不应小于 20mm；对七股钢绞线，不应小于 25mm。

对预应力筋在构件端部全部弯起的受弯构件或者直线配筋的先张法构件，当构件端部与下部支承结构焊接时，应考虑混凝土收缩、徐变以及温度变化所产生的不利影响，宜在构件端部可能产生裂缝的部位设置足够的非预应力纵向构造钢筋。

先张法预应力混凝土构件端部宜采取以下构造措施：

（1）对单根配置的预应力筋，其端部宜设置螺旋筋。

（2）对分散布置的多根预应力筋，在构件端部 $10d$（d 为预应力筋的公称直径），并且不小于 100mm 范围内宜设置 3～5 片与预应力筋垂直的钢筋网片。

（3）对采用预应力钢丝配筋的薄板，在板端 100mm 范围内应当适当加密横向钢筋。

（4）对槽形板类构件，应在构件端部 100mm 范围内沿构件板面设置附加横向钢筋，其数量不应少于 2 根。

2. 后张法构件

后张法预应力筋采用预留孔道，应符合以下规定：

（1）对预制构件，孔道之间的水平净间距不宜小于 50mm，且不宜小于粗骨料直径的 1.25 倍；孔道至构件边缘的净间距不宜小于 30mm，并且不宜小于孔道直径的一半。

（2）现浇混凝土梁中，预留孔道在竖直方向的净间距不应小于孔道外径，水平方向的净间距不宜小于 1.5 倍孔道外径，且不应小于粗骨料直径的 1.25 倍；由孔道外壁至构件边缘的净间距，对梁底不宜小于 50mm，对梁侧不宜小于 40mm；对裂缝控制等级为三级的梁，以上净间距分别不宜小于 60mm 与 50mm。

（3）预留孔道的内径宜比预应力束外径及需穿过孔道的连接器外径大 6～15mm，且孔道的截面积宜为穿入预应力筋截面积的 3～4 倍。

（4）当有可靠经验，并能保证混凝土浇筑质量时，预应力筋孔道可水平并列贴紧布置，但并排的数量不应超过 2 束。

（5）在构件两端及曲线孔道的高点应设置灌浆孔或排气兼泌水孔，其孔距不宜大于 20m。

（6）凡制作时需要预先起拱的构件，预留孔道宜随构件同时起拱。

后张法预应力混凝土构件的端部锚固区，应按以下规定配置间接钢筋：

（1）当采用普通垫板时，应进行局部受压承载力计算，并配置间接钢筋，其体积配筋率不应小于 0.5%，垫板的刚性扩散角应取 45°。

（2）当采用整体铸造垫板时，其局部受压区的设计应符合相关标准的规定。

（3）在局部受压间接钢筋配置区以外，在构件端部长度 l 不小于截面重心线上部或下部预应力筋的合力点至邻近边缘距离 e 的 3 倍、但不大于构件端部截面高度 h 的 1.2 倍，高度为 $2e$ 的附加配筋区范围内，应均匀配置附加防劈裂箍筋或网片（图 9-17），配筋面积可按以下公式计算：

$$A_{sb} \geqslant 0.18\left(1 - \frac{l_1}{l_b}\right)\frac{P}{f_{yv}} \tag{9-50}$$

且体积配筋率不应小于 0.5%。

式中　P——作用在构件端部截面重心线上部或下部预应力筋的合力，应乘以预应力分项系数 1.2，此时，仅考虑混凝土预压前的预应力损失值；

l_1、l_b——分别为沿构件高度方向 A_l、A_b 的边长或直径。

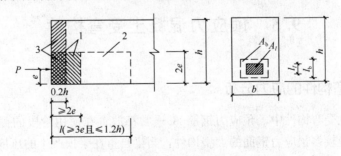

图 9-17　防止端部裂缝的配筋范围
1—局部受压间接钢筋配筋区；2—附加防劈裂配筋区；3—附加防剥裂配筋区

当构件端部预应力筋需集中布置在截面下部或集中布置在上部与下部时，应在构件端部 $0.2h$ 范围内设置附加竖向防剥裂构造钢筋（图 9-17），其截面面积应满足式（9-51）要求：

$$A_{sv} \geqslant \frac{T_s}{f_{yv}} \tag{9-51}$$

$$T_s = \left(0.25 - \frac{e}{h}\right)N_p \quad T_s = \left(0.25 - \frac{e}{h}\right)P \tag{9-52}$$

式中　　T_s——锚固端剥裂拉力，

　　　　f_y——附加竖向钢筋的抗拉强度设计值，按《混凝土结构设计规范》（GB 50010—
　　　　　　　2010）表4.2.3-1采用；

　　　　e——截面重心线上部或下部预应力筋的合力点至截面近边缘的距离；

　　　　h——构件端部截面高度。

当 $e > 0.2h$ 时，可依据实际情况适当配置构造钢筋。竖向防端面裂缝钢筋宜靠近端面配置，可采用焊接钢筋网、封闭式箍筋或者其他的形式，并且宜采用带肋钢筋。

当端部截面上部和下部均有预应力筋时，附加竖向钢筋的总截面面积应按上部与下部的预应力合力分别计算的较大值采用。

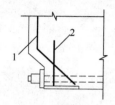

图9-18　端部凹进
处构造钢筋
1—折线构造钢筋；
2—竖向构造钢筋

当构件在端部有局部凹进时，应增设折线构造钢筋（图9-18）或者其他有效的构造钢筋。

对后张预应力混凝土外露金属锚具，应采取可靠的防锈及耐火措施，并应符合以下规定：

（1）无粘结预应力筋外露锚具应采用注有足量防腐油脂的塑料帽封闭锚具端头，并且采用无收缩砂浆或细石混凝土封闭。

（2）对处于二b、三a、三b类环境条件下的无粘结预应力锚固系统，应当采用全封闭的防腐蚀体系，其封锚端及各连接部位应能承受10kPa的静水压力而不得透水。

（3）采用混凝土封闭时，混凝土强度等级宜与构件混凝土强度等级一致，并且不应低于C30。封锚混凝土和构件混凝土应可靠粘结，如锚具在封闭前应将周围混凝土界面凿毛并冲洗干净，并且宜配置1～2片钢筋网，钢筋网应当与构件混凝土拉结。

（4）采用无收缩砂浆或混凝土封闭保护时，其锚具和预应力筋端部的保护层厚度不应小于以下数值：一类环境类别时20mm，二a、二b类环境类别时50mm，三a、三b类环境类别时80mm。

9.5　预应力混凝土受弯构件

9.5.1　受弯构件的应力分析

预应力混凝土受弯构件中，预应力钢筋 A_p 通常都放置在使用阶段的截面受拉区。但对梁底受拉区需配置较多预应力钢筋的大型构件，当梁自重在梁顶产生的压应力不能抵消偏心预压力在梁顶预拉区所产生的预拉应力时，常常在梁顶部也需配置预应力钢筋 A_p'。对在预压力作用下允许预拉区出现裂缝的中小型构件，可以不配置 A_p'，但需控制其裂缝宽度。为了防止在制作、运输和吊装等施工阶段出现裂缝，在梁的受拉区和受压区一般也配置一些非预应力钢筋 A_s 和 A_s'。

在预应力轴心受拉构件中，预应力钢筋 A_p 与非预应力钢筋 A_s 在截面上的布置是对称的，预应力钢筋的总拉力可认为作用在截面的形心轴上，混凝土受到的预压应力是均匀的，也就是全截面均匀受压。在受弯构件中，若截面只配置 A_p，则预应力钢筋的总拉力对截面是偏心的压力，所以混凝土受到的预应力是不均匀的，上边缘的预应力与下边缘的预压应力分别用 σ_{pc} 和 σ'_{pc} 表示，如图 9-19（a）所示。若同时配置 A_p 和 A'_p（一般 $A_p > A'_p$），则预应力钢筋 A_p 和 A'_p 的张拉力的合力位于 A_p 和 A'_p 之间，仍然是一个偏心压力，此时，混凝土的预应力图形有两种可能：若 A'_p 少，应力图形为两个三角形，σ'_{pc} 为拉应力；若 A'_p 较多，则应力图形为梯形，σ'_{pc} 为压应力，其值小于 σ_{pc} ［图 9-19（b）］。

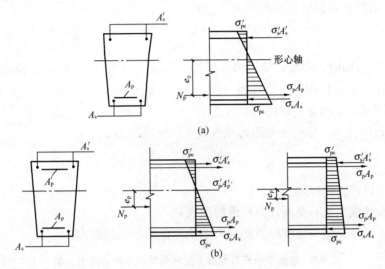

图 9-19　预应力混凝土受弯构件截面混凝土应力
（a）受拉区配置预应力筋的截面应力；（b）受拉区和受压区均配置预应力筋的截面应力

　　因为对混凝土施加了预应力，使构件在使用阶段截面不产生拉应力或不开裂，所以，可把预应力钢筋的合力视为作用在换算截面上的偏心压力，并将混凝土看作理想弹性体，按材料力学公式计算混凝土的预应力。

　　表 9-8 与表 9-9 为仅在截面受拉区配置预应力钢筋 A_p 的先张法与后张法预应力混凝土受弯构件在各个受力阶段的应力分析。

　　图 9-20 所示为配有预应力钢筋 A_p、A'_p 与非预应力钢筋 A_s、A'_s 的不对称截面受弯构件的一般截面形式。对照预应力混凝土轴心受拉构件相应各受力阶段的截面应力分析，同理，可得到预应力混凝土受弯构件截面上混凝土法向预应力 σ_{pc}、预应力钢筋的拉应力 σ_p，先张法（后张法）预应力钢筋以及非预应力钢筋的合力 N_p 及其偏心距 e_{p0}（e_{pn}）等的计算公式。

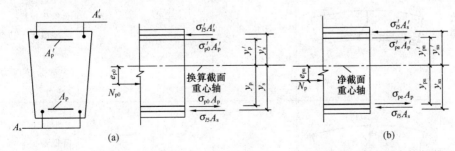

图 9-20　配有预应力钢筋 A_p、A'_p 和非预应力钢筋 A_p、A'_p 的预应力混凝土受弯构件截面
（a）先张法构件；（b）后张法构件

1. 施工阶段

（1）先张法构件。

① 张拉钢筋时，A_p 和 A_p' 的控制应力为 σ_{con} 和 σ_{con}'，第一批损失出现之后，预应力筋的拉力分别为 $A_p(\sigma_{con} - \sigma_{l\,I})$ 和 $A_p'(\sigma_{con}' - \sigma_{l\,I}')$，预应力筋与非预应力筋的合力（此时非预应力筋应力为零）为

$$N_{p\,I} = A_p(\sigma_{con} - \sigma_{l\,I}) + A_p'(\sigma_{con}' - \sigma_{l\,I}') \tag{9-53}$$

此时 $N_{p0\,I}$ 对换算截面形心轴的距离 $e_{p0\,I}$ 为

$$e_{p0\,I} = \frac{A_p(\sigma_{con} - \sigma_{l\,I})y_p - A_p'(\sigma_{con}' - \sigma_{l\,I}')y_p'}{N_p} \tag{9-54}$$

② 放松预应力筋时，同轴心受拉构件相似，将预应力筋 A_p、A_p' 和非预应力筋 A_s、A_s' 的合力 $N_{p\,I}$ 看作外力，作用在换算截面 A_0 上（$A_0 = A_c + \alpha_E A_p + \alpha_{E_s} A_s + \alpha_E A_p' + \alpha_{E_s} A_s'$，当钢筋弹性模量不同时，应当分别取用）。

此时，偏心压力 $N_{p\,I}$ 作用下截面各点混凝土的法向应力 $\sigma_{pc\,I}$ 为

$$\sigma_{pc\,I} = \frac{N_{p0\,I}}{A_0} \pm \frac{N_{p0\,I}\,e_{p0\,I}}{I_0}y_0 \tag{9-55}$$

式中　I_0——换算截面惯性矩；

　　　y_0——换算截面重心至所计算纤维的距离；

　　　y_p，y_p'——受拉区、受压区预应力筋合力至换算截面形心的距离。

表 9-8　先张法预应力混凝土受弯构件各阶段的应力分析

受力阶段		简图	钢筋应力 σ_p	混凝土应力 σ_{pc}（截面下边缘）	说明
施工阶段	张拉钢筋		σ_{con}	—	钢筋被拉长 钢筋拉应力等于张拉控制应力
	完成第一批损失		$\sigma_{con} - \sigma_{l\,I}$	0	钢筋拉应力降低，减小了 $\sigma_{l\,I}$ 混凝土尚未受力
	放松钢筋	$\sigma_{pc\,I}'$ $\sigma_{pc\,I}$（压）	$\sigma_{con} - \sigma_{l\,I} - \alpha_E \sigma_{pc\,I}$	$\sigma_{pc\,I} = \dfrac{N_{p0\,I}}{A_0} + \dfrac{N_{p0\,I}\,e_{p0\,I}}{I_0}y_0$ $N_{p0\,I} = (\sigma_{con} - \sigma_{l\,I})A_p$	混凝土上边缘受拉伸长 下边缘受压缩短，构件产生反拱 混凝土下边缘压应力为 $\sigma_{pc\,I}$ 钢筋拉应力减小了 $\alpha_E \sigma_{pc\,I}$
	完成第二批损失	$\sigma_{pc\,II}'$（压） $\sigma_{pc\,II}$（压）	$\sigma_{con} - \sigma_l - \alpha_E \sigma_{pc\,II}$	$\sigma_{pc\,II} = \dfrac{N_{p0\,II}}{A_0} + \dfrac{N_{p0\,II}\,e_{p0\,II}}{I_0}y_0$ $N_{p0\,II} = (\sigma_{con} - \sigma_l)A_p$	混凝土下边缘压应力降低到 $\sigma_{pc\,II}$ 钢筋拉应力继续减小

续表

受力阶段		简图	钢筋应力 σ_p	混凝土应力 σ_{pc} （截面下边缘）	说明
使用阶段	加载至 $\sigma_{pc}=0$		$\sigma_{con}-\sigma_l$	0	混凝土上边缘由拉变压 下边缘压应力减小到零 钢筋拉应力增加了 $\alpha_E\sigma_{pcII}$ 构件反拱减小，并略有挠度
	加载至 受拉区 裂缝即 将出现		$\sigma_{con}-\sigma_l+2\alpha_E f_{tk}$	f_{tk}	混凝土上边缘压应力增加 下边缘拉应力增加了 $2\alpha_E f_{tk}$ 构件挠度增加
	加载至 破坏		f_{py}	0	截面下部裂缝开展，构件挠度剧增 钢筋拉应力增加到 f_{py} 混凝土上边缘压应力增加到 $\alpha_1 f_c$

表 9-9　后张法预应力混凝土受弯构件各阶段的应力分析

受力阶段		简图	钢筋应力 σ_p	混凝土应力 σ_{pc} （截面下边缘）	说明
施工阶段	穿钢筋		0	0	—
	张拉钢筋		$\sigma_{con}-\sigma_{l2}$	$\sigma_{pc}=\dfrac{N_p}{A_n}+\dfrac{N_p e_{pn}}{I_n}y_n$ $N_p=(\sigma_{con}-\sigma_{l2})A_p$	钢筋被拉长摩擦损失同时产生 钢筋拉应力比控制应力 σ_{con} 减小了 σ_{l2} 混凝土上边缘受拉伸长，下边缘受压缩短，构件产生反拱
	完成第 一批损 失		$\sigma_{con}-\sigma_{lI}$	$\sigma_{pcI}=\dfrac{N_{pI}}{A_n}+\dfrac{N_{pI}\,e_{pnI}}{I_n}y_n$ $N_{pI}=(\sigma_{con}-\sigma_{l1})A_p$	混凝土下边缘压应力减小到 σ_{pcI} 钢筋拉应力减小了 σ_{lI}
	完成第 二批损 失		$\sigma_{con}-\sigma_l$	$\sigma_{pcII}=\dfrac{N_{pII}}{A_n}+\dfrac{N_{pII}\,e_{pnII}}{I_n}y_n$ $N_{pII}=(\sigma_{con}-\sigma_l)A_p$	混凝土下边缘压应力降低到 σ_{pcII} 钢筋拉应力继续减小

续表

受力阶段		简图	钢筋应力 σ_p	混凝土应力 σ_{pc}（截面下边缘）	说明
使用阶段	加载至 $\sigma_{pc}=0$		$(\sigma_{con}-\sigma_l)+$ $\alpha_E\sigma_{pcII}$	0	混凝土上边缘由拉变压，下边缘压应力减小到零 钢筋拉应力增加了 $\alpha_E\sigma_{pcII}$ 构件反拱减小，略有挠度
	加载至受拉区裂缝即将出现		$\sigma_{con}-\sigma_l+$ $\alpha_E\sigma_{pcII}+2\alpha_E f_{tk}$	f_{tk}	混凝土上边缘压应力增加，下边缘拉应力到达 f_{tk} 钢筋拉应力增加了 $2\alpha_E f_{tk}$ 构件挠度增加
	加载至破坏		f_{py}	0	截面下边缘裂缝开展，构件挠度剧增 钢筋拉应力增加到 f_{py} 混凝土上边缘压应力增加到 $\alpha_1 f_c$

式（9-55）中右边第二项和第一项方向相同时取正号，相反时取负号。

此时，预应力筋及非预应力筋的拉应力为

$$\begin{cases} \sigma_{pI} = \sigma_{con} - \sigma_{lI} - \alpha_E\sigma_{pcI} \\ \sigma'_{pI} = \sigma'_{con} - \sigma'_{lI} - \alpha'_E\sigma'_{pcI} \end{cases} \tag{9-56}$$

$$\begin{cases} \sigma_{sI} = -\alpha_E\sigma_{pcI} \\ \sigma'_{sI} = \alpha_E\sigma'_{pcI} \end{cases} \tag{9-57}$$

注意：式（9-56）与式（9-57）中的 p_{cI}、σ'_{pcI} 指的是预应力钢筋或非预应力钢筋各自合力位置处的混凝土应力，所以各自的取值不同。

③ 完成第二批损失之后，考虑混凝土收缩和徐变对 A_s、A'_s 的影响，公式相应改变。此时，全部预应力筋和非预应力筋的合力为

$$N_{p0II} = A_p(\sigma_{con}-\sigma_l) + A'_p(\sigma'_{con}-\sigma'_l) - A_s\sigma_{l5} - A'_s\sigma'_{l5} \tag{9-58}$$

N_{pII} 对换算截面形心轴的距离 e_{p0II} 为

$$e_{p0II} = \frac{A_p(\sigma_{con}-\sigma_l)y_p - A'_p(\sigma'_{con}-\sigma'_l)y'_p - A_s\sigma_{l5}y_s - A'_s\sigma'_{l5}y'_s}{N_{pII}} \tag{9-59}$$

混凝土截面上各点的应力，也就是混凝土有效预压应力为

$$\sigma_{pcII} = \frac{N_{p0II}}{A_0} \pm \frac{N_{p0II}e_{p0II}}{e_0}y_0 \tag{9-60}$$

式中 y_s，y'_s——受拉区、受压区非预应力筋合力点至换算截面形心的距离。

此时，预应力筋、非预应力筋的拉应力为

$$\begin{cases} \sigma_p = \sigma_{con} - \sigma_l - \alpha_E \sigma_{pcII} \\ \sigma'_p = \sigma'_{con} - \sigma'_l - \alpha_E \sigma'_{pcII} \end{cases} \tag{9-61}$$

$$\begin{cases} \sigma_s = \alpha_E \sigma_{pcII} \sigma_{l5} \\ \sigma'_s = \alpha_E \sigma'_{pcII} \sigma'_{l5} \end{cases} \tag{9-62}$$

（2）后张法构件。

① 张拉钢筋并将预应力钢筋锚固之后，已完成第一批预应力损失，此时的预应力钢筋与非预应力钢筋的合力 N_{pI} 作为外力作用在换算净截面 A_n 上（$A_n = A_c + \alpha_{Es} A_s + \alpha_E A'_s$）

$$N_{pI} = A_p(\sigma_{con} - \sigma_{lI}) + A'_p(\sigma'_{con} - \sigma'_{lI}) \tag{9-63}$$

N_{pI} 对换算截面形心轴的距离 e_{pnI} 为

$$e_{pnI} = \frac{A_p(\sigma_{con} - \sigma_{lI})y_{pn} - A'_p(\sigma'_{con} - \sigma'_{lI})y'_{pn}}{N_{pI}} \tag{9-64}$$

混凝土截面上各点的应力为

$$\sigma_{pcI} = \frac{N_{pI}}{A_n} \pm \frac{N_{pI} e_{pnI}}{I_n} y_n + \sigma_{p2} \tag{9-65}$$

式中　A_n、I_n——净截面的面积和惯性矩；

　　　　y_n——截面所计算应力纤维处对换算净截面重心轴的距离；

　y_{pn}，y'_{pn}——受拉区、受压区预应力筋合力点对换算净截面重心轴的距离；

　　　　σ_{p2}——由预应力次应力引起的混凝土截面法向应力。

式（9-64）中右边第二项和第一项方向相同时取正号，相反时取负号。

此时，预应力筋、非预应力筋的拉应力为

$$\begin{aligned} \sigma_{pI} &= \sigma_{con} - \sigma_{lI} \\ \sigma'_{pI} &= \sigma'_{con} - \sigma'_{lI} \end{aligned} \Bigg\} \tag{9-66}$$

$$\begin{aligned} \sigma_{sI} &= -\alpha_E \sigma_{pcI} \\ \sigma'_{sI} &= -\alpha_E \sigma'_{pcI} \end{aligned} \Bigg\} \tag{9-67}$$

② 完成第二批损失之后，全部预应力筋与非预应力筋的合力为

$$N_{pII} = A_p(\sigma_{con} - \sigma_l) + A'_p(\sigma'_{con} - \sigma'_l) - A_s \sigma_{l5} - A'_s \sigma'_{l5} \tag{9-68}$$

N_{pII} 对换算截面形心轴的距离 e_{pnII} 是

$$e_{pnII} = \frac{A_p(\sigma_{con} - \sigma_l)y_{pn} + A'_p(\sigma'_{con} - \sigma'_l)y'_{pn} - \sigma_{l5} A_s y_{ns} + \sigma'_{l5} A'_s y'_{ns}}{N_{pII}} \tag{9-69}$$

式中　y_{ns}，y'_{ns}——受拉区、受压区非预应力筋合力点对换算净截面重心轴的距离。

混凝土有效预压应力为

$$\sigma_{pcII} = \frac{N_{pII}}{A_n} \pm \frac{N_{pII} e_{pnII}}{I_n} y_n + \sigma_{p2} \tag{9-70}$$

此时，预应力筋、非预应力筋的拉应力为

$$\begin{aligned} \sigma_{pII} &= \sigma_{con} - \sigma_l \\ \sigma'_{pII} &= \sigma'_{con} - \sigma'_l \end{aligned} \Bigg\} \tag{9-71}$$

$$\begin{aligned} \sigma_s &= -\alpha_E \sigma_{pcII} - \sigma_{l5} \\ \sigma'_s &= -\alpha_E \sigma'_{pcII} - \sigma'_{l5} \end{aligned} \Bigg\} \tag{9-72}$$

2. 使用阶段

在外荷载作用下，截面会受到弯矩 M 的作用，使截面产生应力 $\sigma = M_{y0}/I_0 = M/W_0$，其中 W_0 为换算截面受拉边缘弹性抵抗矩。

(1) 消压状态

当加荷至截面受拉边缘混凝土为零时，这一状态叫做消压状态，所对应的弯矩称为消压弯矩 M_0。此时，在 M_0 作用下截面受拉边缘混凝土上的拉应力正好将受拉边缘混凝土的预压应力 σ_{pc} 抵消掉，即

$$\frac{M_0}{W_0} - \sigma_{pc} = 0 \quad 或 \quad M_0 = \sigma_{pc} W_0 \tag{9-73}$$

因为受弯构件截面应力分布不均匀，当荷载加到 M_0 时，只是截面下边缘混凝土应力为零，截面其他纤维的应力并不等于零。

(2) 即将开裂状态

当荷载产生的弯矩超过 M_0 之后，截面下边缘混凝土开始受拉，当受拉区混凝土拉应力达到其抗拉强度标准值 f_{tk} 时，混凝土就将出现裂缝，此时截面上受到的开裂弯矩为

$$M_{cr} = M_0 + \gamma f_{tk} W_0 = (\sigma_{pc} + \gamma f_{tk}) W_0 \tag{9-74}$$

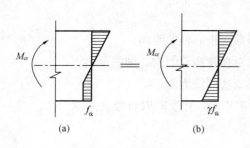

图 9-21 开裂弯矩

(a) 实际应力分布；(b) 等效弹性应力分布

截面即将开裂时，受拉区混凝土的塑性变形已充分发展，截面受拉区应力图形实际应呈曲线分布，可近似取为梯形（图 9-21（a））。为了简化计算，能够继续应用材料力学的弹性计算公式，根据抗裂弯矩相等的原则，可把受拉区混凝土应力图变为三角形应力图，并取受拉边缘的应力为 γf_{tk} ［图 9-21（b）］。这样，普通钢筋混凝土构件的抗裂弯矩就是 $\gamma f_{tk} W_0$，γ 为截面抵抗矩塑性影响系数，可根据两种应力图形下，素混凝土截面开裂弯矩相等的条件求得。γ 和截面形状和高度有关，建议按下式确定为

$$\gamma = \left(0.7 + \frac{120}{h}\right)\gamma_m \tag{9-75}$$

式中　γ_m——截面抵抗矩塑性影响系数基本值，取值见表 9-10；

　　　　h——截面高度。当 $h < 400$mm 时，取 $h = 400$mm；当 $h > 1600$mm 时，取 $h = 1600$mm；对圆形、环形截面，取 $h = 2r$，此处 r 为圆形截面半径或环形截面的外环半径。

表 9-10　截面抵抗矩塑性影响系数基本值 γ_m

截面形状	矩形截面	翼缘位于受压区的 T 形截面	对称工字形截面或箱形截面		翼缘位于受拉区的倒 T 形截面		圆形和环形截面
			$b_f/b \leq 2$ h_f/h 为任意值	$b_f/b > 2$ $h_f/h < 0.2$	$b_f/b \leq 2$ h_f/h 为任意值	$b_f/b > 2$ $h_f/h < 0.2$	
γ_m	1.55	1.50	1.45	1.35	1.50	1.40	$1.6 \sim 0.24 r_1/r$

注：r 为圆形和环形截面外径；r_1 为环形截面内径。

（3）承载能力极限状态

当截面弯矩超过 M_{cr} 之后，受拉区将出现裂缝，裂缝截面混凝土退出工作，拉力全部由钢筋承受，当加荷至破坏时，类似于普通混凝土截面应力状态，计算方法也基本相同。需要

指出的是，在使用阶段，先张法与后张法求 M_0、M_{cr} 及破坏弯矩 M_u 的计算公式是完全相同的，仅是在 M_0、M_{cr} 公式中，求 σ_{pc} 时，先张法和后张法是不同的。

受压区的预应力钢筋 A_p' 在施工阶段是受拉的，进入使用阶段之后，随着荷载的增加，A_p' 中的拉应力逐渐减少，构件破坏时，A_p' 可能受拉也可能受压，但通常达不到屈服强度 f_{py}'，可近似取极限状态时 A_p' 的应力为

$$\sigma_p' = \sigma_{p0}' - f_{py}' \tag{9-76}$$

式中　σ_{p0}'——受压区预应力筋合力作用点处混凝土法向应力为零时该预应力筋的应力值。
　　　　对于先张法构件，$\sigma_{p0}' = \sigma_{con}' - \sigma_l'$；后张法构件，$\sigma_{p0}' = \sigma_{con}' - \sigma_l' + \alpha_E \sigma_{pc}'$。

9.5.2　预应力混凝土受弯构件的设计

预应力混凝土受弯构件的计算包括使用阶段的正截面与斜截面承载力计算、正截面和斜截面抗裂度验算、挠度验算以及施工阶段截面边缘混凝土应力控制验算等内容。

1. 使用阶段正截面受弯承载力计算

（1）矩形截面

当预应力混凝土受弯构件正截面受弯破坏时，受拉区预应力钢筋先达到屈服，然后受压区边缘的压应变达到混凝土的极限压应变而破坏。若在截面上还有非预应力钢筋 A_s、A_s'，则破坏时其应力均能达到屈服强度。而受压区预应力钢筋 A_p' 在截面破坏时的应力 σ_p' 应按式（9-76）计算。所以，对于图 9-22 所示的矩形截面预应力混凝土受弯构件，其正截面受弯承载力计算的基本公式为

$$\alpha_1 f_c bx - \sigma_p' A_p' + f_y' A_s' = f_{py} A_p + f_y A_s \tag{9-77}$$

$$M \leqslant M_u = \alpha_1 f_c bx\left(h_0 - \frac{x}{2}\right) + f_y' A_s'(h_0 - a_s') - \sigma_p' A_p'(h_0 - a_p') \tag{9-78}$$

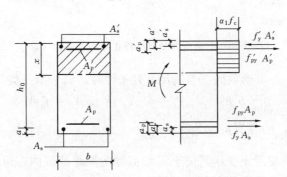

图 9-22　矩形截面受弯构件正截面承载力计算

混凝土受压区高度 x 应符合以下要求：

$$x \leqslant \xi_b h_0 \tag{9-79}$$

$$x \geqslant 2a' \tag{9-80}$$

式中　a'——受压区全部纵向钢筋合力点至截面受压边缘的距离，当受压区未配置预应力钢筋或 σ_p' 为拉应力时，可取 $a' = a_s'$；

　　a_s'、A_p'——受压区纵向非预应力钢筋合力点、预应力钢筋合力点至截面受压边缘的距离；

　　　　ξ_b——预应力混凝土受弯构件相对受压区高度，对于无明显屈服点的预应力钢筋按下式计算。若在截面受拉区内配置不同种类的钢筋或者预应力值不同时，其截面

相对界限受压区高度应分别计算，并取较小值。

$$\xi_b = \frac{\beta_1}{1 + \dfrac{0.002}{\varepsilon_{cu}} + \dfrac{f_{py} - \sigma_{p0}}{E_s \varepsilon_{cu}}} \tag{9-81}$$

当 $x < 2a'$ 时，且 $\sigma'_p > 0$ 即为拉应力时，可以忽略 A'_p，取 $x = 2a'_s$，则正截面受弯承载力可按下列公式计算为

$$M \leqslant M_u - f_{py}A_p(h - a_p - a'_s) + f_yA_s(h - a_s - a'_s) \tag{9-82}$$

当 $x < 2a'$ 时，且 $\sigma'_p < 0$ 即为压应力时，可取 $x = 2a'$，则正截面受弯承载力可按以下公式计算为

$$M \leqslant M_u - f_{py}A_p(h - a_p - a'_s) + f_yA_s(h - a_s - a'_s) \tag{9-83}$$

（2）T 形截面

如图 9-23 所示，T 形截面预应力混凝土受弯构件正截面承载力计算时，依据混凝土受压区高度 x 是否大于截面受压翼缘高度 h'_f 分为两种情况。

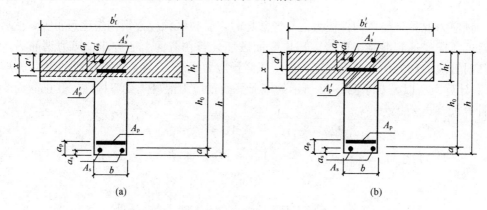

图 9-23　T 形截面受弯构件正截面承载力计算

① $x \leqslant h'_f$ 时的第一类 T 形截面。当满足下列条件时，属于第一类 T 形截面，即

$$\alpha_1 f_c b'_f h'_f - \sigma'_p A'_p + f'_y A'_s \geqslant f_{py}A_p + f_yA_s \tag{9-84}$$

$$M \leqslant \alpha_1 f_c b'_f h'_f \left(h_0 - \frac{h'_f}{2}\right) + f'_y A'_s(h_0 - a'_s) - \sigma'_p A'_p(h_0 - a'_p) \tag{9-85}$$

第一类 T 形截面的混凝土受压区位于 T 形截面的翼缘范围内，可按照宽度为 b'_f 的矩形截面计算，其正截面受弯承载力计算公式为

$$\alpha_1 f_c b'_f x - \sigma'_p A'_p + f'_y A'_s = f_{py}A_p + f_yA_s \tag{9-86}$$

$$M \leqslant M_u = \alpha_1 f_c b'_f x \left(h_0 - \frac{x}{2}\right) + f'_y A'_s(h_0 - a'_s) - \sigma'_p A'_p(h_0 - a'_p) \tag{9-87}$$

② $x > h'_f$ 时的第二类 T 形截面。当满足下列条件时，属于第二类 T 形截面，即

$$\alpha_1 f_c b'_f h'_f - \sigma'_p A'_p + f'_y A'_s < f_{py}A_p + f_yA_s \tag{9-88}$$

$$M > \alpha_1 f_c b'_f h'_f \left(h_0 - \frac{h'_f}{2}\right) + f'_y A'_s(h_0 - a'_s) - \sigma'_p A'_p(h_0 - a'_p) \tag{9-89}$$

第二类 T 形截面的中和轴位于 T 形截面的腹板范围内，混凝土受压区可以分为两个矩形，其正截面受弯承载力计算公式为

$$\alpha_1 f_c bx + \alpha_1 f_c(b'_f - b)h'_f - \sigma'_p A'_p + f'_y A'_s = f_{py}A_p + f_y A_s \tag{9-90}$$

$$M \leqslant M_u = \alpha_1 f_c bx\left(h_0 - \frac{x}{2}\right) + \alpha_1 f_c(b'_f - b)h'_f\left(h_0 - \frac{h'_f}{2}\right)$$
$$+ f'_y A'_s(h_0 - a'_s) - \sigma'_p A'_p(h_0 - a'_p) \tag{9-91}$$

（3）正截面受弯承载力与开裂弯矩的关系

为了控制受拉钢筋总配筋量不能过少，使构件具有应有的延性，避免预应力受弯构件开裂后的突然脆断，规范规定预应力混凝土受弯构件的正截面承载力不应小于其开裂弯矩，即

$$M_u \geqslant M_{cr} \tag{9-92}$$

式（9-92）中的开裂弯矩采用式（9-64）计算。

2. 使用阶段正截面裂缝控制验算

预应力混凝土受弯构件的正截面抗裂度和裂缝宽度验算基本与预应力混凝土轴拉构件相同，根据三个裂缝控制等级的不同要求应分别满足式 $(\sigma_{ck} - \sigma_{pc} \leqslant 0)$、式 $(\sigma_{ck} - \sigma_{pc} \leqslant f_{tk})$、式 $(w_{max} - w_{lim} \leqslant f_{tk})$ 以及式 $\left(\sigma_{cq} = \dfrac{N_q}{A_0}\right)$。不同之处有：

（1）混凝土有效预压应力 $\sigma_{pcⅡ}$ 应根据先张法或者后张法预应力受弯构件的受力特征按式（9-60）或式（9-70）计算。

（2）上述验算公式中抗裂验算边缘混凝土的法向应力 σ_{ck}、σ_{cq} 应通过下式计算

$$\begin{cases} \sigma_{ck} = \dfrac{M_k}{W_0} \\[3mm] \sigma_{cq} = \dfrac{M_q}{W_0} \end{cases} \tag{9-93}$$

式中　M_k、M_q——按荷载的标准组合或准永久组合计算的弯矩值；

　　　　W_0——构件换算截面受拉边缘的弹性抵抗矩。

（3）预应力混凝土受弯构件裂缝宽度的计算方法和公式同普通混凝土，但构件受力特征系数 $\alpha_{cr} = 1.5$。按照标准组合计算的预应力混凝土构件纵向受拉钢筋等效应力 σ_{sk} 按下式计算为

$$\sigma_{sk} = \frac{M_k - N_{p0}(z - e_p)}{(\alpha_1 A_p + A_s)z} \tag{9-94}$$

其中

$$z = \left[0.87 - 0.12(1 - \gamma'_f)\left(\frac{h_0}{e}\right)^2\right]h_0 \tag{9-95}$$

$$\gamma'_f = \frac{(b'_f - b)h'_f}{bh_0} \tag{9-96}$$

$$e = \frac{M_k}{N_{p0}} + e_p \tag{9-97}$$

$$e_p = y_{ps} - e_{p0} \tag{9-98}$$

式中　x——受拉区纵向预应力钢筋和非预应力钢筋合力点至截面受压区压力合力点的距离，且不大于 0.87‰；

　　　e_p——混凝土法向预应力等于零时，全部纵向预应力和非预应力钢筋的合力 N_{p0} 的作用点至受拉区纵向预应力和非预应力钢筋合力点的距离；

　　　α_1——无粘结预应力钢筋的等效折减系数，取 $\alpha_1 = 0.30$；对灌浆的后张预应力筋取 $\alpha_1 = 1.0$；

y_f——受压翼缘截面面积与腹板有效截面面积的比值，其中，b'_f、h'_f为受压区翼缘的宽度、高度，当$h'_f > 0.2h_0$时，取$h'_f = 0.2h_0$；

e——轴向压力作用点至纵向受拉钢筋合力点的距离；

y_{ps}——受拉区纵向预应力钢筋和非预应力钢筋合力点的偏心距；

e_{p0}——计算截面上混凝土法向预应力等于零时，全部纵向预应力和非预应力钢筋的合力点的偏心距，先张法和后张法分别按照式（9-59）和式（9-69）计算。

3. 使用阶段斜截面受剪承载力验算

试验研究证实，预压应力能抑制和延缓斜裂缝的出现和发展，增加混凝土剪压区高度和骨料咬合力的作用，从而使预应力混凝土受弯构件的斜截面受剪承载力提高。其提高作用类似受压构件的受剪情况。

一般的预应力混凝土受弯构件斜截面受剪承载力按下列公式计算

$$V \leqslant V_{cs} + V_p + 0.8f_y A_{sb} \sin\alpha_s + 0.8f_{py} A_{pb} \sin\alpha_p \tag{9-99}$$

其中

$$V_p = 0.05 N_{p0} \tag{9-100}$$

式中　V_{cs}——构件斜截面上混凝土和箍筋的受剪承载力，与普通钢筋混凝土受弯构件相同；

A_{sb}，A_{pb}——同一弯起平面内非预应力弯起钢筋、预应力弯起钢筋的截面面积；

α_s，α_p——斜截面上非预应力弯起钢筋、预应力弯起钢筋的切线与构件纵向轴线的夹角；

V_p——预应力所提高的构件受剪承载力。与受压构件类似，当计算斜截面处的消压轴力$N_{p0} > 0.3f_c A_0$时，取$N_{p0} = 0.3f_c A_0$；当N_{p0}引起的截面弯矩与荷载产生的外弯矩方向相同时，以及预应力混凝土连续梁和允许出现裂缝的预应力混凝土简支梁，均取$V_p = 0$。

对于先张法预应力混凝土构件，比如计算斜截面位置位于预应力钢筋的应力传递长度l_{tr}范围内，则应考虑斜截面位置处预压应力降低的影响。如图9-24所示，设支座边缘截面到构件端部的距离$l_a < l_{tr}$，考虑在应力传递长度范围内预应力钢筋与混凝土的应力可近似按线性规律变化，则此斜截面的V_p可按照下式计算为

$$V_p = 0.05 Np \frac{l_a}{l_{tr}} \tag{9-101}$$

其中

$$l_{tr} = \alpha \frac{\sigma_{pI}}{f'_{tk}} d \tag{9-102}$$

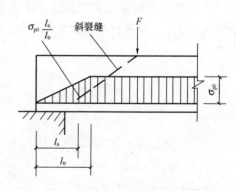

图9-24　预应力钢筋传递长度范围内
有效预应力值的变化

式中　σ_{pI}——放张时预应力钢筋的有效预应力；

α——预应力钢筋的外形系数；

f'_{tk}——与放张时混凝土立方体抗压强度f'_{cu}相应的轴心抗拉强度标准值。

当采用骤然放松预应力钢筋的施工工艺时，l_{tr}的起点应由距构件末端$0.25l_{tr}$处开始计算。

预应力混凝土受弯构件斜截面受剪承载力计算公式的截面限制条件即最小配箍率的要

求、斜截面的计算位置等均与普通钢筋混凝土受弯构件相同。当剪力设计值满足以下公式的要求时，则可不进行斜截面受剪承载力计算，仅需根据构造要求配置箍筋。

$$V \leqslant V_c + V_p \tag{9-103}$$

4. 使用阶段斜截面抗裂验算

（1）斜截面抗裂验算的要求

预应力混凝土受弯构件的剪弯段为正应力与剪应力共同存在的复合受力状态，为防止出现斜裂缝，应对剪弯段内各点的混凝土主拉应力 σ_{tp} 和主压应力 σ_{cp} 进行控制，相关规定应满足下列要求：

对严格要求不出现裂缝的构件，应满足 $\sigma_{tp} \leqslant 0.85 f_{tk}$；

对一般要求不出现裂缝的构件，应满足 $\sigma_{tp} \leqslant 0.95 f_{tk}$；

对严格要求和一般要求不出现裂缝的构件，均应满足 $\sigma_{cp} \leqslant 0.6 f_{ck}$。

（2）混凝土主拉应力 σ_{tp} 与主压应力 σ_{cp} 的计算

预应力混凝土构件在斜截面开裂前，基本上处于弹性工作状态，因此主应力可按材料力学方法计算，即

$$\left.\begin{array}{c}\sigma_{tp}\\\sigma_{cp}\end{array}\right\} = \frac{\sigma_x + \sigma_y}{2} \pm \sqrt{\left(\frac{\sigma_x - \sigma_y}{2}\right)^2 + \tau^2} \tag{9-104}$$

预应力混凝土受弯构件中各混凝土微元体除了承受由外荷载产生的正应力与剪应力外，还承受由预应力钢筋所引起的预应力。对于配置预应力弯起钢筋 A_{pb} 的简支梁，在预应力与外荷载的联合作用下，计算纤维处产生沿 x 方向的混凝土法向应力 σ_x、剪应力 τ 分别是

$$\sigma_x = \sigma_{pc} + \frac{M_k y_0}{I_0} \tag{9-105}$$

$$\tau = \frac{(V_k - \sum \sigma_p A_{pb} \sin\alpha_{pb}) S_0}{b I_0} \tag{9-106}$$

如果在构件的顶面作用有集中荷载（如吊车梁），则在集中力作用点两侧各 $0.6h$ 的长度范围内，由集中荷载标准值 F_k 在混凝土中产生竖向压应力 σ_y 和剪应力 τ_F，如图 9-25 所示为其简化分布。从图中可看出，F_k 作用截面上的竖向压应力最大值 $\sigma_{y,max}$ 剪应力 τ_E 分别为

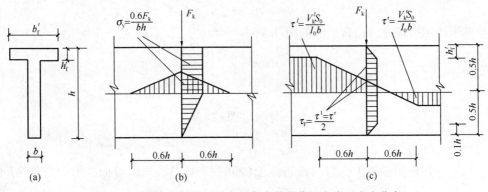

图 9-25　预应力混凝土吊车梁集中荷载作用点附近应力分布

（a）截面；（b）竖向压应力 σ_y 分布；（c）剪应力 τ_F 分布

$$\sigma_{y,\max} = \frac{0.6F_k}{bh} \qquad (9\text{-}107)$$

$$\tau_F = \frac{\tau^l - \tau^r}{2} = \frac{1}{2}\left(\frac{V_k^l S_0}{I_0 b} - \frac{V_k^r S_0}{I_0 b}\right) \qquad (9\text{-}108)$$

式中　τ^l，τ^r——集中荷载标准值 F_k 作用点左侧、右侧各 $0.6h$ 处截面上的剪应力；

　　V_k^l，V_k^r——集中荷载标准值 F_k 作用点左侧、右侧截面上的剪力标准值。

上述公式中 σ_x、σ_y、σ_{pc} 和 $\dfrac{M_k y_0}{I_0}$，当为拉应力时，以正值代入；当为压应力时，以负值代入。

（3）斜截面抗裂度验算位置

计算混凝土主应力时，应当选择跨度内不利位置的截面，如弯矩和剪力较大的截面或外形有突变的截面，并且在沿截面高度上，应选择该截面的换算截面重心处与截面宽度有突变处，如工形截面上、下翼缘与腹板交接处等主应力比较大的部位。

对先张法预应力混凝土构件端部进行斜截面受剪承载力计算及正截面、斜截面抗裂验算时，应考虑预应力钢筋在其预应力传递长度 l_{tr} 范围内实际应力值的变化，如图 9-24 所示。预应力钢筋的实际预应力按照线性规律增大，在构件端部为零，在其传递长度的末端取有效预应力值 σ_p。

5. 使用阶段挠度验算

预应力受弯构件的挠度由两部分叠加而成：一部分为由荷载产生的挠度 f_1，另一部分为由预加力产生的反拱 f_2。

（1）荷载作用产生的挠度 f_1。挠度 f_1 可以按一般材料力学的方法计算，即

$$f_1 = S\frac{M_l^2}{B} \qquad (9\text{-}109)$$

其中截面弯曲刚度 B 应取构件的长期刚度，长期刚度 B 是在短期刚度 B_s 的基础上修正得到的，对于预应力构件，应取荷载标准组合计算内力，长期刚度 B 的计算则采用式（9-110），对于长期荷载作用对挠度增大的影响系数 θ 取为 2.0。

$$B = \frac{M_k}{M_q(\theta - 1) + M_k}B_s \qquad (9\text{-}110)$$

预应力受弯构件的短期刚度 B 的计算不同于普通混凝土结构，可按以下原则进行计算：

① 对于使用阶段要求不出现裂缝的构件

$$B_s = 0.85E_c I_0 \qquad (9\text{-}111)$$

② 对于使用阶段允许出现裂缝的构件

$$B_s = \frac{0.85E_c I_0}{K_{cr} + (1 - K_{cr})\omega} \qquad (9\text{-}112)$$

其中

$$K_{cr} = \frac{M_{cr}}{M_k} \qquad (9\text{-}113)$$

式中　M_{cr}——开裂弯矩，由公式（9-74）计算；

　　K_{cr}——预应力混凝土受弯构件正截面的开裂弯矩 M_{cr} 与荷载标准组合弯矩 M_k 的比值，当 $K_{cr} > 1.0$ 时，取 $K_{cr} = 1.0$；

　　γ_f——受拉翼缘面积与腹板有效截面面积的比值，$\gamma_f = (b_f - b)h_f / bh_0$；

ρ——纵向受拉钢筋配筋率，$\rho = \dfrac{A_{\mathrm{p}} + A_{\mathrm{s}}}{bh_0}$；

③ 对预压时预拉区出现裂缝的构件，B_{s} 应降低 10%。

（2）预加应力产生的反拱 f_2。

预应力混凝土构件在偏心距为 e_{p} 的总预压力 N_{p} 作用下将会产生反拱 f_2，其值可按结构力学公式计算，即按照两端有弯矩（等于 $N_{\mathrm{p}}e_{\mathrm{p}}$）作用的简支梁计算。同时考虑到预应力是长期存在的，对使用阶段的反拱应乘以增大系数 2.0，则

$$f_2 = \frac{N_{\mathrm{p}}e_{\mathrm{p}}l_0^2}{8B_{\mathrm{s}}} \tag{9-114}$$

对永久荷载相对于可变荷载较小的预应力混凝土构件，应当考虑反拱过大时对正常使用的不利影响，并且应采取相应的设计和施工措施。

（3）挠度验算

预应力受弯构件在荷载标准组合作用下并且考虑长期荷载作用影响的挠度计算公式为

$$f = f_1 - f_2 \leqslant f_{\lim} \tag{9-115}$$

根据相关规定，当考虑反拱后计算的构件长期挠度不满足上式的要求时，可采用预先起拱的方式控制挠度。若使用上也允许，则在验算挠度时，可将计算所得的挠度值减去起拱值。对于预应力混凝土构件，制作时的起拱值与预加力产生的反拱值都不宜超过构件在相应荷载组合下的计算挠度值。

6. 施工阶段的验算

预应力受弯构件在制作、运输及安装等施工阶段的受力状态，和使用阶段是不相同的。在预应力刚施加上的制作阶段，构件处在混凝土强度最低而预应力钢筋应力最高的不利状态，截面上受到的偏心压力导致混凝土下边缘受压，上边缘受拉，如图 9-26（a）所示。而在运输、安装时，搁置点或吊点通常离梁端有一段距离，两端悬臂部分由于自重引起负弯距，与偏心预压力引起的负弯矩是相叠加的，如图 9-26（b）所示。在截面上边缘（或称预拉区），若混凝土的拉应力超过了混凝土的抗拉强度，预拉区将会出现裂缝，并随时间的增长裂缝不断开展。在截面下边缘（预压区），如混凝土的压应力过大，也会产生纵向裂缝。试验表明，预拉区的裂缝虽可在使用荷载下闭合，对于构件的影响不大，但会使构件在使用阶段的正截面抗裂度和刚度降低。所以，必须对构件制作阶段的抗裂度进行验算。

相关规范通过限制边缘纤维混凝土应力值的方法，来满足预拉区不允许出现裂缝的要求，同时保证预压区的抗压强度。对制作、运输以及安装等施工阶段，除进行承载能力极限状态验算外，还应对在预加力、自重以及施工荷载作用下截面边缘的混凝土法向拉应力 σ_{ct}

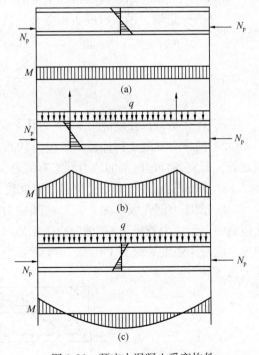

图 9-26 预应力混凝土受弯构件
(a) 制作阶段；(b) 吊装阶段；(c) 使用阶段

和压应力 σ_{cc} 进行控制，其值应满足

$$\sigma_{ct} \leqslant f'_{tk} \tag{9-116}$$

$$\sigma_{cc} \leqslant 0.8 f'_{tk} \tag{9-117}$$

式中 σ_{ct}，σ_{cc}——相应施工阶段计算截面预拉区和预压区边缘的混凝土法向应力；

f'_{tk}，f'_{ck}——与各施工阶段混凝土立方体抗压强度 f'_{cu} 相对应的抗拉及抗压强度标准值。

施工阶段截面边缘的混凝土法向拉应力 σ_{ct} 和压应力 σ_{cc} 可通过下式计算

$$\left.\begin{array}{c}\sigma_{cc}\\\sigma_{ct}\end{array}\right\} = \sigma_{pc} + \frac{N_k}{A_0} \pm \frac{M_k}{W_0} \tag{9-118}$$

式中 σ_{pc}——由预加力产生的混凝土法向应力，当 σ_{pc} 为压应力时，取正值，当 σ_{pc} 为拉应力时，取负值；

N_k，M_k——构件自重及施工荷载的标准组合在计算截面产生的轴向力值及弯矩值；

W_0——验算边缘的换算截面弹性抵抗矩。

运输、吊装阶段搁置点或者吊点处截面上、下边缘的混凝土应力为

$$\sigma_{ct} = \sigma'_c + \frac{M_{in}}{W_0} \tag{9-119}$$

$$\sigma_{cc} = \sigma_c + \frac{M_{in}}{W_0} \tag{9-120}$$

式中 M_{in}——运输、吊装阶段构件中可能出现的最大负弯矩，应考虑动力系数 $\mu=1.5$；

σ'_c、σ_c——运输、吊装阶段由预应力在截面上、下边缘产生的应力，根据吊装时间可为 σ'_{pcI}、σ_{pcI} 或 σ'_{pcII}、σ_{pcII}，视运输、吊装的时刻而定。

习　题

9-1　什么是张拉控制应力 σ_{con}？为什么张拉控制应力取值不能过高也不能过低？

9-2　预应力混凝土构件各阶段应力状态如何？先、后张法构件的应力计算公式有何异同之处？研究各特定时刻的应力状态有何意义？

9-3　施加预应力对轴心受拉构件的承载力有哪些影响？为什么？

9-4　预应力圆孔板（图 9-27）的预应力损失计算。条件：如图所示为 3.6m 先张法圆孔板截面。预应力筋采用 8ϕ^P 消除应力钢丝（$A_p=157mm^2$），在 4m 长钢模上采用螺杆成组张拉。混凝土强度等级为 C40 级，达到 75% 强度张放，$\sigma_{con}=0.75f_{ptk}$。要求：计算预应力损失。

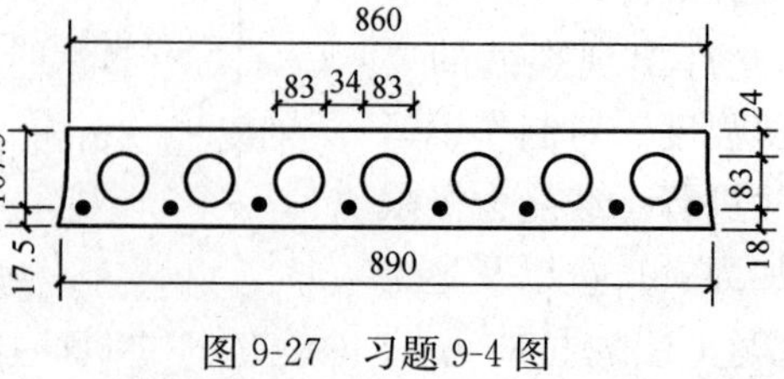

图 9-27　习题 9-4 图

9-5 某带"马蹄"的 T 形截面梁有效翼缘宽度 $b_f' = 500\text{mm}$，$h_f' = 110\text{mm}$，$b = 250\text{mm}$，$h = 600\text{mm}$；混凝土强度等级 C50（$f_{cd} = 22.4\text{MPa}$），纵筋为 HRB335（$f_{sd} = 280\text{MPa}$），$A_s = 1273\text{mm}^2$；预应力钢筋采用精轧螺纹钢筋（$f_{pd} = 450\text{MPa}$），$A_p = 1017\text{mm}^2$，跨中截面 $a_s = 45\text{mm}$，$a_p = 100\text{mm}$，普通钢筋对应的 $\xi_{b1} = 0.56$，预应力钢筋对应的 $\xi_{b2} = 0.40$，$\gamma_0 = 1$。求正截面承载力。

（注意：此题计算中不考虑马蹄尺寸影响，另外不需要校核保护层厚度和钢筋最小用量的要求。）

附录 1 《混凝土结构设计规范 (GB 50010—2010) 的术语和符号》

附 1.1 术 语

1.1.1 混凝土结构 concrete structure

以混凝土为主制成的结构，包括素混凝土结构、钢筋混凝土结构和预应力混凝土结构等。

1.1.2 素混凝土结构 plain concrete structure

无筋或不配置受力钢筋的混凝土结构。

1.1.3 普通钢筋 steel bar

用于混凝土结构构件中的各种非预应力筋的总称。

1.1.4 预应力筋 prestressing tendon and/or bar

用于混凝土结构构件中施加预应力的钢丝、钢绞线和预应力螺纹钢筋等的总称。

1.1.5 钢筋混凝土结构 reinforced concrete structure

配置受力普通钢筋的混凝土结构。

1.1.6 预应力混凝土结构 prestressed concrete structure

配置受力的预应力筋，通过张拉或其他方法建立预加应力的混凝土结构。

1.1.7 现浇混凝土结构 cast-in-situ concrete structure

在现场原位支模并整体浇筑而成的混凝土结构。

1.1.8 装配式混凝土结构 precast concrete structure

由预制混凝土构件或部件装配、连接而成的混凝土结构。

1.1.9 装配整体式混凝土结构 assembled monolithic concrete structure

由预制混凝土构件或部件通过钢筋、连接件或施加预应力加以连接，并在连接部位浇筑混凝土而形成整体受力的混凝土结构。

1.1.10 叠合构件 composite member

由预制混凝土构件（或既有混凝土结构构件）和后浇混凝土组成，以两阶段成型的整体受力结构构件。

1.1.11 深受弯构件 deep flexural member

跨高比小于 5 的受弯构件。

1.1.12 深梁 deep beam

跨高比小于 2 的简支单跨梁或跨高比小于 2.5 的多跨连续梁。

1.1.13 先张法预应力混凝土结构 pretensioned prestressed concrete structure

在台座上张拉预应力筋后浇筑混凝土，并通过放张预应力筋由粘结传递而建立预应力的混凝土结构。

1.1.14 后张法预应力混凝土结构 post-tensioned prestressed concrete struc-ture

浇筑混凝土并达到规定强度后，通过张拉预应力筋并在结构上锚固而建立预应力的混凝土结构。

1.1.15 无粘结预应力混凝土结构 unbonded prestressed concrete structure

配置与混凝土之间可保持相对滑动的无粘结预应力筋的后张法预应力混凝土结构。

1.1.16 有粘结预应力混凝土结构 bonded prestressed concrete structure

通过灌浆或与混凝土直接接触使预应力筋与混凝土之间相互粘结而建立预应力的混凝土结构。

1.1.17 结构缝 structural joint

根据结构设计需求而采取的分割混凝土结构间隔的总称。

1.1.18 混凝土保护层 concrete cover

结构构件中钢筋外边缘至构件表面范围用于保护钢筋的混凝土，简称保护层。

1.1.19 锚固长度 anchorage length

受力钢筋依靠其表面与混凝土的粘结作用或端部构造的挤压作用而达到设计承受应力所需的长度。

1.1.20 钢筋连接 splice of reinforcement

通过绑扎搭接、机械连接、焊接等方法实现钢筋之间内力传递的构造形式。

1.1.21 配筋率 ratio of reinforcement

混凝土构件中配置的钢筋面积（或体积）与规定的混凝土截面面积（或体积）的比值。

1.1.22 剪跨比 ratio of shear span to effective depth

截面弯矩与剪力和有效高度乘积的比值。

1.1.23 横向钢筋 transverse reinforcement

垂直于纵向受力钢筋的箍筋或间接钢筋。

附 1.2 符 号

1.2.1 材料性能

E_c——混凝土的弹性模量；

E_s——钢筋的弹性模量；

C30——立方体抗压强度标准值为 $30N/mm^2$ 的混凝土强度等级；

HRB500——强度级别为 500MPa 的普通热轧带肋钢筋；

HRBF400——强度级别为 400MPa 的细晶粒热轧带肋钢筋；

RRB400——强度级别为 400MPa 的余热处理带肋钢筋；

HPB300——强度级别为 300MPa 的热轧光圆钢筋；

HRB400E——强度级别为 400MPa 且有较高抗震性能的普通热轧带肋钢筋；

f_{ck}、f_c——混凝土轴心抗压强度标准值、设计值；

f_{tk}、f_t——混凝土轴心抗拉强度标准值、设计值；

f_{yk}、f_{pyk}——普通钢筋、预应力筋屈服强度标准值；

f_{stk}、f_{ptk}——普通钢筋、预应力筋极限强度标准值；

f_y、f_y'——普通钢筋抗拉、抗压强度设计值；

f_{py}、f_{py}'——预应力筋抗拉、抗压强度设计值；

f_{yv}——横向钢筋的抗拉强度设计值；

δ_{gt}——钢筋最大力下的总伸长率，也称均匀伸长率。

1.2.2 作用和作用效应

N——轴向力设计值；

N_k、N_q——按荷载标准组合、准永久组合计算的轴向力值；

N_{u0}——构件的截面轴心受压或轴心受拉承载力设计值；

N_{p0}——预应力构件混凝土法向预应力等于零时的预加力；

M——弯矩设计值；

M_k、M_q——按荷载标准组合、准永久组合计算的弯矩值；

M_u——构件的正截面受弯承载力设计值；

M_{cr}——受弯构件的正截面开裂弯矩值；

T——扭矩设计值；

V——剪力设计值；

F_l——局部荷载设计值或集中反力设计值；

σ_s、σ_p——正截面承载力计算中纵向钢筋、预应力筋的应力；

σ_{pe}——预应力筋的有效预应力；

σ_l、σ_l'——受拉区、受压区预应力筋在相应阶段的预应力损失值；

τ——混凝土的剪应力；

ω_{max}——按荷载准永久组合或标准组合，并考虑长期作用影响的计算最大裂缝宽度。

1.2.3 几何参数

b——矩形截面宽度，T形、I形截面的腹板宽度；

c——混凝土保护层厚度；

d——钢筋的公称直径（简称直径）或圆形截面的直径；

h——截面高度；

h_0——截面有效高度；

l_{ab}、l_a——纵向受拉钢筋的基本锚固长度、锚固长度；

l_0——计算跨度或计算长度；

s——沿构件轴线方向上横向钢筋的间距、螺旋筋的间距或箍筋间距；

x——混凝土受压区高度；

A——构件截面面积；

A_s、A_s'——受拉区、受压区纵向普通钢筋的截面面积；

A_p、A_p'——受拉区、受压区纵向预应力筋的截面面积；

A_l——混凝土局部受压面积；

A_{cor}——箍筋、螺旋筋或钢筋网所围的混凝土核心截面面积；

B——受弯构件的截面刚度；

I——截面惯性矩；

W——截面受拉边缘的弹性抵抗矩；

W_t——截面受扭塑性抵抗矩。

1. 2. 4　计算系数及其他

α_E——钢筋弹性模量与混凝土弹性模量的比值；

γ——混凝土构件的截面抵抗矩塑性影响系数；

η——偏心受压构件考虑二阶效应影响的轴向力偏心距增大系数；

λ——计算截面的剪跨比，即 $M/(Vh_0)$；

ρ——纵向受力钢筋的配筋率；

ρ_v——间接钢筋或箍筋的体积配筋率；

ϕ——表示钢筋直径的符号，$\phi20$ 表示直径为 20mm 的钢筋。

附录 2 《混凝土结构设计规范》(GB 50010—2010) 规定的材料力学性能指标

附表 2-1 混凝土轴心抗压强度标准值 (N/mm²)

强度	混凝土强度等级													
	C15	C20	C25	C30	C35	C40	C45	C50	C55	C60	C65	C70	C75	C80
f_{ck}	10.0	13.4	16.7	20.1	23.4	26.8	29.6	32.4	35.5	38.5	41.5	44.5	47.4	50.2

附表 2-2 混凝土轴心抗拉强度标准值 (N/mm²)

强度	混凝土强度等级													
	C15	C20	C25	C30	C35	C40	C45	C50	C55	C60	C65	C70	C75	C80
f_{tk}	1.27	1.54	1.78	2.01	2.20	2.39	2.51	2.64	2.74	2.85	2.93	2.99	3.05	3.11

附表 2-3 混凝土轴心抗压强度设计值 (N/mm²)

强度	混凝土强度等级													
	C15	C20	C25	C30	C35	C40	C45	C50	C55	C60	C65	C70	C75	C80
f_c	7.2	9.6	11.9	14.3	16.7	19.1	21.1	23.1	25.3	27.5	29.7	31.8	33.8	35.9

附表 2-4 混凝土轴心抗拉强度设计值 (N/mm²)

强度	混凝土强度等级													
	C15	C20	C25	C30	C35	C40	C45	C50	C55	C60	C65	C70	C75	C80
f_t	0.91	1.10	1.27	1.43	1.57	1.71	1.80	1.89	1.96	2.04	2.09	2.14	2.18	2.22

附表 2-5 混凝土的弹性模量 (×10⁴ N/mm²)

混凝土强度等级	C15	C20	C25	C30	C35	C40	C45	C50	C55	C60	C65	C70	C75	C80
E_c	2.20	2.55	2.80	3.00	3.15	3.25	3.35	3.45	3.55	3.60	3.65	3.70	3.75	3.80

注：1. 当有可靠试验依据时，弹性模量值也可根据实测数据确定；

2. 当混凝土中掺有大量矿物掺合料时，弹性模量可按规定龄期根据实测值确定。

附表 2-6 普通钢筋强度标准值 (N/mm²)

牌号	符号	公称直径 d (mm)	屈服强度标准值 f_{yk} (N/mm²)	极限强度标准值 f_{stk} (N/mm²)
HPB300	Φ	6~22	300	420
HRB335 HRBF335	Φ Φ^F	6~50	335	455

续表

牌号	符号	公称直径 d（mm）	屈服强度标准值 f_{yk}（N/mm²）	极限强度标准值 f_{stk}（N/mm²）
HRB400 HRBF400 RRB400	Φ ΦF ΦR	6～50	400	540
HRB500 HRBF500	Φ ΦF	6～50	500	630

附表 2-7 预应力筋强度标准值（N/mm²）

种类		符号	公称直径 d（mm）	屈服强度标准值 f_{pyk}	极限强度标准值 f_{ptk}
中强度预应力钢丝	光面	Φ^PM	5、7、9	620	800
	螺旋肋	Φ^HM		780	970
				980	1270
预应力螺纹钢筋	螺纹	Φ^T	18、25、32、40、50	785	980
				930	1080
				1080	1230
消除应力钢丝	光面	Φ^P	5	1380	1570
				1640	1860
	螺旋肋	Φ^H	7	1380	1570
			9	1290	1470
				1380	1570
钢绞线	1×3（三股）	Φ^S	8.6、10.8、12.9	1410	1570
				1670	1860
				1760	1960
	1×7（七股）		9.5、12.7、15.2、17.8	1540	1720
				1670	1860
				1760	1960
			21.6	1590	1770
				1670	1860

注：强度为 1960MPa 级的钢绞线作后张预应力配筋时，应有可靠的工程经验。

附表 2-8 普通钢筋强度设计值（N/mm²）

牌号	抗拉强度设计值 f_y	抗压强度设计值 f_y'
HPB300	270	270
HRB335、HRBF335	300	300
HRB400、HRBF400、RRB400	360	360
HRB500、HRBF500	435	435

附表 2-9 预应力筋强度设计值（N/mm²）

种类	f_{ptk}	抗拉强度设计值 f_{py}	抗压强度设计值 f'_{py}
中强度预应力钢丝	800	510	410
	970	650	
	1270	810	
消除应力钢丝	1470	1040	410
	1570	1110	
	1860	1320	
钢绞线	1570	1110	390
	1720	1220	
	1860	1320	
	1960	1390	
预应力螺纹钢筋	980	650	410
	1080	770	
	1230	900	

注：当预应力筋的强度标准值不符合表 4.2.3-2 的规定时，其强度设计值应进行相应的比例换算。

附表 2-10 普通钢筋及预应力筋在最大力下的总伸长率限值

钢筋品种	普通钢筋		预应力筋
	HPB300	HRB335、HRBF335、HRB400、HRBF400、HRB500、HRBF500	
δ_{gt}（%）	10.0	7.5	3.5

附表 2-11 钢筋的弹性模量（×10⁵ N/mm²）

牌号或种类	弹性模量 E_s
HPB300 钢筋	2.10
HRB335、HRB400、HRB500 钢筋 HRBF335、HRBF400、HRBF500 钢筋 RRB400 钢筋 预应力螺纹钢筋、中强度预应力钢丝	2.00
消除应力钢丝	2.05
钢绞线	1.95

注：必要时可采用实测的弹性模量。

附表 2-12 普通钢筋疲劳应力幅限值（N/mm²）

疲劳应力比值 ρ_s^f	疲劳应力幅限值 Δf_y^f	
	HRB335	HRB400
0	175	175
0.1	162	162
0.2	154	156

续表

疲劳应力比值 $\rho_{\mathrm{s}}^{\mathrm{f}}$	疲劳应力幅限值 $\Delta f_{\mathrm{y}}^{\mathrm{f}}$	
	HRB335	HRB400
0.3	144	149
0.4	131	137
0.5	115	123
0.6	97	106
0.7	77	85
0.8	54	60
0.9	28	31

注：当纵向受拉钢筋采用闪光接触对焊连接时，其接头处的钢筋疲劳应力幅限值应按表中数值乘以系数 0.8 取用。

附表 2-13　预应力筋疲劳应力幅限值（N/mm²）

疲劳应力比值 $\rho_{\mathrm{p}}^{\mathrm{f}}$	疲劳应力幅限值 $\Delta f_{\mathrm{py}}^{\mathrm{f}}$		
	钢绞线	消除应力钢丝	
	$f_{\mathrm{ptk}}=1570$	$f_{\mathrm{ptk}}=1770$、1670	$f_{\mathrm{ptk}}=1570$
0.7	144	255	240
0.8	118	179	168
0.9	70	94	88

注：1. 当 $\rho_{\mathrm{sv}}^{\mathrm{f}}$ 不小于 0.9 时，可不作预应力筋疲劳验算；

　　2. 当有充分依据时，可对表中规定的疲劳应力幅限值作适当调整。

附录3 钢筋的公称直径、公称截面面积及理论重量

附表 3-1 钢绞线的公称直径、公称截面面积及理论重量

种 类	公称直径（mm）	公称截面面积（mm²）	理论重量（kg/m）
1×3	8.6	37.7	0.296
	10.8	58.9	0.462
	12.9	84.8	0.666
1×7 标准型	9.5	54.8	0.430
	12.7	98.7	0.775
	15.2	140	1.101
	17.8	191	1.500
	21.6	285	2.237

附表 3-2 钢丝的公称直径、公称截面面积及理论重量

公称直径（mm）	公称截面面积（mm²）	理论重量（kg/m）
5.0	19.63	0.154
7.0	38.48	0.302
9.0	63.62	0.499

附录 4 《钢筋混凝土结构设计规范》（GB 50010—2010）的有关规定

附表 4-1　受弯构件的挠度限值

构件类型		挠度限值
吊车梁	手动吊车	$l_0/500$
	电动吊车	$l_0/600$
屋盖、楼盖及楼梯构件	当 $l_0<7m$ 时	$l_0/200$（$l_0/250$）
	当 $7m\leqslant l_0\leqslant 9m$ 时	$l_0/250$（$l_0/300$）
	当 $l_0>9m$ 时	$l_0/300$（$l_0/400$）

注：1. 表中 l_0 为构件的计算跨度；计算悬臂构件的挠度限值时，其计算跨度 l_0 按实际悬臂长度的 2 倍取用；

2. 表中括号内的数值适用于使用上对挠度有较高要求的构件；

3. 如果构件制作时预先起拱，且使用上也允许，则在验算挠度时，可将计算所得的挠度值减去起拱值；对预应力混凝土构件，尚可减去预加力所产生的反拱值；

4. 构件制作时的起拱值和预加力所产生的反拱值，不宜超过构件在相应荷载组合作用下的计算挠度值；

5. 当构件对使用功能和外观有较高要求时，设计可对挠度限值适当加严。

附表 4-2　结构构件的裂缝控制等级及最大裂缝宽度的限值（mm）

环境类别	钢筋混凝土结构		预应力混凝土结构	
	裂缝控制等级	w_{lim}	裂缝控制等级	w_{lim}
一	三级	0.30（0.40）	三级	0.20
二 a				0.10
二 b		0.20	二级	—
三 a、三 b			一级	—

注：1. 表中的规定适用于采用热轧钢筋的钢筋混凝土构件和采用预应力钢丝、钢绞线及预应力螺纹钢筋的预应力混凝土构件；当采用其他类别的钢丝或钢筋时，其裂缝控制要求可按专门标准确定；

2. 对处于年平均相对湿度小于 60% 地区一级环境下的受弯构件，其最大裂缝宽度限值可采用括号内的数值；

3. 在一类环境下，对钢筋混凝土屋架、托架及需作疲劳验算的吊车梁，其最大裂缝宽度限值应取为 0.20mm；对钢筋混凝土屋面梁和托梁，其最大裂缝宽度限值应取为 0.30mm；

4. 在一类环境下，对预应力混凝土屋架、托架及双向板体系，应按二级裂缝控制等级进行验算；对一类环境下的预应力混凝土屋面梁、托梁、单向板，按表中二 a 环境的要求进行验算；在一类和二类环境下的需作疲劳验算的预应力混凝土吊车梁，应按一级裂缝控制等级进行验算；

5. 表中规定的预应力混凝土构件的裂缝控制等级和最大裂缝宽度限值仅适用于正截面的验算；预应力混凝土构件的斜截面裂缝控制验算应符合本规范第 7 章的要求；

6. 对于烟囱、筒仓和处于液体压力下的结构构件，其裂缝控制要求应符合专门标准的有关规定；

7. 对于处于四、五类环境下的结构构件，其裂缝控制要求应符合专门标准的有关规定；

8. 混凝土保护层厚度较大的构件，可根据实践经验对表中最大裂缝宽度限值适当放宽。

附表 4-3　纵向受力钢筋的最小配筋百分率 ρ_{min}（%）

受 力 类 型		最小配筋百分率
受压构件	全部纵向钢筋　强度等级 500MPa	0.50
	全部纵向钢筋　强度等级 400MPa	0.55
	全部纵向钢筋　强度等级 300MPa、335MPa	0.60
	一侧纵向钢筋	0.20
受弯构件、偏心受拉、轴心受拉构件一侧的受拉钢筋		0.20 和 $45f_t/f_y$ 中的较大值

注：1. 受压构件全部纵向钢筋最小配筋百分率，当采用 C60 及以上强度等级的混凝土时，应按表中规定增加 0.10；
2. 板类受弯构件（不包括悬臂板）的受拉钢筋，当采用强度等级 400MPa、500MPa 的钢筋时，其最小配筋百分率应允许采用 0.15 和 $45f_t/f_y$ 中的较大值；
3. 偏心受拉构件中的受压钢筋，应按受压构件一侧纵向钢筋考虑；
4. 受压构件的全部纵向钢筋和一侧纵向钢筋的配筋率以及轴心受拉构件和小偏心受拉构件一侧受拉钢筋的配筋率均应按构件的全截面面积计算；
5. 受弯构件、大偏心受拉构件一侧受拉钢筋的配筋率应按全截面面积扣除受压翼缘面积 $(b_f'-b)h_f'$ 后的截面面积计算；
6. 当钢筋沿构件截面周边布置时，"一侧纵向钢筋"系指沿受力方向两个对边中一边布置的纵向钢筋。

附表 4-4　框架柱轴压比限值

结 构 体 系	抗 震 等 级			
	一级	二级	三级	四级
框架结构	0.65	0.75	0.85	0.90
框架-剪力墙结构、筒体结构	0.75	0.85	0.90	0.95
部分框支剪力墙结构	0.60	0.70	—	—

注：1. 轴压比指柱地震作用组合的轴向压力设计值与柱的全截面面积和混凝土轴心抗压强度设计值乘积之比值；
2. 当混凝土强度等级为 C65、C70 时，轴压比限值宜按表中数值减小 0.05；混凝土强度等级为 C75、C80 时，轴压比限值宜按表中数值减小 0.10；
3. 表内限值适用于剪跨比大于 2、混凝土强度等级不高于 C60 的柱；剪跨比不大于 2 的柱轴压比限值应降低 0.05；剪跨比小于 1.5 的柱，轴压比限值应专门研究并采取特殊构造措施；
4. 沿柱全高采用井字复合箍，且箍筋间距不大于 100mm、肢距不大于 200mm、直径不小于 12mm，或沿柱全高采用复合螺旋箍，且螺距不大于 100mm、肢距不大于 200mm、直径不小于 12mm，或沿柱全高采用连续复合矩形螺旋箍，且螺旋净距不大于 80mm、肢距不大于 200mm、直径不小于 10mm 时，轴压比限值均可按表中数值增加 0.10；
5. 当柱截面中部设置由附加纵向钢筋形成的芯柱，且附加纵向钢筋的总截面面积不少于柱截面面积的 0.8% 时，轴压比限值可按表中数值增加 0.05；此项措施与注 4 的措施同时采用时，轴压比限值可按表中数值增加 0.15，但箍筋的配箍特征值 λ_v 仍应按轴压比增加 0.10 的要求确定；
6. 调整后的柱轴压比限值不应大于 1.05。

参考文献

[1] 国家标准. 混凝土结构设计规范(GB 50010—2010)[S]. 北京：中国建筑工业出版社，2010.

[2] 程文洋. 混凝土结构(上册)——混凝土结构设计原理(第 5 版)[M]. 北京：中国建筑工业出版社，2012.

[3] 邵永健，翁晓红，劳裕华. 混凝土结构设计原理(第 2 版)[M]. 北京：北京大学出版社，2013.

[4] 张克跃. 混凝土结构——混凝土结构设计原理[S]. 北京：科学出版社，2015.

[5] 沈蒲生. 混凝土结构设计原理(第 4 版)[M]. 北京：高等教育出版社，2012.

[6] 李晓文. 混凝土结构设计原理(第 2 版)[M]. 武汉：华中科技大学出版社，2013.

[7] 翟爱良，周建萍. 混凝土结构设计原理[M]. 北京：水利水电出版社，2012.

[8] 李斌. 混凝土结构设计原理[M]. 北京：北京交通大学出版社，2011.

[9] 梁兴文. 混凝土结构设计(第 2 版)[M]. 北京：中国建筑工业出版社，2011.